CHOC DES DIVERSITÉS OU RECOMPOSITION DE L'UNITÉ

Plaidoyer pour un alternativisme épistémologique

Collection « Ouverture philosophique »
Série « Débat »
dirigée par
Dominique Chateau, Jean-Marc Lachaud, Bruno Pequignot, Bruno Trentini

Une collection d'ouvrages qui se propose d'accueillir des travaux originaux sans exclusive d'écoles ou de thématiques.
Il s'agit de favoriser la confrontation de recherches et des réflexions qu'elles soient le fait de philosophes "professionnels" ou non. On n'y confondra donc pas la philosophie avec une discipline académique ; elle est réputée être le fait de tous ceux qu'habite la passion de penser, qu'ils soient professeurs de philosophie, spécialistes des sciences humaines, sociales ou naturelles, ou ... polisseurs de verres de lunettes astronomiques.
La série « Débat » réunit des ouvrages dont le questionnement et les thématiques participent des discussions actuelles au sujet de problèmes éthiques, politiques ou épistémologiques

Déjà parus

Samuel Montplaisir, *La croyance et ses horizons normatifs,* avril 2020
Yvon Quiniou, Nikos Foufas, Le matérialisme en questions, Dialogue critique, mars 2020
Yves Gilonne, *« L'apocalypse déçoit », Blanchot, Derrida, Levinas : penser le désastre à l'ère atomique,* février 2020
Fatié Ouattara, *Eduquer c'est humaniser, Dignité, intégrité, laïcité et violence,* février 2020
Henri de Monvallier, Nicolas Rousseau, *La phénoménologie des professeurs, L'avenir d'une illusion scolastique,* janvier 2020
Jean-Marc Rouvière, *Au-devant de soi, Esquisses vers une philosophie de l'anticipation,* décembre 2019

Auguste NSONSISSA

CHOC DES DIVERSITÉS OU RECOMPOSITION DE L'UNITÉ

Plaidoyer pour un alternativisme épistémologique

L'Harmattan

5-7, rue de l'École-Polytechnique ; 75005 Paris

http://www.librairieharmattan.com

ISBN : 978-2-343-19941-2
EAN : 9782343199412

A mes filles Providence et Rosamour Pavelic Nsonsissa

Notes de l'auteur

L'ensemble des travaux esquissés ici à titre de nécessaires prolégomènes à une hypothèse de la réalité décentrée, s'ils ne forment pas, d'entrée de jeu, une totalité d'un seul tenant, possèdent, néanmoins, un fil conducteur qui permet à cet ouvrage qui les rassemble, de prétendre à quelque complexité d'angle de vision axée sur la « diversalité ». Le fond de l'affaire réside dans l'*écho* aux décentrements épistémologiques qui s'opèrent au cœur d'un paradigme mouvant et des déplacements philosophiques de type conceptuel.

Cela étant posé, pour commencer par le moins complexe, qui paraît constituer leur sujet de préoccupation, ces déplacements s'organisent autour d'un domaine qu'il conviendrait de réduire positivement à la philosophie contemporaine des sciences, mais dont la portée synchronique ne manque pas de se fondre dans la dimension diachronique qui l'enveloppe, à savoir que la pensée grecque classique révèle à la contemporanéité ce qu'elle a, par avance, recélé de non classique.

De plus, la problématique centrale, dans ce qui va suivre, est la dialogique de l'unique et du divers, c'est-à-dire procéder au déchiffrement du sens de la « diversalité » qui les intègre. C'est à la mise au jour de son expression plus que compliquée, ou complexe que nous allons nous en remettre. En fait, pour passer à ce qui paraît moins visible, pourtant décisif par-dessus tout, nous pouvons nous référer à Edgar Morin philosophe et sociologue français, qui dans un propos évocateur, mais non moins provocateur, déclare : « *l'espérance de vie des vérités les plus fermes est limitée. Rien n'est essentiel, l'histoire des sciences nous l'enseigne, indéfiniment. Le monde organique d'Aristote comme le monde mécanique de Newton ont été entrainés dans le flux des réalités données pour ultimes. C'est moins la démonstration de leur caractère incohérent ou erroné qui a eu cet effet que la démonstration de leur caractère d'illusion ou d'apparence. Le destin de nos conceptions actuelles de la société et de la nature sera probablement identique. On entrevoit déjà de quel côté viennent les forces de subversion. Faisons l'inventaire* »[1].

Justement, en faisant le point de la manière dont les philosophes depuis toujours poursuivent la vérité, on voit bien qu'il n'est pas évident de dénombrer les différents pans constitutifs d'un réel décentré. Mais, il y a tout lieu de penser, néanmoins, que le moment de la fin des vérités ultimes est arrivé. L'avènement de la létalité des théories scientifiques constituent on ne peut plus la majeure partie de ce livre.

Il se décline en une série de travaux qui a été exposée lors des Conférences, Congrès, Séminaires postdoctoraux et Colloques internationaux auxquels j'ai pris part en Europe et en Afrique, particulièrement. L'ensemble de ces travaux forme, comme le suggère le titre de cet ouvrage qui porte bien son nom, une contribution à « la théorie de la multiplicité ». Pareille contribution, je la tiens pour le fil conducteur de mes récentes réflexions sur la pensée multi-référentielle et multidimensionnelle. Aussi curieux que cela puisse paraître, même « le principe de prolifération »[2] de Paul Feyerabend qu'il essaie de forger partant des Présocratiques, est d'importance. Ce principe est rétrospectif car il reconsidère ce qui semble être dépassée. C'est en cela qu'il révèle la diversalité comme principe d'intelligibilité de la science non classique. Mais il se révèle à nous comme une nouvelle voie de la connaissance du réel, celui qui se renouvelle toujours, là où l'on prend conscience de l'hypothèse selon que « les choses ne sont pas que des choses ». C'est-à-dire qu'au-delà des choses que nous voyons à première vue, il existe encore des choses que nous ne connaissons pas.

Une transfiguration du réel est envisagée derrière la phénoménologie du voir. En témoigne la récente étude carnapienne du concept d'espace. La diversalité se pointe là où le philosophe contemporain des sciences donne à entendre « les multiples significations de l'espace ». En d'autres mots, « la solution

---

[1] Edgar Morin/ M. Piatteli-Palmarini, *L'Unité de l'homme. 3. Pour une anthropologie fondamentale*, Paris, Seuil, coll. « Points », 1974, p. 291.

[2] Paul Feyerabend pense que « le principe de prolifération ne recommande pas seulement l'inventaire de nouvelles alternatives, il empêche aussi l'élimination d'anciennes théories qui ont été réfutées ». Cf. *Réalisme, rationalisme et méthode scientifique,* trad. de l'anglais par Emmanuel Malolo Dissakè, Paris, Dianoia, coll. « Fondements de la Philosophies Contemporaine des Sciences »,1981, p.159.

carnapienne du problème de l'espace résulte d'une subtile combinaison » d'approches et « des relations mutuelles entre les différentes sortes d'espaces »[3]. En effet, la manière transversale avec laquelle Rudolf Carnap entend dire la catégorie de l'espace est une excellente introduction à la diversalité que nous étudions. Il déclare : « Une telle solution repose sur une distinction entre plusieurs « significations » de l'espace » et sur la subdivision de ces significations en plusieurs sortes d'espaces. Eu égard à la diversité des recherches touchant au concept d'espace depuis le début du XIXe siècle, l'idée de distinguer plusieurs significations de ce terme et plusieurs sortes d'espace n'est guère sujette à controverse ». L'espace est constitué des dimensions multi-versales, c'est-à-dire l'espace formel, l'espace de l'intuition, et l'espace physique. A la lumière de ces sortes d'espaces, il nous a paru évident de tirer les conclusions épistémologiques de l'étude de la diversalité qui procède de la construction non logique du monde. Un espace multidimensionnel se veut topologique, projectif, métrique, etc.

Ces lignes annoncent et énoncent la complexité ontologique. Elles permettant d'inclure fondamentalement, mon interprétation du paysage de la complexité épistémologique, pour ainsi dire. Elle tend à s'expliquer, essentiellement, par rapport à la question ci-après : « Qu'est-ce que le réel ? ». J'aborde, donc, sur toute la ligne, un problème fondamental, que soulèvent les théories épistémologiques. Il m'amène à discuter quelques idées se rapportant à la question essentielle de la prolifération. Il s'agit de la psychologie du pluriel, car les multiplicités au-delà de l'unité, témoignent aussi de l'universalité du langage philosophique.

Il se trouve que j'insiste sur la « combinabilité » entre l'unité et la pluralité des entités. A y regarder de très près, il appert dans l'histoire de la pensée scientifique et philosophique une systématisation de la poursuite de la vérité sans dogme. Cette quête permanente du réel réellement réel m'a poussé d'ajouter un aspect épistémologique de la rationalité comme « ouverture ». Sur ce point d'importance on devrait se contenter des remarques relatives à la diversité des rationalités. Car ne dit-on pas que la rationalité est une et plurielle.

---

[3] Rudolf Carnap, *L'Espace. Une contribution à la théorie de la science*, trad. de l'anglais par Pierre Wagner, Paris, Gallimard, coll. « Bibliothèque de Philosophie », 2017, p. 11.

Ce livre est donc un prolongement de la théorie de la complexité que j'essaie de promouvoir à partir d'Edgar Morin, fût-elle restreinte ici à l'approche « diversale » du réel. On verra alors que je mentionne peu la notion de complexité pour accorder le primat, cette fois-ci, à celle de la « diversalité » qui me paraît plus révélatrice de la prise en compte de tous les pans entiers du réel.

Quant à la pensée interstitielle elle-même, son corollaire, il serait encore plus important, de noter que je ne fais qu'effleurer les intuitions philosophiques qui y font signe. La problématique centrale étant, en fait, de montrer que la réalité en question, laisse surgir ou entrapercevoir de nouvelles interrogations. C'est l'hypothèse mesurée d'une réalité décentrée.

Cela dit, la théorie de la diversalité révolutionne en quelque manière les conceptions usuelles des relations qui s'instaurent entre « l'un » et le « multiple ». Partant de cette « dialogique pensante », le travail que j'entreprends ici vise à élucider le genre des niveaux de réalité dont il est question dans l'esquisse d'une philosophie de la décentration. Cela veut dire aussi que les sources philosophiques de notre connaissance de la réalité restent encore à sonder. L'intérêt philosophique de ce questionnement est d'éclairer davantage ce que la diversalité a de spécifique au sein de la théorie des multiplicités en émergence. D'une part, dire le genre de différence qui existe entre les diverses acceptions de l'espace en est la parfaite illustration. D'autre part, donner la raison pour laquelle la construction des différentes et contradictoires sortes d'espaces débouche naturellement sur l'instauration d'une philosophie de la décentration est l'indice de ce plaidoyer pour un « alter-nativisme persistant ». Se pose alors l'exigence de distinguer chez Feyerabend « les alternatives fortes » et « les alternatives faibles ». Mais elles seront surmontées au final par ce que Donald Davidson appelle « la théorie de la survenance » du réel.

Quoi qu'il en coûte, d'abord, en livrant cette recherche à la publicité, au sens kantien, je n'oublie pas ceux de mes étudiants dont les discussions rationnelles l'alimentent. Le Professeur Pierre Nzinzi, comme pour chacun de mes écrits a passé mes élaborations au peigne fin, je ne saurais trop le remercier à la suite des échanges fructueux ; qui plus est féconds que nous avions eu, il y a peu, à Libreville, Gabon sur la question.

Ensuite, mes pensées vont particulièrement au Professeur Charles Zacharie Bowao, mon Directeur de recherche qui, en dépit des multiples occupations et malgré ses nombreux sujets de préoccupations, m'a donné l'occasion ultime, pour la première fois, d'exposer mes arguments en terre africaine et européenne, à Libreville, à Ouagadougou, à Kinshasa, à Bouaké, à Abidjan, en France, à Athènes, etc.

La formation, particulièrement, dans le domaine de la logique, l'épistémologie, l'histoire des sciences et la philosophie du langage, qu'il nous a offerte, donne à penser que, désormais, nous avons tous pleinement en lui, le bénéfice théorique d'un grand maître qui nous a permis de savoir, de savoir être et de savoir-faire. Si nous savons nous orienter, aujourd'hui, dans la pensée, c'est grâce à ses enseignements précis et précieux. Nous en avons le témoignage incontesté dans ce que nous produisons comme réflexion philosophique de qualité.

Enfin, mes multiples participations aux colloques, congrès et séminaires nationaux et internationaux ont, à leur manière contribuée, à nous faire avancer dans ces recherches-ci.

Bordeaux, le 15 mars 2019.

Introduction

Marcel Détienne et Jean-Pierre Vernant soulèvent la problématique de la pluralité des rationalités dans l'avènement d'une « raison *métis* »[4]. Ils annoncent déjà la théorie de la multiplicité, à partir de la négation dialectique de la « raison unitaire ». Cependant ce métissage rationnel ainsi postulé n'est pas le rejet de la raison en tant que telle. Plutôt, elle est la reconnaissance de sa diversité au cœur de l'unité. A dire vrai, la raison dite « *métis* », « n'est pas une, ni unie, mais multiple et diverse »[5]. Métissage, unité, multiplicité et diversité sont autant d'indices par excellence de l'avènement de la diversalité au cœur de l'unicité et l'indice ontologique d'un alter-nativisme recherché.

Il se trouve que l'un des maîtres mots de la philosophie contemporaine des sciences est devenue la « *diversalité* ». Parlons-en, donc. Car pareille conception non classique de la réalité décentrée, fondée sur le principe régulateur de la « dialogique pensante » articulant pour ainsi dire, l'unité et la multiplicité des choses, échappe, on ne peut plus, à la mise en cause de la dogmaticité de la science. Celle qui se révèle dominatrice de la nuance au cœur même du positivisme[6].

Contre cette approche réductrice, nous posons la question ci-après : le pluralisme ontologique implique-t-il le pluralisme de vues et de visions ? Le débat philosophique actuel est de nature à revisiter les catégories et les lois de la dialogique pensante, celles qui s'avisent à articuler l'unité et la pluralité des êtres, des choses, et des sciences. Cette approche frappe d'emblée par son caractère multiforme et pluridimensionnel.

---

[4] Marcel Détienne et Jean-Pierre Vernant, *Les ruses de l'intelligence. La métis des grecs*, Paris, Flammarion, 1974, p. 25.

[5] *Ibid.*, p. 27-28.

[6] Selon Jacques Bouveresse, « le terme « positiviste », dans ce genre de contexte, ne désigne évidemment rien d'autre qu'un certain nombre de présuppositions et un état d'esprit communs à un grand nombre de scientifiques de disciplines et d'orientations très diverses, qui sont convaincus de travailler dans le même sens et de se heurter au même type d'adversaires ». Cf. *Essais VI. Les lumières des positivistes*, Paris, Agone, coll. « Banc d'essais », 2011, p. 10.

Penser la « diversalité », c'est procéder à la cartographie de la discussion rationnelle qui distingue et réintègre les trois principaux registres d'argumentation : langages, méthodes, et objets.

Au-delà c'est à la confrontation d'angles de vues que cette articulation des rationalités nous conduits : « relations inter-théoriques » des données, et « représentations » des niveaux de la réalité. Pourtant, il nous a semblé que la « diversalité » mise en question depuis Platon, dont nous entonnons *l'écho* à la pensée philosophique d'aujourd'hui, en même temps que la complexité de l'objet d'étude que nous pointons à partir du concept de nature, son corollaire, a toujours retenu l'attention critique des philosophes. Pour ce faire, c'est est une question toujours mise en question. C'est dire qu'elle pousse les philosophes en quête de sens à se méfier de toute réduction négative du multiple à l'Un. Cet angle de vue oppose ainsi Aristote à Platon, du moins autour du concept opérationnel du « temps »[7].

Partant de cette catégorie, nous sommes en droit de questionner le rôle que peuvent jouer, chemin faisant, les considérations métaphysiques sur l'unité et la diversité du réel dans la croissance du savoir scientifique. Ainsi posée, cette interrogation fondamentale débouche sur une position pluraliste à l'égard des principes d'intelligibilité de la science classique. Voilà pourquoi, nous défendrons la position transversaliste en la matière. Interroger, à la lumière du pluralisme ontologique, le bien fondé et les limites des projets de naturalisation de la métaphysique et d'unification d'approches du rationalisme c'est faire écho à « la philosophie de la décentration » qui est le titre de cet essai d'ontologie pluraliste, progressiste et positive.

Plutôt, les penseurs non classiques sont attirés, à bon droit, par l'inclusion de l'unité dans la diversité des entités naturelles. Mais cet angle de vision internaliste mérite d'être relativisé. De là nous avons choisi de retenir, d'ailleurs, l'explication de cette « diversalité ». Dans le ton, nous essayons de procéder au déchiffrement du sens et de l'expression d'un dévoilement des pans entiers de la réalité. Soit elle se donne à voir sous la forme chaotique, soit elle se manifeste sous la figure harmonieuse du « tout ». Mais, au-delà c'est la totalité du réel qui est recherchée ; quand bien même la totalité serait la non vérité.

---

[7] R. Brague, *Du temps chez Platon et Aristote*, Paris, PUF, coll. « Epiméthée », 1982, p. 31.

Dans le même élan de conceptualisation du paysage manifeste du réel, « le fracas du monde »[8] traduit aussi l'idée de la diversité au cœur de la philosophie contemporaine des sciences. Elle est d'importance, d'autant plus qu'on ne saurait philosopher sans penser réellement la diversité. En effet, dans son déroulement la philosophie révèle la diversité en tant que concept opérationnel. Elle fait tradition dans l'opposition des idées d'Héraclite à celles de Parménide autour l'être.

Chemin faisant, elle s'est muée en une « dialogique » de la physique et de la métaphysique, non sans poser la question de la nature. Serions-nous, donc, en passe de « sauver les apparences »[9] simplement ? Ou bien nous nous en tenons au fond des choses qui ne sont pas que des choses ? Cette question nous autorise à poser une autre : qu'est-ce qui est, et qu'est-ce qui n'est pas ? Comme tant d'autres questions relatives au sens de la vérité, à la nature de la complexité, au dévoilement de l'espace, à l'avènement du vide, etc., elles le sont de tous les temps. Depuis que la question du sens d'être se pose, et partant de « l'aspiration à être », disons-en plus qu'elles sont toujours à poser ; quand bien même la forme qu'elles revêtiraient, changerait, quelque fois, d'une période à l'autre. Elles épousent la forme diversifiée de l'esprit scientifique de « notre temps »[10], celui qui dénie les « théories de la bifurcation » des entités naturelles.

Nous voulons dire que « la réalité éclatée »[11] est de mise. Elle permet de remettre en perspective le « platonisme » et le « réalisme ». Ses corollaires métaphysiques, physiques, épistémologiques, logiques, sont aussi en procès. Les doctrines y relatives tendent à viser un objectif qui est encore plus réel, là où les « Idées » qui sont comme des « êtres » sont dogmatiques. C'est-à-dire que les essences ou les « universaux » à caractère abstrait, immuable et éternel, donnent à exclure la dualité au profit de l'Unité. Ce monde platonicien ainsi esquissé occulte la « diversalité ». Il accorde le primat à ce qui est unitaire. C'est contre ce réductionnisme opérationnel que se pose la pensée de la diversalité.

---

[8] Alain Minc, *Le fracas du monde*, Paris, Seuil, 2002, p. 7.

[9] Pierre Duhem, Sauver les apparences. Sur la notion de théorie physique, Paris, Vrin, coll. « Bibliothèque des textes philosophiques », 2003, p.11.

[10] Michel Maffesoli, *Le temps revient. Formes élémentaires de la postmodernité*, Paris, Desclée de Bouwer, coll. « Des Paroles et des Hommes », 2010, p.11.

[11] Migule Espinoza, *Les mathématiques et le monde sensible*, Paris, Ellipses, 1997, p.25.

Dans le fond, la critique de « l'Intelligible » placé au-dessus du sensible et qui participe du premier est en incompatibilité avec la théorie de la multiplicité qui réhabilité le sensible. L'histoire de la philosophie laisse entrevoir une telle acception du monde qui sera relativisée par les Post-platoniciens. On évoque à cet effet « l'anti-platonisme »[12] de Quine. Il en résulte que la question de la diversalité du monde n'est pas quelconque. Les philosophes et les historiens de la philosophie, dans leur investigation, en ont fait leur miel philosophique. C'est ce qu'il faut démontrer.

Malgré la diversification d'approches méthodologiques, la multiplicité d'explications scientifiques des données, la quête du sens de l'existence s'est, néanmoins, conservée à travers une variété de décalages et de repeints jusqu'à la « phénoménologie »[13] considérée par quelques unes des philosophies comme « ontologie ». On se souvient, par ailleurs, que Paul Gochet pose la même question du point de vue de la philosophie du langage : « le verbe « exister » a-t-il un ou plusieurs sens ? »[14]

Dans ce travail, nous avons choisi d'appliquer la méthode herméneutique[15] qui se trouve mise en valeur par les Contemporains. Elle met en avant l'approche interprétative de la réalité et ses figures. C'est donc une procédure philosophique qui conduit à comprendre, autant que possible, « les niveaux de réalité ». Ils surgissent au cœur de notre démarche de connaître et d'interpréter qui admet le passage de l'homogénéité à l'hétérogénéité des phénomènes. Par ce biais, on peut aussi rendre intelligible, lisible et visible la « diversalité » ainsi envisagée.

En ce sens, comprendre la réalité revient alors à déchiffrer le sens de l'image éclatée de la rationalité. Sa situation, son lieu de provenance, tout comme le langage qu'elle suggère conduit à mettre

---

[12] Hamdi Mlika, *Quine et l'antiplatonisme*, Paris, L'Harmattan, coll. « Epistémologie, Philosophie, Sciences », 2007, p.171.

[13] Edmund Husserl, *Idées directrices pour une phénoménologie. Ideen* I, trad. de l'allemand par Paul Ricœur, Paris, Gallimard, 1983, p.203.

[14] Paul Gochet, « l'être selon Quine », in *Lire Quine. Logique et ontologie* (dir.), Paris, Editions de l'éclat, 2006, p.187.

[15] Paul Ricœur pense que l'herméneutique consiste à « déployer les niveaux de significations impliqués dans la signification littérale ». Cf. *Le conflit des interprétations. Essais d'herméneutique*, Paris, Seuil, 1969, p.16.

en œuvre « les conditions de l'esprit scientifique »[16]. Plus même, en physique non classique, par exemple, la diversalité trouve meilleure expression dans les mots de Michel Serres ci-après : « *Il est très beau de voir comment Leibniz essaie de fonder une sorte d'atomisme... Au fond, ce qu'il y a d'intéressant dans la matière, c'est le fait qu'elle soit complexe ; alors on peut la diviser en plusieurs éléments, j'appellerais ça la matière seconde ». Puis il essaie de dire ce qui reste de la matière, lorsqu'on la ramène à sa plus grande simplicité, et il appelle cela la matière première. L'élasticité est un concept qu'il a même, je crois, inventé et mesuré le premier* »[17].

Par contre, pour le XXIe siècle, le réalisme reste le courant philosophique et épistémologique le plus mis en relief par des philosophes et épistémologues comme John Searle, Bernard d'Espagnat, Karl Popper, Paul Feyerabend, etc. Le réalisme est, pour ainsi dire, la secrète aspiration de l'épistémologie contemporaine. A preuve, Bernard d'Espagnat s'y attache à la lumière de son ouvrage : *Le réel voilé*. Dans cet ouvrage, Il témoigne de la diversité du réel, ou plutôt de la place de ses dimensions dans l'intelligibilité. Mais il y a bien plus. Le dévoilement du réel qui se veut tantôt progressif, tantôt régressif sur fond de rétrospection critique sur les premières élucidations, se révèle fondamentalement multi-référentiel. C'est l'appel à la « diversalité » que nous avons choisi d'examiner du point de vue philosophique, sémantique et ontologique.

Martin Heidegger embarqué dans le courant « phénoménologique » laisse penser la diversalité à partir de son texte : *« De la signification multiple de l'étant chez Aristote »* publié en 1862. Plusieurs penseurs abondent aussi dans le même sens. Ils donnent à penser l'être dans ses multiples interprétations[18]. Bien évidemment, pareille approche de l'être n'aura pas un *écho* favorable auprès de tous les phénoménologues. En témoigne la tentative grandiose de réduire le courant phénoménologique à l'ontologie.

La diversalité se dessine comme problème au niveau des domaines de la connaissance : l'anthropologie, la philosophie de l'existence, la

---

[16] Jean Fourastié, *Les conditions de l'esprit scientifique,* Paris, Gallimard, 1996, p.21.

[17] Michel Serres, « Matière et matière », in *La matière aujourd'hui* (dir.), Paris, Seuil, 1981, p. 230.

[18] Otto Poggeler, *La pensée de Heidegger. Un cheminement vers l'être*, trad. de l'allemand par Marianna Simon, Paris, Montaigne, 1967, p. 9.

psychologie, etc. Quant à l'approche ultime de cette aspiration à l'être on se demande bien si la voie de la transcendance serait royale. Autrement dit, peut-on assigner à l'être un caractère transcendantal ? Les instances de la phénoménologie en disent long : comme méthode, la phénoménologie devient un effort pour appréhender les essences à partir des faits empiriques ; comme système, elle fait signe vers la connaissance de la réalité et ses niveaux.

Se pose alors la double exigence de l'étude descriptive du donné qui se prête à notre perception et l'approche explicative visant à saisir fondamentalement les essences. Le concept de diversalité ne fait pas recette. Faute de vulgarisation et de conceptualisation. Pourtant, l'idée qu'elle suggère, c'est-à-dire l'articulation de l'unité dans la diversité, *vice versa* et au-delà des deux entités, laisse affronter la question qui fait toujours question. Il s'agit de savoir si ce qui est « Un » et « multiple » peut générer quelque chose de plus. Si oui, lequel alors ? Pareille question a tenu Platon en haleine ; même bien avant la systématisation platonicienne.

Plutôt, il est de bon ton de constater que la « diversité », terme apparemment courant, mais, beaucoup plus usité que « la diversalité », est devenue, tant s'en faut, cruciale dans la capitalisation de la pensée contemporaine et ses difficultés. Elle représente, du moins, aux yeux des philosophes et des historiens de la philosophie la tentative de conceptualisation de la réalité et ses niveaux.

La « diversalité » est pourvue d'une vaste et solide portée qui s'étend des sciences de la nature aux sciences humaines et sociales, non sans passer par les sciences formelles. Cela fait que, par-delà Parménide et Platon, des épistémologues des sciences de la forme à l'instar de Frege, Péano, etc., mettent le doigt sur l'unité et la pluralité du « nombre » par exemple. Cette vastitude des entités se déploie, aujourd'hui, jusqu'au niveau du domaine d'histoire et de la philosophie contemporaine des sciences. Celles-ci mettent en perspective le problème mis en débat, celui de la l'articulation des multiplicités, des visions du monde et de leurs versions. Ce, dans le temps long de la réflexion philosophique, c'est-à-dire la *philosophia perennis*. Aristote a cru bon anticiper sur l'idée selon laquelle le problème de l'être ou plutôt du sens d'être est éternel.

Pour le dire autrement, pareille version philosophique de la diversalité n'exclut pas le droit à la vision populaire de la diversité des cultures, des sciences, des rationalités, des hommes, etc., sur la terre.

Pourtant, elle ne passe pas à côté de l'essentiel, si tant est que le paradigme de la complexité, devenu l'horizon indépassable de l'esprit scientifique de notre temps, ne cesse de susciter de prendre des figures. Fausto Fraisopi, en particulier, écrit : « *la complexité, en tant que thème scientifique, ne constitue pas un alibi au renoncement à toute forme d'explication et discours rationnel. Au contraire, elle ne représente rien d'autre qu'un format de rationalité alternatif, indispensable pour exercer une prise cognitive sur certains phénomènes* »[19]. Ils se prêtent à la fois à l'indétermination et la détermination de ce qui est.

La diversalité fait, donc, suite à la complexité dans le prolongement des concepts transversaux non classiques mis en évidence dans le nouveau paradigme par les tenants de la pensée non classique. Plutôt que de céder à l'unification des niveaux de réalité, à la réduction de l'irrationnel au rationnel, le nouvel esprit épistémologique tire a contrario comme inférence de l'avènement de la diversalité l'impérieuse nécessité d'intégrer les paramètres cachés du réel. Comme le note si bien Fausto, autant la complexité est réelle, autant la diversalité « est définitionnellement ce qui ne peut se mettre à plat »[20]. Plus même, le bénéfice théorique que l'on peut en tirer est l'impossibilité de pouvoir modéliser « la diversalité ».

L'intuition révélante de ce concept intégrateur est que toute construction de la réalité par l'esprit scientifique se veut elle-même diversale. En effet, la « diversalité » est-elle bonne à penser ? Telle est la question directrice qui gouverne notre propos du point de vue d'une philosophie complexe. Toutes les tentatives philosophiques pour expliquer la « diversalité » ont fait long feu, et nous ne devons pas renoncer à nous interroger davantage sur son sens et sa signification entre unité et diversité[21].

A cet effet, le philosophe Akenda Kapumba déclare que « la complexification et le dynamisme de la vie ont entraîné tout au long de l'histoire l'érection de nouvelles perspectives ou méthodes, de nouveaux modèles ou paradigmes pouvant appréhender l'un ou l'autre

[19] Fausto Fraisopi, *La complexité et les phénomènes. Nouvelles ouvertures entre science et philosophie*, Paris, Hermann, Préface de Jocelyn Benoist, 2012, p. 9.
[20] *Ibid.*, p. 11.
[21] Jean-C. Kapumba Akenda, Les sciences entre nature et culture. L'Unité dans la diversité, Paris, Dianoia, coll. « Fondements de la Philosophie Contemporaine des Sciences », 2012, p. 20.

aspect pointu de cette réalité et de cette vie »[22]. Qui plus est, nous avons tout lieu de voir en ce questionnement un complément de détermination onto-logique de la complexité[23]. La réalité est complexe. Elle « n'est pas du simple plus compliqué »[24]. Plutôt, elle nous fait dire, à partir de Gaston Bachelard[25], que rien n'est simple. Pourtant, le scientifique simplifie là où tout est complexe. Plutôt, le simple est toujours le simplifié en science.

Ainsi, la diversité se donne à penser historiquement et théoriquement comme un concept transversal, et ce, depuis que la philosophie antique existe. En fait, ce que l'on a cru pouvoir appeler « le problème de la réalité » retient de plus en plus l'attention des scientifiques et des philosophes réalistes. Cet aspect des choses oppose les antiréalistes aux réalistes critiques. Karl Popper[26], Paul Feyerabend[27] et Bernard d'Espagnat sont comptés parmi les philosophes contemporains des sciences qui ont montré que la diversité procède de ce que la réalité se prête soit au « faillibilisme épistémologique », soit à « l'anarchisme méthodologique », au « réalisme ouvert ».

Ces philosophes sont animés, pour ainsi dire, d'une vision pluridisciplinaire dont l'angle de vue investit des efforts considérables dans l'élucidation du sens du réel, du réalisme et de la réalité. Gottlob Frege, pour sa part, travaille à en réévaluer le sens et la pertinence. Il en donne quelques opinions enrichies par le questionnement de l'unité ou de l'Un[28]. Pour ce faire, deux questions majeures se posent. Elles permettent d'expliciter philosophiquement le sens de la réalité et ses niveaux.

---

[22] *Ibid.*

[23] Fausto Fraisopi, *La complexité et les phénomènes. Nouvelles ouvertures entre science et complexité*, Préface de Jocelyn Benoist, Paris, Hermann, 2012, p. 33.

[24] *Ibid.*, p. 9.

[25] Gaston Bachelard, *Le nouvel esprit scientifique*, Paris, PUF, coll. « Quadrige », 1934, 6ème partie.

[26] Karl Popper, *Le réalisme et la science. Postscriptum à la logique de la découverte scientifique*, I, trad. de l'anglais par Alain Boyer, Paris, Herman, 1990, p. 32.

[27] Paul Karl Feyerabend, *Réalisme, rationalisme et méthode scientifique. Ecrits philosophiques* I, trad. de l'anglais par E. Malolo Dissakè, Paris, Dianoia, coll. « Fondements de la philosophie contemporaine des sciences », 2005, p. 189.

[28] Frege, *Les fondements de l'arithmétique.* Recherche logico-mathématique sur le concept de nombre, trad. franç., Claude Imbert, Paris, coll. « L'ordre philosophique », 1969, p. 158.

Ainsi chez Frege particulièrement : « le terme « un », en tant que numéral, exprime-t-il une propriété des objets ? »[29], et « les unités sont-elles identiques entre elles »[30] ? Il s'interroge, de la sorte, sur la dialogique du « même » qui est « différent », pour essayer d'élucider la signification et l'expression du réalisme scientifique. Justement, c'est ce réalisme qui est mis en question.

Les travaux de Bernard d'Espagnat sont légions. Quelques titres en révèlent la valeur et l'actualité : « Une incertaine réalité »[31], « A la recherche du réel »[32], « Le réel voilé »[33], « Traité de physique et de philosophie »[34]. Il en résulte que le paysage de la réalité est polyphonique. Cela étant, nous avons choisi de méditer sur le concept opérationnel la « diversalité ». Effectivement, les aspects transversaux, que ce concept opérationnel laisse ressortir, ont été déjà élucidés quelques logiciens, philosophes de la logique, historiens et philosophes des sciences.

Mais la clarté analytique du concept de « diversalité » peut s'étendre jusqu'aux domaines de la physique quantique[35] Popper en fait son miel philosophique en contexte de posthistoire. La configuration conceptuelle mise en jeu, nous paraît avoir aussi des contours épistémologiques beaucoup moins bien définis, si ce n'est en référence à John R. Searle, Nelson Goodman, Paul Ricœur, et d'autres qui travaillent à élucider le paysage éclaté du réel.

Au-delà, donc, de ces considérations plurielles sur l'existant, le but de cet ouvrage est d'examiner aussi simple et frappante que possible, presque complexe et donc moins affichistique la transversalité du concept de « diversalité ». Nous le faisons, à l'aide des arguments philosophiques modestes, mais non moins rationnels. Ces moyens

---

[29] *Ibid.*, p. 158.

[30] *Ibid.*, p. 162.

[31] Bernard d'Espagnat, *Une incertaine réalité. Le monde quantique, la connaissance et la durée*, Paris, Gauthier-villars, 1985, p.180.

[32] Bernard d'Espagnat, *A la recherche du réel. Le regard d'un physicien*, Paris, Gautiers-villars, 1979, p.79.

[33] Bernard d'Espagnat, *Le réel voilé. Analyse des concepts quantiques*, Paris, Fayard, coll. « Le temps des sciences », 1994, p.341.

[34] Bernard d'Espagnat, *Traité de physique et de philosophie*, Paris, Fayard, 2002, p.429.

[35] Mioara Mugur-Schaechter, *L'infra-mécanique quantique. Une révolution épistémologique révélée dans les descriptions de micro-états,* Paris, Dinaoia, coll. « Fondements de la philosophie contemporaine des sciences », 2009, p.41.

conceptuels, est-il besoin de le souligner, sont, en plus, méthodologiques.

Cela nous semble être le plus adéquat des gestes philosophiques donnant le maximum de relief aux insuffisances que nous percevions dans la mise en route inédite du problème philosophique du réalisme dont les positivistes nous ont livré le secret par la simplification méthodologique. Erreur ! C'est la mise en « procès »[36] de la réalité elle-même. L'incomplétude des « explications scientifiques ultimes » est en jeu. Dans le même élan de problématisation Paul Gochet, préfaçant l'ouvrage de Philippe Devaux[37] déclare : « La philosophie ne se développe pas en vase clos. Elle vit d'échanges. Elle n'est pas une chose, mais un processus ». La philosophie contemporaine des sciences ne peut que suivre l'esprit et la lettre de cette déclaration. Autrement dit, dans tous les champs du savoir où s'éprouve réellement le besoin d'interprétation et le désir de compréhension ou de savoir, le recours au concept problématique et controversé de « diversalité » donne à penser. Celle-ci exige de nous une nouvelle culture scientifique propre à l'esprit d'ouverture.

Cet esprit tend à articuler la complexité et les phénomènes, et vise à prendre en compte les niveaux de réalité. L'interprétation de la « diversalité » s'inscrit en droite ligne de la perspective méthodologique non plus d'une simple enquête conceptuelle digne d'intérêt philosophique, mais d'une quête de la complexité de la réalité et de ses dimensions. Quand l'esprit humain se livre à la quête du réel, il semble repousser sans cesse devant soi, par un sur-effort louable, le réel vers lequel il tend.

Cette exigence de complexité doublée d'une culture de l'incertain laissent entrevoir le sentiment renouvelé d'une pratique scientifique en pleine dynamique axée sur la diversalité, et ce, en ces époques de mutation profonde des paradigmes, de refonte des approches méthodologiques, de reprise transformante des théories, de renouvellement des critères d'intelligibilité et des principes logiques de la connaissance. Qui plus est, la raison scientifique prétend dominer la nature, mais à reculons, malgré la dynamique de la science.

---

[36] Alfred North Whitehead, *Procès et réalité. Essai de cosmologie*, trad. franç., par Dominique Janicaud (dir.), Paris, Gallimard, coll. « Bibliothèque de Philosophie », 1995, p. 130.

[37] Phlippe Devaux, *La cosmologie de Whitehead*. Tome I. *L'épistémologie whiteheadienne*, Préface de Paul Gochet, Les éditions Chromatika, 2007, p. 5.

Par contre, dans le fond, elle prospère à tous égards, à mesure qu'elle prend conscience de ce recul. Elle prend la mesure de la multi-réalité, de l'élasticité des concepts opérationnels que le savant met en œuvre pour connaître. Cela donne donc lieu à la prolifération des explications de la réalité, malgré ses dimensions plurielles. Pour ce faire, le lieu du jeu, à des degrés variables, est la « multi-versalité » que nous voulons porter langage scientifique. A y regarder donc de très près, l'interrogation fondamentale à laquelle nous sommes suspendus, à savoir si la réalité est diverse et multi-versale, n'est rien moins qu'une voie d'accès l'éparsité des objets et des entités que le pluralisme cohérent de la science classique semble réduire à l'unité.

La relation entre le modèle du réel d'une part, puis ce que ce modèle vise, se révèle, d'autre part, comme étant un indice de la diversalité, et ce, au travers de toutes les analyses simplifiantes du réel, foncièrement complexe. Jean Paul Dumont a cru pouvoir écrire : « *Dans le recul ou l'intervalle que la philosophie découvre aujourd'hui entre la science et le réel, entre l'histoire de la philosophie et le discours produit par les philosophes, ne convient-il pas de voir à l'œuvre la prise de conscience, caractéristique de l'étant présent de la recherche d'une survivance irréductible et rebelle à toute expulsion de ce que l'on nomme, peu importe le mot » : fictionnalisme » ou « pensée interstitielle* ». C'est la raison pour laquelle la réflexion ainsi esquissée se donne pour objet d'étude la théorie rationnelle de la diversité. En ce sens, elle se comprend à partir de Feyerabend et bien d'autres philosophes des sciences à tendance non classique. Ils tendent vers le négativisme en science et cherchent à faire valoir, par ailleurs, un « principe de prolifération »[38]dont les effets sont devenus repérables au niveau des théories des multiplicités.

Pourtant, à tout bien prendre, elle ne s'y réduit pas. La prolifération se veut, plutôt, une aspiration à la « diversalité ». Elle pose un réel problème philosophique, celui de l'esprit scientifique placé, désormais ; aux frontières des rationalités qui font signe vers la complexité de la problématique de la fiction, et bien d'autres univers de sens à l'instar de l'imagination et de la métaphore. Ces entités peu connues et moins bien discutées sont caractéristiques du sens de la multidimensionnalité qui se révèle au cœur même du discours philosophique. Elles tendent à susciter un regain de concept de

[38] Paul Feyerabend, *Réalisme, rationalisme et méthode scientifique, op. cit.*

« multiplicité »[39]. Il s'agit effectivement de rendre compte de la complexité des êtres et des choses ; mais elle est irréductible au « principe vital » de tout être. La vitalité des êtres et des choses existe, en réalité, non seulement dans l'imaginaire, mais aussi dans le réel physique. La contribution carnapienne[40] à la théorie de la science moyennant le concept épistémologique de l'espace en dit long.

Donc, les niveaux de réalité qui en découlent, viennent non seulement aider à penser le réel dans ce qu'il a de vivant, de vivace et partant de dynamique, mais aussi et surtout à en reconnaître, de l'intérieur, ce qu'elle a de sublime. Nous y pensons lorsque l'humanité entend approcher avec humilité sa propre réalité, avec sobriété philosophique et capacité intellectuelle moyennant la science et la technique qui émergent sous nos yeux. Cette vivacité est nourrie par la diversalité.

Plutôt que d'élaborer un système clos pour questionner le réel, l'esprit humain se doit de prendre conscience de sa « capabilité » à dire la science dans son unité et sa diversité de manière à interroger les fragments de connaissance scientifique dans leur multi-dimensionalité et leur pluri-référentialité se prêtant ainsi à la rationalité scientifique comme expression par excellence du voilement de la réalité qui reste encore à sonder.

Lorsqu'on se lance dans « les embarras de l'intelligence » rétrospectivement à la philosophie antique, on voit bien que Socrate représente la figure par excellence de la sobriété intellectuelle. Goodman en particulier affirme : « *Socrate prétendait qu'il était le plus sage des hommes : seul il savait qu'il ne savait rien. Même si son aveu est généralement tenu pour ironique, il pourrait bien avoir dit la vérité* »[41]. Les théories de la connaissance actuellement en crise ont la conséquence nécessaire et surprenante que la diversité peut accroitre et l'intelligence humaine diminuer nos perspectives de conquête de

---

[39] Avant d'être conçu comme concept, la multiplicité, au grand matin de l'aventure philosophique, s'est donnée à penser comme un problème philosophique posé par les Présocratiques au travers du concept de l'Etre pris dans ses multiples acceptions bien avant la systématisation aristotélicienne en catégories.

[40] Rudolf Carnap, *L'Espace. Une contribution à la théorie de la science*, trad. de l'allemand par Pierre Wagner, Paris, Gallimard, coll. « Bibliothèque de Philosophie », 2017, p. 67.

[41] Nelson Goodman, *Reconceptions en philosophie dans d'autres arts et dans d'autres sciences*, trad. de l'américain par Jean-Pierre Cometti, Paris, PUF, coll. « L'interrogation philosophique », 1994, p. 145.

l'espace, de la nature et du monde par l'unique rationalité scientifique et technique.

Malgré Socrate, ce qui peut avant tout nous frapper dans une comparaison entre le faillibilisme épistémologique et l'anarchisme méthodologique et d'autres tendances doctrinales, c'est une étroite affinité avec le pluralisme cohérent de la science contemporaine. Elle tend à mettre en relief la corrélation entre la diversité et le développement du monde. En effet, l'interrogation philosophique axée sur les spécificités d'approches de la diversalité en philosophie, dans d'autres arts, et dans d'autres sciences rejoint le questionnement des fragments de connaissances, la totalité de la réelle visée du « nouvel esprit scientifique » et « l'unité de la science » postulée depuis peu par quelques épistémologues de la complexité.

Mais au cœur de ce tourbillonnement des savoirs modernes et de leurs rationalités multiples se trouvent les aspects et les versions renouvelées de la nouvelle philosophie de la diversité[42]. Il apparaît que la diversalité n'est pas limitée à l'épistémologie. Les concepts et les conceptions de la diversité ne sont pas non plus exclusivement philosophiques. Cela étant posé, la diversité est un problème philosophique transversal : historique, culturel, éthique, ontologique, techno-logique.

Ce sujet de préoccupation est d'une importance historique et théorique extrême, parce qu'il a agité les philosophes. En fait, depuis l'Antiquité jusqu'à nos jours[43], il est au centre des réflexions sur l'être, le monde, et les avoirs, et ce, à propos de son apport dans la construction de l'approche interculturelle, transculturelle et transdisciplinaire de la connaissance scientifique. Qui plus est, elle a eu des implications éthiques et politiques nécessaires dans la mise en avant du « choc des civilisations »[44], ou plutôt dans la recomposition des peuples, et la quête de l'unité du genre humain. Pareille approche pluraliste des êtres et des choses s'est vue confrontée à la difficulté de « l'éloge de la différence », c'est-à-dire l'instauration de la problématique de l'universalité de la condition humaine. Un lien évident s'instaure à ce niveau d'analyse entre le volet épistémologique de la diversalité et ses aspects éthiques.

---

[42] Nelson Goodman, *Reconceptions en philosophie, op. cit.*, p. 4.

[43] Jean Clet Martin, *Multiplicités,* Paris, Kîmé, 2018, p. 56.

[44] Nsame Mbongo, *Choc des civilisations ou recomposition des peuples* ? Paris, Dianoia, coll. « défis », 2004, p. 35.

Paul Feyerabend, en particulier établit un lien évident entre sa philosophie de la diversité et la problématique des « humanités »[45]. De telles perspectives qui s'annoncent avec l'âge de la science contemporaine présupposent qu'il existe une relation de complémentarité ente la théorie de la connaissance avec les humanités dont il rend raison en ces raisons : « les humanités ont beaucoup moins d'importance maintenant que les sciences, et cette entité qu'on appelle « mythe » a perdu beaucoup de son influence sur la marche de la science contemporaine.

Ces critiques font ensuite des propositions positives : donner plus d'argent aux arts et aux humanités et ranimer les dimensions mythiques de la vie humaine ! »[46] Quand Feyerabend le souligne à grands traits, il a en vue l'aspect historique de sa démarche, celui de mettre en avant l'apport dans anciens dans la reconstruction éthique de la marche du monde. Il soulève la question de la « Raison »[47], et cite en exemple « Xénophane et les dieux homériques »[48].

Pour nous, il est intéressant de relever l'impact que cette histoire a eu dans la philosophie de Feyerabend. C'est la raison pour laquelle nous avons choisi de mettre en avant la conception philosophique et épistémologique de la diversité chez Paul Feyerabend parce qu'il en fait de longs développements. Au chapitre quatrième de son ouvrage où il aborde les « deux modèles du changement épistémique : Mille et Hegel »[49] on voit comment la théorie de la diversité y occupe une place de choix. Elle a même des implications importantes sur la conception de la dynamique de l'humanité pour autant qu'elle est toujours « à la recherche d'un monde meilleur », au sens poppérien de l'expression.

---

[45] On peut aussi prendre en ligne de compte l'humain qui est dans le savant, le scientifique.

[46] Paul Feyerabend, *Adieu la raison*, trad. de l'anglais par Baudouin Jurdant, Paris, Seuil, 1989, p. 110.

[47] Raison et histoire vont ensemble. Il affirme : « Pour trouver une réponse, j'ai jeté un coup d'œil sur l'histoire sur l'histoire et j'ai étudié à quelle époque les critiques « rationnelles » de la tradition sont apparues et comment elles ont été accueillies. Plus particulièrement, j'ai analysé ce que Xénophane avait à dire à propos des traditions de son temps ». Xénophane a été l'un des premiers intellectuels occidentaux ». Cf. p. 110.

[48] *Ibid.*, p. 111.

[49] Paul Feyerabend, *Problèmes de l'empirisme. Ecrits Philosophiques*, II, trad. de l'anglais par Emmanuel Malolo Dissakè, Paris, Dianoia, 2014, p. 169.

Partant des philosophes contemporains, à la suite des Présocratiques, Feyerabend tient à dégager « l'importance pour l'homme et la société »[50]. Il opine également sur la diversité des connaissances. Pour ce faire, il entreprend de construire des « dialogues sur la connaissance »[51]entre les scientifiques, les psychologues, les neurologues. Cette « psychologie du pluriel » pour ainsi dire, ne manque pas de faire une touche à la « métaphysique »[52] de la connaissance articulant ainsi « le juste et le vrai », « référence et autoréférence ». Ce problème d'articulation des rationalités et des entités peut paraître l'un des plus ardus dans le domaine de la philosophie contemporaine des sciences. Il est même difficile à résoudre à cause de sa transversalité méthodologique, sa complexité historique et théorique.

Pourtant, il est effectivement aisé et sensé de considérer que les phénomènes naturels sont à la fois le reflet d'un recensement des manières de parler de l'unité des savoirs, et une façon d'analyser ontologiquement la multiplicité de la réalité. Ce faisant, il n'est pas évident de trouver une base suffisante pour déceler une structure unique et unitaire de la diversité des sciences et des objets qu'elles étudient, des interprétations de la métaphysique.[53]

De plus, de la diversité de la culture[54], des civilisations, on en arrive à soupçonner la multiplicité derrière l'unité de l'être[55], ses modèles et ses interprétations. En fait, la diversité de l'être peut donc se donner à penser à partir du moment où l'être, sous le paradigme aristotélicien se prête à de multiples acceptions : relation, grandeur, quantité, qualité, etc. Mais le moment n'est-t-il pas arrivé de « détrôner l'être ? Ainsi il ne sera pas question de commencer, comme d'habitude, par constater que le thème de la « diversalité » apparaît pour la première fois chez les philosophes antiques. Qui plus est, il ne

---

[50] *Ibid.*

[51] Paul Feyerabend, *Dialogues sur la connaissance*, trad. de l'anglais par Jurdant Baudouin, Paris, Seuil, 1996, p. 11.

[52] *Ibid.*, p. 16.

[53] Alain Cambier, *Qu'est-ce que la métaphysique* ? Paris, Vrin, coll. « Chemins philosophiques », 2016, p. 7.

[54] Emmanuel Banywesize, « L'inter-culturalité en Afrique : problèmes et controverses », in *Vivre ensemble. Quelles perspectives au Congo* ? (dir.), Jean De Dieu Kourissa, Préface d'Auguste Nsonsissa, Paris, L'Harmattan, 2016, p. 79-110.

[55] Antoine Soulez, *Détrôner l'être. Wittgenstein antiphilosophe* ? (en réponse à Alain Badiou), Paris, Lambert-Lucas, coll. « Le Discours philosophique », 2016, p. 20.

s'agira pas de chercher à élucider le sens du contenu de ce concept allusivement indiqué dans leurs écrits respectifs. Puisque nous ne savons pas, par avance, de quoi cela en retourne. Nous avons choisi, néanmoins, et plus profondément, de vérifier les motifs et les causes qui président à la pensée de la diversalité.

Cela dit, s'interroger à un tel concept, revient à creuser aussi les raisons de cet intérêt philosophique, et partant d'en suivre l'évolution jusqu'aux objections des épistémologues classiques ; ceux qui plaident pour une appréhension unidimensionnelle du réel. Dans le ton, pareille orientation gnoséologique laisse dégager l'intérêt philosophique d'indiquer autant que possible les limites non seulement de la conception unitaire du réel, mais aussi celle de la pensée unique qui a dû faire preuve de ses insuffisances. « Qui a tué le positivisme logique ? »[56] Se demande Popper. En fait, il est de ceux qui pensent que le « positivisme logique est donc mort ». Les insuffisances de ce courant sont aussi imputables à tout mouvement philosophique.

Ainsi, donc, à prendre les choses au plus près, et s'il est un terme qui ne devrait plus souffrir d'un silence quelconque dans l'espace de jeu de la complexité épistémologique, c'est bien celui de la « diversalité ». Nous nous y attachons pour essayer d'en dessiner les contours métaphysiques d'un problème ontologique qui est bon à poser, et ce, conformément aux exigences onto-logiques de l'intelligibilité. Il n'y a, donc, aucune raison qui fasse que les contemporains en viennent à en faire l'économie injustifiée.

Par contre, relever son apparition dans le dispositif de la philosophie contemporaine des sciences ne devrait pas aller de soi, non plus, sans un creusement des difficultés méthodologiques et épistémologiques internes à chaque principe d'intelligibilité de la science classique mis en exergue par les sciences « dures » et que la raison humaine elle-même porte avec mesure.

Le plan de ce livre s'ordonnera en plusieurs chapitres :

a. Dans le chapitre premier, la diversalité se donnera à penser comme quelque chose de bon. En tant que question toujours mise en question, elle mérite d'être étudiée d'un point de vue à la fois historique et philosophique. Cette perspective diachronique permet de montrer combien le recours aux

---

[56] Karl Popper, *La quête inachevée,* trad. de l'anglais par Renée Bouveresse, Paris, Calmann-Lévy, 1981, p. 125.

Présocratiques est d'importance et même révélateur de la culture de la diversité des savoirs et de l'esprit encyclopédique dont les Modernes se prévalent comme une condition de l'esprit scientifique.

b. Dans le deuxième chapitre, nous réfléchirons sur la dialogique du simple et du complexe à partir de la monado-logie de Leibniz. Il s'agira de montrer qu'au-delà de la conception classique des monades, il y a lieu d'y trouver des indices de la pensée complexe et partant de la diversalité. L'idée de multiplicité des monades ainsi que celle de leur combinaison est de nature de dire que rien n'est simple. Si le scientifique simplifie alors le simple serait toujours le simplifié. Or rien n'est simple. Donc tout est complexe. C'est dans cet esprit que la complexité monado-logique sera envisagée en rapport avec la pensée de la diversalité. Il est donc ainsi non seulement de l'intérêt de la philosophie, mais de l'intérêt intellectuel de la pensée humaine d'acquérir la culture psychologique du pluriel à partir du « principe de prolifération » envisagé par Paul Feyerabend[57].

c. Dans le troisième chapitre, nous envisageons l'élasticité du langage, c'est-à-dire l'accès à la fiction pour penser la réalité et ses niveaux. Les bornes que l'esprit humain s'assigne lui-même expliquent le pluralisme contre le monisme. De là nous serons amenés à instaurer une « philosophie des alternatives » qui nous situe « contre la pensée unique qui déclare qu'il n'y a pas d'alternative »[58]. Cela s'appelle réinventer le monde[59].

d. Le quatrième chapitre travaillera à mettre le doigt sur la diversité à partir de la rationalité et ses figures. Une attention particulière sera consacrée à l'idée du choc de rationalité pour dire la recomposition des savoirs. Nous mettrons en évidence quelques réflexions sur les différences, les différends et les multiples versions de la rationalité. De la -sorte, on aura nié la

[57] Pau Feyerabend, *Réalisme, ... op. cit.*

[58] Souleymane Bachir Diagne, Préfaçant l'ouvrage de Semou Pathé Guèye, *Faillibilisme épistémologique et réformisme libéral, Popper critique de Marx,* Dakar, PUD, 2000.

[59] Auguste Nsonsissa, *Refaire les mondes ? La matière et la manière*, Paris, L'Harmattan, coll. « Ouverture philosophique », 2018, p. 34.

raison unique de façon à accréditer l'hypothèse de « la rationalité comme ouverture ».

CHAPITRE PREMIER : La diversalité est-elle bonne à penser ?

Pour commencer, il est de bon ton de concevoir la « diversalité » sous l'angle par lequel Paul Feyerabend donne à penser le principe de « prolifération ». Il le défend dans *Réalisme, rationalisme et méthode scientifique.* Mais il s'ensuit le style philosophique de l'anarchisme qui fait corps avec la complexité de sa démarche. Ce style particulier de la pensée complexe qui se prête à une attention soutenue est tourné vers les multiplicités. Elles sont propres à instruire le nouvel esprit philosophique à l'instauration d'une méthode de combinaison des êtres et des choses. Celle-ci se laisse comparer à une méthode de la totalité sous l'emblème de l'universalité de l'être, de la réalité et ses niveaux. Celle-ci ne peut que générer des multiplicités aussi remarquables que celles mises en relief par Antonia Soulez[60]. La vivacité de l'être fait donc corps avec la diversité d'interprétations du réel, de reformulations des théories scientifiques et de controverses au niveau d'approches méthodologiques dont le sens d'être semble constituer l'objet. Sous cet aspect ontologique, l'interrogation est de nature à chercher davantage ce que serait « l'être » une fois « l'Etre détrôné »[61]. La difficulté qui se pointe est donc d'ordre méthodologique. S'agit-il de la méthode dialogique ou dialectique ? A partir de cette interrogation, et au-delà des aspects ontologiques et méthodologiques de la connaissance du réel, la nature et le but de cette partie de la réflexion est d'étudier l'horizon épistémologique de la diversalité. Qui plus est, elle se propose d'essayer de l'exprimer dans le langage philosophique renouvelé. Puis, sur une telle quête de fondements philosophiques des sciences, elle tend à établir la théorie de la diversalité et de constituer une méthode de la complexité. De là, elle s'efforce de faire de celle-ci le lieu d'élucidation de la multi-dimensionnalité et de la pluri-référentialité des êtres, des choses et des procédures mises en œuvre par le nouvel esprit scientifique en quête de vérité.

1. La diversalité dans la tradition philosophique

Sujet de préoccupation vieux de plus de deux mille ans, la « diversalité » est un paradigme qui participe de « la formation de l'esprit philosophique »[62] depuis Platon. Aussi curieux que cela puise paraître, la problématique de la diversalité du point de vue

---

[60] *Ibid.*

[61] *Ibid.*

[62] Léon Robin, *La pensée hellénique. Des origines à Epicure*, Paris, PUF, 2ème édition, 1967, p. 1.

ontologique commence avec les Présocratiques, notamment avec Parménide. L'approche de l'imbrication de l'unité dans la diversité est problématique. On voit comment ce dernier s'attache à l'Un et à l'unité au cœur de la théorie de la connaissance. Plutôt, cette idée fait corps avec celle de la multiplicité sur fond d'une argumentation dialectique qui préoccupe les pionniers de la philosophie à partir de la théorie du tout ou de la partie. Chemin faisant, c'est le dialogue de Platon qui est mis en avant. *Le Parménide* soulève, dans le fond, la question de la dialectique de l'unité et de la multiplicité.

A y regarder de très près, le Parménide est un texte révélateur de la diversalité en ce qu'il retient l'attention des historiens de la philosophie sur le fait qu'il est difficile de concevoir l'Un sans le Multiple, ou l'Etre sans le non Etre. Qui plus est, comment l'aborder si tant est que l'idéalisme et le matérialisme vont aussi se pointer comme deux voies d'accès à la réalité. La possibilité de penser l'être à la lumière du relativisme s'annonce dès lors qu'Héraclite s'opposera à Parménide pour dire que le non être fait sens.

Un texte de Platon rappelle en quelque manière le sens du débat : « *Si l'on n'admet pas qu'il y ait des formes des êtres, et qu'on se refuse à assigner une forme à chacun d'eux, on ne saura plus où tourner sa pensée, parce qu'on ne veut pas qu'il y ait pour chacun des êtres une idée toujours identique et que, par là, on détruit absolument la possibilité de discuter* ».[63] Cette approche historique et méthodologique permet de dégager les différents éléments de diversité. Ils seront apparus au cours de ces enquêtes conceptuelles et procédurales en guise de « conjectures » concernant « la nature et la constitution de l'esprit humain »[64].

Notre but n'est pas nouveau dans l'histoire de la pensée scientifique. On aurait même de la peine d'en faire la remarque. On est supposé savoir bien que dans l'épistémologie et la philosophie, les deux domaines de compétence que nous avions choisi d'examiner comme lieu d'élucidation du sens de la diversité de la réalité et la réalité de la diversité. Pareille tension entre la réalité et la diversalité nous engage fondamentalement dans ce que Quine appelle « la

---

[63] Platon, *Parménide,* trad. franç., par E. Chambry, Paris, Garnier, 1967, p. 135.

[64] George Boole, *Les lois de la pensée*, trad. de l'anglais par Souleymane Bachir Diagne, Paris,Vrin, coll. « Mathesis », 1992, p. 21.

poursuite de la vérité »[65] dans les domaines de la physique et de la métaphysique.

Ces deux domaines constituent la dualité du réel et se trouvent convoqués Feyerabend en particulier. Il a cru pouvoir consacrer une part importante de son enquête conceptuelle, ainsi que son attention sur « l'attitude critique »[66] comme caractéristique de la science et ayant son incarnation en Thalès de Milet. . Plus avant, dans sa forme ancienne et contemporaine[67], la théorie de la diversité se rattache autant que faire se peut exclusivement aux grands noms de Parménide[68] et Héraclite.

Sous l'aspect onto-logique où elle fût engagée comme perspective de la philosophie du devenir ; l'idée du progrès de l'esprit humain est envisagé. Mais, à l'arrière-plan de cette perspective, s'engage une partie technique et métaphysique de la diversité. Elle a pu être constituée, presque sans aucun doute sur le besoin de changement scientifique qu'elle telle vision pouvait entrainer. On peut le dire, la recherche originale de la vérité par les Présocratiques s'était plutôt dirigée vers des questions d'ontologie générale.

Cependant, c'est sur fond de controverses[69] et d'énigmes entre l'être et le néant que la théorie de la diversité a été abordée. De plus, c'est de là qu'elle a pu déborder de son lieu métaphysique pour s'orienter vers « la philosophie de la nature »[70] pour conférer à l'âge de la physique quelques anticipations hardies sur des questions relatives à l'existence du vide[71], à la pensée de l'infini, etc. Pour ce faire, au grand matin de l'aventure de la spéculation philosophique la

[65] Willard V. Quine, *La poursuite de la vérité*, trad. de l'anglais par Maurice Clavelin, Paris, Seuil, coll. « L'ordre philosophique », 1993, p. 126.

[66] Paul K. Feyerabend, *Deux lettres à Thomas Kuhn. Sur une version préparatoire de La structure des révolutions scientifiques,* trad. de l'anglais par E. Malolo Dissakè, Paris, Dianoia, 2012, p. 9.

[67] Jean-Louis Boursin, *Les structures du hasard. Les probabilités et leurs usages*, Paris, Seuil, 1986, p. 5.

[68] Parménide, in Les Présocratiques, Paris, Gallimard, coll. « Bibliothèque de la Pléiade », 1988, p. 243.

[69] Jean Largeault, *Enigmes et controverses. Quelques problèmes en théorie de la connaissance*, Paris, Aubier Montaigne, coll. « Analyses et raisons », 1980, p. 44.

[70] Paul Feyerabend, *La philosophie de la nature*, trad. de l'allemand par Matthieu Dumont et Arthur Lochmann, Paris, Seuil, 2014, p. 179.

[71] Etienne Klein, *Matière à contredire. Essai de philo-physique*, Paris, L'Observatoire, 2018, p. 71. Lire particulièrement « De quoi le vide est-il plein ? »

théorie de la diversité revêt déjà son caractère historique et théorique particulier.

Historiquement, George Boole[72] montre comment les Présocratiques soulèvent les questions qui vont pouvoir se révéler décisives dans le développement la philosophie des sciences soit sous l'angle logique, soit sous l'angle ontologique. En effet, penser la « diversité » dans le climat philosophique contemporain n'est pas une entreprise de tout repos. Plusieurs raisons président fondamentalement à l'émergence de cette problématique tantôt ancienne, tantôt moderne, et ce, au cœur d'un paradigme de la complexité en passe de se constituer. La première raison qui préside au choix de cette thématique semble liée aux circonstances académiques.

En effet, après avoir pris part au Colloque international : « Diversité et développement : spécificités, fragments, totalité, unité », accessible à tous les universitaires venus du monde entier (Afrique, Canada, Europe), il nous a semblé urgent et même nécessaire de réfléchir sur une thématique philosophique pointue, mais non moins transversale qui met en avant l'horizon philosophique de la diversité ». En effet, ce thème bénéficie d'une littérature non moins abondante en la matière. Il est même au cœur de la quête des fondements de la philosophie contemporaine des sciences telle qu'elle entreprise par les figures emblématiques de la pensée complexe : Karl Popper, Paul Feyerabend et Edgar Morin.

Lorsqu'il s'agit de soulever les grands problèmes d'épistémologie anglo-saxonne et française respectivement comme « rationalité ouverte », « anarchisme » et « complexité », il est rare que l'on fasse mention de la diversité. Pourtant, s'il était admis de trouver un fil conducteur qui traverse de part en part les approches épistémologiques de la réalité, c'est effectivement la diversité qui les met ensemble. La situation n'est donc pas à l'opposé de la complexité de la réalité et de la réalité de la complexité en matière de connaissance. C'est ce que Feyerabend accrédite[73]comme hypothèse de recherche.

Vouloir porter au langage la diversité dans l'unité et l'unité dans la diversité, revient à affronter le défi de la difficulté et de l'incertitude de la connaissance philosophique. La réalité est non seulement plurielle, mais elle renvoie à la diversité des savoirs dont l'intelligence

---

[72] George Boole, *Les lois de la pensée, op. cit.*

[73] Paul Feyerabend, *Dialogues sur la connaissance*, trad. de l'anglais par Baudouin Jurdant, Paris, Seuil, 1er dialogue, 1996, p. 33.

d'ensemble ne semble pas aller de soi pour l'esprit classique. Parce qu'il préfère s'adosser aux principes d'intelligibilité du passé, au nombre desquels on peut évoquer « la réduction », « la clarté » « la distinction », « la non contradiction ».

De plus, à l'occasion de la parution de : « Diversité et développement en questions. Des réalités complexes »[74] qui en dit long, on voit bien que s'il est une évidence dont on peut parler aujourd'hui, en matière de multi-réalité, c'est bien celle qui nous fait dire qu'au commencement était la diversité et qu'il n'y a pas de diversité sans unité, *vice versa.*

Même « le concept de nature », l'homme, le monde, les formes symboliques, ou tout ce qui existe font signe vers la diversité culturelle. Aussi peut-on penser à celle des savoirs, des sciences, des connaissances, des êtres et des choses. Nous avons tout lieu d'accréditer l'idée de la « diversalité », parce que, même l'homme est exposé à la diversité de ses pensées, ses aspirations, ses rêves, ses besoins vitaux.

Spécifiquement, on l'aura su depuis que le philosophe Emmanuel Kant aborde la question sous l'angle de la théorie de la connaissance. Il soulève la problématique de la diversité en rapport avec l'unité. Celle-ci se prête à une série d'interprétations conflictuelles, et ce, tant du point de vue de son statut philosophique qu'épistémologique. En fait, lorsqu'il problématise la nature de l'espace et du temps, par exemple, comme les formes *a priori* de la sensibilité il ne fait pas abstraction de la diversité.

Notre rapport au monde phénoménal n'exclut donc pas le droit à l'unification des phénomènes dont l'entendement rend possible suivant sa fonction opératrice à partir de la synthèse qu'il est en mesure de réaliser. Pourtant, le un processus de complexification est solidaire de l'unité et de la diversité du monde. La difficulté réside dans l'articulation du monde phénoménal et du monde nouménal, dans la mesure où Kant les sépare[75].

Par contre, prenant en compte le noumène et le phénomène comme dimensions du réel, n'est-ce pas là, par vocation et par nature, penser la diversité et ses difficultés ? Diversité ? Mais, au fait, qu'est-ce que

---

[74] Aimée-Danielle Lezou Koffi (dir.), Abidjan, Editions Universitaires de la Côte d'Ivoire, 2018, p. 9-10.

[75] Emmanuel Kant, *La critique de la raison pure,* Paris, PUF, 1971, p. 63.

cela peut bien vouloir signifier ? La philosophie contemporaine des sciences pourra-t-elle, à elle seule, venir à bout de ce problème ? Résoudra-t-elle dans l'avenir la question de la diversité posée par l'unité ? De quoi la diversité est-elle une ? Au-delà de ce questionnement, revenons, tout de même, à son acception générale pour dire « diversité. Tout est diversité » !

Dans le même élan de complexification de l'unité synthétique des phénomènes, il est fondé en raison de repenser la réalité qui est consubstantiellement fragmentée, parce qu'elle se prête à des niveaux. Depuis que Parménide d'Elée et Héraclite d'Ephèse s'opposent autour de « ce qui est » et « de ce qui n'est pas », la diversité est déjà un problème ontologique au grand matin de l'aventure d'idées philosophiques. Qui plus est, dans l'horizon contemporain du spiritualisme bergsonien. Il revient donc à l'esprit humain de retrouver son intégrité vitale à partir de la pluralité de l'être humain éclaté en esprit, âme et corps. Il est doté d'une « aptitude à mobiliser une intelligence opérationnelle », celle qui prend à bras le corps la complexité des êtres et des choses qui se prêtent à notre investigation philosophique[76].

L'esprit humain va jusqu'à agréger « toutes les sensibilités » sociale, politique, économique, et culturelle relatives aux fondements de la philosophie contemporaine des sciences. D'après Lezou Koffi, cela est envisageable pour cerner « tous les fragments individuels et personnels de pensées créatives pour réaliser, dans la vitalité d'un mouvement dialectique d'ensemble, ce que nous appelons développement, une aspiration soutenue par la quête du bien être »[77].

La nature de la relation entre la diversité et le développement se révèle pertinente dans la mesure où cette belle aventure de l'esprit humain exige du philosophe particulièrement la prise en charge de toutes les composantes structurales de ce qui peut faire avancer nos sociétés, le monde en questions. Qu'il soit ainsi, car le développement est diversifié tout autant que la société[78].

---

[76] Etienne Klein déclare : « Vide ? Mais au fait, qu'est-ce que cela peut bien vouloir dire, « vide » ? Ce mot a-t-il avec le rien, l'absence de toute chose, ou avec quelque entité bien réelle, mais d'un genre un peu spécial », Matière à contredire, *op. cit.*, p. 70.

[77] Emmanuel Kant, *op. cit.,* p. 9.

[78] Emmanuel Malolo Dissakè, *Feyerabend. Epistémologie, anarchisme et société libre*, Paris, PUF, coll. « Philosophies », 2001, p. 103.

La deuxième raison qui est au principe du choix des philosophes contemporains vient de ce qu'à l'instar d'Henri Bergson[79] la diversité de l'espace, par exemple fait partie intégrante des concepts intégrateurs qui ressortissent aux mouvements philosophiques modernes ou contemporains centrés sur la nature. Riche de cette idée, une fois de plus, l'idée directrice que nous avions mise en exergue est que la réalité a des niveaux[80]. Dans le même sens, il ne serait donc pas difficile de montrer qu'un bon nombre de critiques actuelles sont tout simplement liées au monisme auquel un Popper opposerait un « pluralisme »[81] ; qui plus est, « un interactionnisme » en sourdine.

Cette conception poppérienne de la réalité qui donne du relief et de la forme au nouveau problème de la diversité peut, à son tour, être liée à l'articulation du « réalisme et pluralisme » ou plutôt à la mise en cause de la réduction au profit de l'émergence.[82] Il serait donc imprudent de réduire le faillibilisme au dualisme, encore moins à l'interactionnisme, quand on sait par ailleurs que la « théorie des propensions » et la « théorie des probabilités » occupent une place stratégique au cœur du réalisme critique de Popper. La théorie des mondes en est également la parfaite illustration.

Quant à Paul Feyerabend, son « anarchisme épistémologique »[83] ne peut que renvoyer à la teneur épistémologique et à la consistance philosophique de la diversité. A dire vrai, c'est à lui que nous aurons recours pour justifier autant que possible la valeur du « principe de prolifération » que l'anarchiste déploie dans *Réalisme, rationalisme et méthode scientifique*. Au-delà de cet ouvrage majeur où la diversité fait chorus, Feyerabend n'a pas manqué de montrer comment la prolifération fait corps avec la théorie des alternatives caractéristiques

---

[79] François Heidsieck, *Henri Bergson et la notion d'espace*, Paris, L'Harmattan, coll. « Ouverture philosophique », 2011, p. 30.

[80] Georges Mourélos, *Bergson et les niveaux de réalité*, Paris, PUF, coll. « Bibliothèque de Philosophie Contemporaine », 1967, p. 45.

[81] Karl Popper, *La connaissance objective. Une approche évolutionniste*, Paris, Flammarion, coll. « Champs/Essais », 1998, p. 430.

[82] *Ibid.*, p. 430.

[83] Pour une meilleure intelligence de la notion d'anarchisme, on peut recourir à Emmanuel Malolo Dissakè qui en fait une excellente synthèse en termes de « psychologie du pluriel et anarchisme ». Cf. « Psychologie du pluriel. Malaise dans la nouvelle philosophie des sciences », in *Paul K. Feyerabend, Deux lettres à Thomas Kuhn. Sur une version préparatoire de La structure des révolutions scientifiques*, trad. de l'anglais, Paris, Dianoia, coll. « Fondements de la Philosophie Contemporaine des Sciences », 2012, p. 43.

de la théorie de la complexité si chère à Edgar Morin et à Jean-Louis Le Moigne[84].

On comprend, dès lors, les motivations qui ont poussé ce dernier à citer en exemple Popper et Feyerabend comme étant ceux de ses philosophes qui l'ont positivement inspiré dans l'élucidation du sens épistémologique et méthodologique de la pensée de la complexité. Cela étant, c'est donc dans l'horizon philosophique de la complexité que ce livre propose une réflexion sur la diversité. Nous entendons, sous ce concept transversal et latéral, désigner l'une des plus remarquables inventions de l'esprit humain qui tend à s'appliquer à de nombreux niveaux de la pensée scientifique parce qu'elle se déploie dans toutes les activités humaines, dans tous les domaines scientifiques, dans tous les pans entiers de la réalité.

A tout prendre, le maître mot en ce début du XXIe siècle est « la diversité » des sciences, des principes, des systèmes, des critères, des méthodes, des approches, des chemins, des itinéraires, des profils, des points et angles de vue. La diversité est comme une gageure, parce qu'elle est difficile à classer dans un domaine de compétence. Son irréductibilité à un champ disciplinaire tient de ce qu'elle se renouvelle toujours là où l'esprit humain fait preuve de créativité. La diversité des sciences par exemple est un indice de ce qu'il n'est pas évident d'accorder le primat aux sciences naturelles au détriment des sciences anthropo-sociales. Comment ne peut-on pas dire que toutes les disciplines scientifiques se valent.

Plutôt, la diversité est à la lisière des sciences de l'homme et de la société, les sciences cognitives. Chemin faisant, la diversité se révèle à nous quand la science se dit à la fois comme un art, comme une histoire, et comme une méthode. C'est en raison que Feyerabend en particulier nous apprend du poids de la complexité scientifique et de ses reconfigurations historiques et contextuelles dans la marche de la science que la diversité participe des systématisations dont elle est l'objet d'un épistémologue à l'autre.

Chez ce dernier « l'image de la science »[85] et du « scientifique » est loin d'être une. Elle s'annonce plurielle dans le contexte contemporain

---

[84] Jean Louis Le Moigne et Edgar Morin, « De l'analyse de la complication à la conception de la complexité », in *L'intelligence de la complexité*, Paris, L'Harmattan, 1999, p. 315.

[85] Paul Feyerabend, *Dialogues sur la connaissance*, trad. de l'anglais par Baudoin Jurdant, Paris, Seuil, 1996, p. 213.

de la recherche en philosophie de la connaissance. Castoriadis Cornélius souligne que « l'époque contemporaine : malgré les apparences, l'impossibilité d'établir une telle détermination, est encore plus certaine dans le monde contemporain, caractérisait, comme le disait Marx, par « *l'application raisonnée de la science à l'industrie » à une échelle immense* »[86]. Malgré tout, le constat est qu'au cœur des fondements de la philosophie contemporaine des sciences, nous sommes submergés dans la diversité ; une diversité sans égale dans l'histoire des sciences et dans l'image de la science, la science sans dogmes.

Contre « l'autoritarisme épistémologique », les théories épistémologiques ont aussi à faire face à la diversité des processus naturels, spirituels, culturels, etc. Aucun domaine n'y échappe. Mais si elle semble avoir atteint un degré d'intelligibilité de maturité exceptionnelle, elle doit, en retour, confrontée à l'unité, se résoudre aux relations de complexification qui définissent les limites mêmes de la connaissance humaine et admettre, particulièrement, que l'on ne peut tout connaître[87]. Et pour cause ? Etudier la « diversité », notamment selon le principe différentiel et suivant les grandes avenues de la complexité épistémologique du réel qui ont marqué la distinction entre le paradigme de l'Un et celui du Multiple, c'est-à-dire les grandes aires de la connaissance scientifique au double plan philosophique et culturel, n'est pas un fait nouveau, loin s'en faut.

Au grand matin de la naissance de la philosophie occidentale, la diversité a fait l'objet d'une investigation. Ce regard éclaté du paysage philosophique de la connaissance marquée par la recherche de la vérité est un indice de la diversalité. La prise en compte de la différence ontologique à des fins d'une diversité d'approches de l'être place aussi la philosophie ancienne au fondement de la philosophie de la diversité. En conséquence, elle se situe en haut de l'échelle de la conquête de la nature non pas comme simple concept, mais comme idée. Cela lui confère également le rôle judicatif face à la naissance de la rationalité critique longuement débattue et non pas battue en brèche par les philosophies allant de Socrate à Aistote. De là, nous pensons que ce mouvement s'est opéré au sein de l'histoire de la philosophie

[86] Castoriadis Cornélius, *Les carrefours du labyrinthe*, Paris, Seuil, coll. « Esprit », 1978, p. 238.

[87] Nous pensons ici à l'entretien avec John Barrow intitulé : « De la science des limites et des limites de la science », pp. 301-313.

même bien avant la systématisation socratique, c'est-à-dire avant et après Socrate, ou jusqu'à Edgar Morin qui plaide pour la « rationalité complexe », aujourd'hui. Un des ouvrages de Kapumba Akenda[88] en dirait plus.

Cependant, les approches métaphysiques de la nature d'antan se sont inscrites dans des visées monistes. Dépassées, elles n'ont plus rien de commun avec ce qui s'est produit à partir des années 1950, et surtout 1973 au cœur de l'épistémologie anglo-saxonne et qui s'est répandu dans le monde philosophique sous l'appellation de la catégorie de la totalité que l'universalité, et là encore il reste à savoir si l'Universel sans totalité est vraiment envisagé.

En effet, depuis que nous avons appris que l'Universel est en passe d'être décloisonné, et depuis l'époque du « négativisme » bachelardien, les programmes d'études ou les sciences de la complexité, ayant pour principal objet de recherches philosophiques « la pensée complexe », se sont diversifiées davantage et institutionnalisées à des degrés variables selon les contextes linguistiques, académiques, etc., « traditions de recherche » et les champs disciplinaires, tous paramètres qui exigent que l'on se garde bien de considérer sans nuances hypothétiques que l'Unité prend le pas sur la diversité. Elle peut renvoyer l'objet de la métaphysique, c'est-à-dire l'être, au « but de la science », la vérité dont Jaakko Hintikka dit qu'elle est « ineffable »[89], ou sur les questions d'identité culturelle[90].

Les études culturelles, philosophiques, sociologiques, économiques, technologiques ; pour ne citer que ces déclinaisons, montrent à tous égards que « rien n'est simple » et que c'est nous qui simplifions. La réalité est devenue incertaine, et « le réel voilé »[91]. Dans le fond, la réalité qui a des niveaux, et qui ne se laisse pas si

---

[88] Jean-C. Akenda Kapumba, *Les Sciences entre Nature et Culture. L'Unité dans la Diversité*, Paris, Dianoia, coll. « Fondements de la Philosophie Contemporaine des Sciences », 2012, p. 17.

[89] Jaakko Hintikka, La vérité est-elle ineffable ? trad. de l'anglais par Antonia Soulez et François Schmitz, Paris, L'éclat, coll. « tiré à part », 1994, p. 14.

[90] « Etre français » tel est le sujet qui préoccupe Edgar Morin dans *Enseigner à vivre*. Manifeste pour changer l'éducation, Paris, Actes du Sud, coll. « domaine du possible », 2014, p. 106.

[91] Bernard d'Espagnat, *Le réel voilé. Analyse des concepts quantiques*, Paris, Fayard, 1994, p. 16.

facilement dévoilé par l'esprit scientifique installe dans la raison dans l'incertitude.

Voilà pourquoi Bernard d'Espagnat ajoute à l'idée du voilement celle de l'incertitude. Il écrit : « Une incertaine réalité »[92]. Conséquemment, ce qui est divers peut faire signe vers ce qui est incertain. Cette considération épistémologique est une transition toute trouvée pour la thématique du « pluralisme » repérable dans *Une connaissance sans fondements* de Paul Feyerabend[93]. C'est à ce thème du pluralisme qu'il faut rattacher tout l'intérêt méthodologique qui est accordé l'heuristique des « alternatives », celles qui donnent vie à « l'exploration de nouvelles possibilités » de la connaissance des êtres et des choses, des faits et des théories épistémologiques[94].

Par ailleurs, les études de la diversité ne se sont pas toujours faites dans cette genèse du réel, encore moins au niveau empirique. Elles tendent vers un questionnement ontologique. Car il s'agit de comprendre ce qui est. Disons-le tout net, la réalité considérée dans sa multi-dimensionnalité s'est destinée au sein des grandes recherches en épistémologie contemporaine chez Paul Feyerabend, notamment. Et cela, non pas toujours, pour donner lieu à des cousinages dont témoignent à différents niveaux les déclinaisons nuancées de « la logique de la découverte scientifique » de Karl Popper.

Mais pour faire droit « aux modèles de la découverte » de Norwood R. Hanson[95], il est de bon les fondements de la philosophie contemporaine des sciences s'attachent aussi la nouvelle vision de la réalité et aux différentes versions qu'elle telle démarche suggère : on passe de la « découverte » aux « modèles » de la découverte.

---

92 Bernard d'Espagnat, *Une incertaine réalité. Le monde quantique*, Paris, Fayard, 1985, p. 80.

93 Nous nous référons au dernier paragraphe du troisième point de son ouvrage : *Une connaissance sans fondements*, trad. de l'anglais par Emmanuel Malolo Dissakè, Paris, Dianoia, coll. « Fondements de la Philosophie Contemporaine des Sciences », 1999, p. 63.

94 Rudolf Carnap, *L'Espace. Une contribution à la théorie de la science*, trad. de l'anglais par Pierre Wagner, Paris, Gallimard, coll. « Bibliothèque de Philosophie », 2017, p. 67. Il thématise les multiples significations de l'espace. Cette diversité s'entend à la lumière de « l'espace formel », « l'espace de l'intuition », « l'espace physique », les relations entre l'espace et le temps, etc.

95 Norwood R. Hanson, *Modèles de la découverte. Une enquête sur les fondements conceptuels de la science*, trad. de l'anglais pra Emboussi Nyano, Paris, Dianoia, coll. « Fondements de la philosophie contemporaine des sciences », 2001, p. 9.

Ce constat justifie l'attention particulière que nous accordons aux études consacrées à la diversité d'approches dans le présent ouvrage. Même dans l'art de comprendre la diversité culturelle d'un point de vue anthropologique, dans le contexte africain il n'est pas sans intérêt de penser que les figures de l'altérité construites à partir de l'a priori de la dénégation ou de la péjoration dont les cultures dites africaines ont été victimes, on constate que la discussion demeure.

Ces débats d'idées ont d'office renouvelé et inscrit davantage la diversité culturelle au cœur des enjeux mondiaux, et ont fait, à la lumière de la pensée complexe, un passage obligé vers les problématiques relatives à l'articulation de la culture et la barbarie[96]. Qui est barbare et qui ne l'est pas ? Les implications éthiques et politiques d'une telle interrogation sont légions. L'une d'elles renvoie explicitement à la négation du sémitisme, c'est-à-dire l'élan idéologique visant à nier complètement un pan entier des cultures d'autrui, de l'existence des autres au profit de l'hypostase d'une Culture placée sur un piédestal dont l'incarnation n'est rien moins que la montée du totalitarisme[97]. Cela révèle bien évidemment la dimension non seulement philosophique, mais aussi culturelle de la diversité en questions.

Dans le fond, les deux volets sont couplés à la gestion des conflits idéologiques, tels qu'ils prennent corps dans le monde en général et en Afrique en particulier. Pour le dire autrement, comment peut-on penser la diversité culturelle et économique pour en faire un meilleur outil en vue d'assurer avec grand soin les développements des Continents confrontés à la critique de la « radicalité éthique »[98] ?

Comme nous venons de le souligner[99], la philosophie de la diversité a donc le mérite de jeter les bases d'un élan de développement de la connaissance et de la croissance du savoir scientifique sur fond d'une « phénoménologie de la diversité. C'est l'expression achevée de notre humanité, au regard de notre développement-enveloppement, dans un monde en profonde mutation.

---

[96] Edgar Morin, *Culture et barbaries européennes*, Paris, Bayard, Nouvelle édition, 2009, p. 12.

[97] Annah Arendt, *Les origines du totalitarisme. Sur l'antisémitisme*, trad. de l'anglais par Micheline Pouteau, Paris, Seuil, 1984, p. 34.

[98] Charles Zacharie Bowao, « L'intellectuel, les élites et la radicalité éthique », in *Cahiers épistémo-logiques* (dir.), Auguste Nsonsissa, « Epistémologie et Ethique », 7/2018, Paris, L'Harmattan, pp. 19-40.

[99] Lezou Koffi, *op. cit.*

Pareil enjeu épistémologique et heuristique ne peut nous laisser indifférent »[100], parce que telle qu'envisagée la philosophie de la diversité ne peut que viser la promotion des savoirs modernes et leurs réalités, et les voies possibles qui mènent à l'épanouissement de l'esprit humain, et partant scientifique.

Comment ne peut-on pas prendre au sérieux la diversité dans les sciences dans la mesure où l'écroulement des fondements scientifiques[101] nous en livre le secret avec la théorie de la crise dans les sciences physiques, les mathématiques, la logique, la biologie,, la littérature[102]. Du point de vue épistémologique, une affirmation de Gaston Bachelard en porte témoignage : « Le logicien contemporain considère volontiers comme « préhistoire » la littérature logique qui a précédé la parution en 1910 des *Principia Mathematica* de Whitehead et Russell.

A tout prendre, depuis cette parution, les études logiques se soit développées à un rythme si rapide dans des directions si diverses que l'on peut dire, sans donner dans le scepticisme, que tout essai de synthèse est condamné à vieillir vite »[103]. Autant dire qu'on ne peut guère, de nos jours, séparer la diversité et la science. C'est aussi un thème de méditation pour le philosophe des sciences, dans la mesure où les travaux de Popper, Feyerabend et Morin en font foi.

Voilà pourquoi, nous avons choisi de pointer la différence et « la différance » au sens « derridien » entre les sciences, les systèmes, les cultures. Particulièrement, la diversité culturelle, plutôt la « diversalité » est contre l'Un et l'Unique comme éléments de mondialité et un indice de la mondialité comme culture. De la sorte, le nouvel esprit scientifique est en passe de se donner les moyens rationnels et raisonnables pour continuer d'interroger davantage la diversité de nos diversités. Un questionnement épistémologique s'impose de fait en vue d'interroger l'inter-sectionnalité qui en est le corollaire.

---

[100] *Ibid.*

[101] Rober Blanché, *L'axiomatique*, Paris, PUF, coll. « Le Philosophe », 1955, p. 75.

[102] L'histoire contemporaine de la littérature nous enseigne qu'il existe aujourd'hui « le roman inachevé », « le nouveau roman ». Autant 'd'indices qui nous font dire que même la littérature n'est pas à l'abri de la règle.

[103] Gaston Bachelard, Préface à la Seconde Edition, de Jean Cavaillès, *Sur la logique et la théorie de la science*, Paris, Vrin, coll. « Etudes philosophiques », 2008, p. 7.

Mais, la diversité se prête également comme clé du débat d'idées épistémologique et éthique. Riche de cette diversalité qui fait recette aujourd'hui, il n'est pas exclu de faire attention aux écarts différentiels quantitatifs et qualitatifs entre les catégories sociales, plutôt que de s'en tenir uniquement à l'analyse de la nature de la relation de complexité qui s'instaure entre l'identité nationale, l'identité ethnique et la différence des êtres et des choses. La diversité n'est-elle donc pas la seule chose que nous avions en commun ? Si non pourquoi devrait-elle tomber en crise au cœur de l'esprit contemporain ?

Penser la diversité dans l'horizon épistémologique de la contemporanéité c'est revisiter l'épistémologie de Popper, Feyerabend et Morin autour de la philosophie de la diversité en vue de questionner les racines présocratiques du pluralisme ontologique. Il s'agit en fait de comprendre et d'expliquer la place de la diversité au cœur de l'unité de la pensée scientifique. Il serait donc intéressent d'étudier les grandes relations entre la philosophie contemporaine des sciences et la théorie de la diversité.

De même, on remarquera que Feyerabend, Popper et Morin développent les idées de la diversité, de la prolifération et de la complexité ; non sans être sous l'influence de Parménide et d'Héraclite. Ce n'est donc pas par hasard que Feyerabend recourt aux Présocratiques dans la mesure où, du point de vue méta-épistémologique, il voit en Thales celui était déjà un modèle pour les contemporains, ainsi que pour « nos universités d'aujourd'hui »[104].

Dans tous les cas, recourir aux anciens ne va pas de soi pour tous. L'avertissement d'Emmanuel Malolo Dissakè[105] introduisant à *Réalisme, Rationalisme et Méthode Scientifique* de Paul Karl Feyerabend en dirait long[106]. Qui plus est, l'apport des anciens dans l'élucidation du sens de la diversité n'annihile pas le fait que les trois penseurs[107] sont eux-mêmes largement tributaire d'autres philosophes contemporains, dont le fameux débat entre « Popper et les post-

---

[104] Paul Feyerabend, *Dialogues sur la connaissance, op. cit.*, p. 71.

[105] Emmanuel Malolo Dissakè, « La route vers Againts Method », in *Réalisme, rationalisme et méthode scientifique, Ecrits Philosophiques* I, Paris, Dianoia, coll. « Fondements de la Philosophie Contemporaine des Sciences », 2005, p. 7.

[106] *Ibid.*, p. 9.

[107] Popper, Feyerabend et Morin ont été sélectionnés par nous pour des raisons de commodité épistémologique. Par contre, il est établi que bien d'autres à l'instar de Kuhn, Hanson ont cru pouvoir recourir aux anciens pour l'instauration de leur propre approche de la pensée du pluriel.

poppériens » autour du statut du rationalisme critique d'un côté, et de l'autre entre Morin[108] et Bachelard[109] à propos justement de la portée novatrice du paradigme de la complexité au sein de l'épistémologie française.

Cela étant posé, qu'est-ce qu'être philosophe et penseur aujourd'hui ; si ce n'est d'avoir un profond respect du passé[110]. Sur ce point d'importance, Edgar Morin est héraclitéen avant la lettre. Les fragments d'Héraclite sont massivement présents dans les longs développements qu'il consacre à la pensée de la complexité. Les approches héraclitéennes et morinéennes de la contradiction nous ont toujours semblé des massifs infranchissables. Pour le dire différemment, on peut oser rapprocher l'obscurité d'Héraclite, la complexité de Morin, et tout devient lumineux lorsqu'il s'agit de penser tout naturellement la diversité aujourd'hui.

Dans l'élucidation de l'unité dans la diversité l'œuvre d'Héraclite n'a eu de cesse de l'accompagner. Ce dernier montre à Morin comment du point de vue logique le monde est complexement structuré. Si Héraclite est complexe, alors Morin l'est aussi. A rebours donc de l'esprit classique épris de logique de la simplicité, le Présocratique lui a appris à affronter les contradictions au sein de la « mêmeté ». Reste alors à savoir comment les dépasser quand bien même il serait tentant de les supprimer absolument pour vouloir accéder à la vérité absolue.

Morin éclaire d'un jour nouveau et de la meilleure façon quelques uns des moments qui justifient philosophiquement l'avènement de la diversité au cœur de l'unité à partir d'Héraclite. Chemin faisant, il s'est inspiré de bon nombre de philosophes modernes et contemporains à l'instar de René Descartes et Gaston Bachelard[111] ou l'impossible appartenance au dogmatisme scientifique. Se pose alors la problématique de la théorie de l'identité confrontée au « pluralisme

---

108 Edgar Morin, *La complexité humaine*, Paris, Flammarion, coll. « Champs-L'Essentiel », 1994, p. 320.

109 Gaston Bachelard, *La philosophie du non. Essai d'une philosophie du nouvel esprit scientifique*, Paris, PUF, coll. « Quadrige », 1940, p. 3.

110 Léon Robin, *La pensée hellénique. Des origines à Epicure*, Paris, PUF, coll. « Bibliothèque de Philosophie Contemporaine », 2ème Edition, 1967, p. 67. Voir en particulier chapitre II. « Présocratiques ».

111 Gaston Bachelard, *Le Nouvel Esprit Scientifique*, Paris, PUF, coll. « Quadrige », 1934, 6ème Partie.

ontologique », selon l'expression de Feyerabend dont les linéaments commencent depuis Héraclite jusqu'à Morin en passant par Popper.

Ce dernier s'y attache moyennant sa « théorie de trois mondes », mais tout au plus à partir de ses études métathéoriques menées sur « Le Soi et le cerveau »[112], plutôt partant des « commentaires historiques sur le problème esprit-corps ». Evidemment, pareil problème a été explicitement posé tout à nouveau par Feyerabend montrant que la solution correcte à ce problème qui serait l'interaction des états mentaux et des états physiques n'est pas quelconque.

Par ailleurs, bien avant, on trouve quelques linéaments de la problématique de la diversité chez Platon et particulièrement chez Aristote. Le plus important est la mise au centre de « l'interactionnisme » une théorie philosophique de la diversité en problématisant, la question du « Soi », c'est-à-dire son existence, son unité, et son identité, sa continuité. C'est le fil conducteur qui relie, nous semble-t-il, la psychologie du pluriel de Feyerabend, « le pluralisme ontologique »[113] de Popper remis en perspective par Feyerabend et la pensée de la complexité de Morin[114]. Ils discutent de la belle manière le matérialisme naïf, ainsi que les contenus de quelques connaissances abstraites qui sont le cœur de certains mondes ; alors que d'autres font droit à la concrétude des faits ou à l'imagination scientifique.

Dans le domaine de la philosophie en particulier, il arrive que l'on fasse l'éloge de la diversité des opinions ou des points de vue autour d'une problématique, d'une question ou d'un sujet de préoccupation. Cela tient de ce que la philosophie n'est pas le lieu de l'unanimisme ; encore moins de l'autoritarisme épistémologique. Que d'occasions ultimes où les philosophes engagent et s'engagent dans des débats d'idées. Une des références plausibles à laquelle nous aurons eu recours, en guise d'illustration conclusive, se rattachera à l'hommage

---

[112] Karl Popper, *Le soi et son cerveau*, trad. de l'anglais par Paris, Editions Rue d'Ulm/Presses de l'Ecole Normale Supérieure, Editions de Daniel Pimbé, 2018, p.101.

[113] Paul Feyerabend, *Problèmes de l'empirisme. Ecrits Philosophiques* II, Paris, Dianoia, coll. « Fondements de la Philosophie Contemporaine des Sciences », 2014, p. 328.

[114] Robert Fortin, *Comprendre la complexité.* Introduction à La Méthode d'Edgar Morin, Préface d'Edgar Morin, Laval, L'Harmattan, 2000, p. 31.

que les philosophes africains ont raisonnablement et rationnellement rendu au philosophe africain Ebénézer Njoh-Mouelle[115].

En fait, ce que nous montrons, c'est la place de la diversité en philosophie comme l'âme des discussions qui sont nées de la nature et le but de « la philosophie africaine », mais aussi et surtout de la manière dont chacun des philosophes associés à l'échange sur la philosophie du philosophe Njoh-Mouelle l'a diversement interprétée. Comme on le supposer, la philosophie aura constitué pour nous le terroir par excellence où l'aspiration à la diversité des pensées contradictoires est de mise.

Les uns la considèrent comme embarrassante et annonçant la fin de la « science unitaire » en rapport avec « le scientisme »[116] et le « technicisme », alors que les autres pensent positivement à la pratique plus saine et plus flexible, voire même ordinaire de la diversité et s'en accommodent fort bien comme l'esprit du temps. Si la diversité est le vif de la science, alors la diversité peut être considérée comme « principe de prolifération » chez Paul Feyerabend[117].

Pareille réflexion s'élabore au moment où la traduction française de l'ouvrage de Martin Heidegger intitulé : *Le commencement de la philosophie. Interprétation d'Anaximandre et de Parménide est rendu disponible.*[118] Depuis peu, on sait que « cette explication, avec le commencement de la philosophie occidentale ne cessera plus, dès lors, d'accompagner le cheminement de la pensée de Heidegger. Elle constitue un second foyer de l'œuvre heideggérienne, après *Etre et Temps* ; la recherche d'un autre commencement »[119].

Depuis peu, aussi on a pu faire amplement connaissance avec Paul Feyerabend,[120] dont la pensée philosophique se révèle, chemin faisant,

---

[115] Emmanuel Malolo Dissakè, (dir.), « Allons de l'avant, la foi viendra », in *L'aspiration à être. Autour du philosophe Ebénézer Njoh-Mouelle, Précédé de « La philosophie d'abord... ». Autobiographie intellectuelle,* Paris, Chennevières-sur-marne, 2002, p. 4.

[116] Jurgen Habermas, *La technique et la science comme idéologie*, trad. de l'allemand par Jean-René Ladmiral, Paris, Gallimard, coll. « Les essais », 1973, p. 7.

[117] Paul Feyerabend, *Réalisme, rationalisme et méthode scientifique, op. cit.,* p. 128.

[118] Martin Heidegger, *Le commencement de la philosophie. Interprétation d'Anaximandre et de Parménide*, trad. de l'allemand par Guillaume Bodoual, Paris, Gallimard, coll. « Bibliothèque de philosophie », Présentation, 2017.

[119] *Ibid.*

[120] Emmanuel Malolo Dissakè montre bien la spécificité et la problématicité de la philosophie du penseur que nous étudions. Il écrit : « La philosophie de Paul

subtile et souvent déroutante. Son style philosophique est à la fois sobre et scintillant. La personnalité et le destin hors pair de sa pensée ont de quoi fasciner, pour le meilleur et pour le pire. Feyerabend se donne à nous comme le plus lucide des anarchistes. Mais, ce n'est, pourtant, pas cette charge de singularités que nous cherchons à mettre en évidence ici. Notre objectif est plutôt d'inviter le nouvel esprit du temps à se saisir de la philosophie des sciences de Feyerabend.

Cela étant un contact avec ses intuitions irait en s'approfondissant par degrés, en vue d'instaurer un dialogue permanent sur la connaissance plurielle et transdisciplinaire[121] de l'auteur. En effet, comme bien des philosophes des sciences, Feyerabend est, dans une relative mesure, redevable à la philosophie antique. Même si Thalès est le philosophe de l'Antiquité qui l'a, plus que les autres, marqué pour élaborer son « œuvre de jeunesse ».[122] Il va, ainsi, puiser, pour ainsi dire, son inspiration, bien avant également celui-ci, de ses devanciers antiques et modernes.

Par ailleurs, le retour aux présocratiques qu'il prône prend alors toute la signification et la place fournissant ainsi un argument supplémentaire dans le projet « féyerabendien » qui traverse de part en part cette présente recherche.[123] A dire vrai, s'il est une idée directrice

---

Feyerabend : une unité problématique ? ». A cette question de l'unité fort complexe de l'œuvre de Feyerabend s'ajoute la dimension riche er abondante de la production constituée de 6 livres et de près de 200 articles. Cf. *Feyerabend. Epistémologie, anarchisme et société libre*, Paris, PUF, coll. « Philosophies », 2001, p. 7.

[121] Emmanuel Malolo Dissakè s'interroge : « Parler de « l'œuvre » de Feyerabend a-t-il seulement un sens si l'on veut entendre par là un tout qui n'est pas qu'une collection disparate d'objets signés par le même auteur ? Y'at-il quelque constance, au-delà des variations multiples, parfois sur le même, autour de laquelle on pourrait construire quelque chose que l'on appellerait alors « la philosophie de Feyerabend » ? Y'aurait-il quelque lien autre que fortuit entre les interventions du philosophe dans les champs divers auxquels il collabore, qu'il s'agisse du théâtre d'Ionesco, de la physique classique ou quantique, de la philosophie contemporaine des sciences ou de l'étude des anciens ? », *Ibid.*, p. 5.

[122] Emmanuel Malolo Dissakè, « Maudit ? Paul Feyerabend l'était peut-être déjà, dès les prémices », Introduction, trad. franç., Paul Feyerabend, *Une connaissance sans fondements*, Chènevières, Dianoia, coll. « Fondements de la philosophie contemporaine des sciences », 1999, p. 7. L'auteur avertit : « Il s'agirait alors d'un écrit peu intéressant, n'ayant rigoureusement parlant qu'une valeur historique ».

[123] On trouve chez Karl Popper l'expression « le retour aux anciens » précisément dans Conjectures et Réfutations trad. franç., M-I. et M. B. de Launay, Paris, Payot, 1994, pp. 49-52. Dans le même élan de justification des sources philosophiques du rationalisme critique on peut aussi se référer au chapitre 4 où Popper présente la

qui gouverne cette approche feyerabendienne de La diversité comme principe de prolifération, c'est bien celle qui s'origine dans la pensée des Présocratiques.

Mais, peut-on philosopher sans lire[124] les textes des anciens philosophes ? Généralement, la philosophie est comme une tradition critique qui s'adosse à la méthode herméneutique, c'est-à-dire interprétative. Ce faisant, elle exige de nous une certaine manière de comprendre les textes, par-delà la lecture ordinaire des textes philosophiques, celle qui trouve pied dans les manuels de philosophie et d'histoire de la philosophie. Ce qui est en jeu dans cet exercice de l'esprit humain, c'est le déchiffrement du sens de la situation des problèmes, de leur contexte et du langage approprié pour dire le réel.

Dans le fond, philosopher implique donc une rencontre ou un dialogue avec les anciens. Ce que Martin Heidegger[125] a fait en ouvrant son ouvrage Etre et temps par une citation en grec extraite du *Sophiste* de Platon, au sujet de la question de l'Etre est identique à la démarche entreprise par Paul Feyerabend[126]. Tout se passe donc comme si philosopher était une entreprise qui invitait le philosophe contemporain à lire ses devanciers[127], pour voir évidemment comment

---

tradition de la critique rationnelle comme la seule tradition qui mérite d'être défendue. Cf. Karl Popper, *The World of Parménide. Essays on the Presocratie Englighment, Arne* Fr. Peterson éd. With the assistance of Jorgen Meijer, London and New York, Routlodge, 1998.

[124] René Descartes déclare : « La lecture de tous les bons livres est comme une conversation avec les plus honnêtes gens qui ont été les auteurs et même une conversation étudiée en laquelle ils ne nous découvrent que les meilleures de leurs pensées (...) C'est quai le même de converser avec eux des autres siècles, que voyager ». Cf. *Discours de la méthode*, textes et commentaires par Etienne Gilson, Paris, Vrin, 1962, pp. 5-6.

[125] Martin Heidegger, *Etre et temps*, trad. de l'allemand par François Vezin, Paris, Gallimard, 1986, p. 25.

[126] Paul Feyerabend, *Une connaissance sans fondements*, trad. de l'anglais par Emmanuel Malolo Dissakè, Paris, Dianoia, 1999, p. 65.

[127] Cela se laisse entendre dans le propos d'Emmanuel Levinas « J'ai découvert, en effet, *Sein und Zeit*, qu'on lisait autour de moi, j'ai eu très tôt pour ce livre une grande admiration ; c'est un des plus beaux livres de l'histoire de la philosophie. Je le dis après plusieurs années de réflexion, un des plus beaux parmi quatre ou cinq autres (...) Par exemple *Le Phèdre* de Platon, *La Critique de la Raison Pure* de Kant, La Phénoménologie de l'Esprit de Hegel, aussi *l'Essai sur les données immédiates de la conscience* de Bergson, *(...)* Mon admiration pur Heidegger est surtout une admiration pour *Sein und Zeit ». Cf. Ethique et infini*, Paris, Fayard, 1982, p. 27-28.

se déploie et se soutient telle ou telle thèse, comment se pose la question de l'être, de la mort, de la nature, de l'espace, etc.

C'est dans cette optique que le recours de Feyerabend aux anciens,[128] est l'hypothèse centrale de cette enquête sur les fondements historiques et conceptuels de l'anarchisme méthodologique. Cette réflexion porte donc bien son titre, parce qu'il s'agit de penser la philosophie contemporaine des sciences dans l'axe de la théorie de la connaissance, c'est-à-dire au sens très général du « connaître », chez Feyerabend, à la lumière des anciens. Cette philosophie des sciences, suivant Paul Feyerabend, ne se restreint pas au savoir de type strictement scientifique. Les racines présocratiques[129] signifient donc la perspective historique et éthique qui ramène ce dernier à la « philosophie traditionnelle », celle que Feyerabend identifie à « la philosophie de la nature ».[130]

Contre cet esprit classique, Feyerabend esquisse une « théorie anarchiste de la connaissance ». La science ne saurait s'organiser ni au moyen des normes ordonnées et établies, ni à partir du monde vécu et de l'histoire. « L'anarchisme épistémologique »[131] signifie une posture intellectuelle marquée par l'insubordination systématique à tout ordre absolu et par son rejet de toute méthodologie scientifique et historique[132].

Le fil conducteur ici est la mise en avant des influences historico-théoriques des présocratiques sur la naissance de la tradition pluraliste En fait, il est impossible d'embrasser ici toutes les variétés de ce qui, dans l'Antiquité grecque, aurait pu s'appeler une « philosophie des sciences ». Quoi qu'il en soit, nous essayons de montrer comment

[128] Cette expression ne va pas de soi pour un anarchiste comme Feyerabend face aux présocratiques qui sont loin d'avoir été des « anarchistes ».

[129] Léon Robin, *La pensée hellénique. Des Origines à Epicure, Questions de méthode, de critique et d'histoire*, Paris, PUF, coll. « Bibliothèque de Philosophie Contemporaine », « Présocratique », II, p. 67.

[130] Paul Feyerabend, *Philosophie de la nature,* trad. de l'allemand par Matthieu Dumont et Arthur Lochmann, Paris, Seuil, 2014, p. 179.

[131] Josué Yoroba Guebo, « Paul Feyerabend : de la critique de l'ordre à l'anarchisme épistémologique », *Nunya,* Philosophie, patrimoine scientifique et technique, Laboratoire d'Histoire, Philosophie et Sociologie des Sciences et Technologies, n° I, Décembre 2013, p. 93-104.

[132] Paul Feyerabend, *Adieu la raison*, trad. de l'anglais par Baudouin, Paris, Seuil, 1989, p. 139.

Paul Feyerabend fait appel aux Présocratiques pour construire « l'anarchisme épistémologique ».[133]

De la sorte, il essaie de retrouver à l'occasion « la liberté de théoriser » inventée par les Ioniens ». Qui plus est, s'attacher à ce problème théorique de la diversité, c'est avant tout diagnostiquer ce qui se passe dans la philosophie des sciences de Feyerabend dont la contemporanéité permet également de distinguer soigneusement deux attitudes de la raison l'attitude dogmatique et l'attitude critique[134]. En effet, l'enjeu de cette réflexion est de fournir la mesure universelle du sens et de la validité de la philosophie née du conflit des écoles ; en tant que modalité épistémique de son fonctionnement depuis l'Antiquité.

Cette réflexion tend, d'abord, à nous faire prendre conscience de ce qui distingue, fondamentalement, la philosophie présocratique, celle de ses débuts et de Feyerabend. Ensuite, elle discute les intuitions philosophiques de l'histoire comme une rationalité procédurale qui ne va pas de soi pour tous les épistémologues contemporains. Dans le fond, c'est du reste ce à quoi semble s'être consacré une partie de ce qu'il conviendrait d'appeler « l'école de Feyerabend ».

Ce dernier a puisé dans la philosophie antique[135] en général, et dans la pensée présocratique, ainsi que dans la descendance de Thalès de Milet, en particulier. Ce dernier fait bon usage des « histoires » en demandant à ses disciples, non pas de rechercher la fidélité aveugle en répétant simplement la pensée du maître sans jamais introduire du nouveau, ou de changement à l'orthodoxie, plutôt de faire preuve de créativité et de distance critique.

Notre problématique est donc de savoir si les problèmes philosophiques des sciences sont anhistoriques[136] ou pan-historiques ?

---

[133] Emmanuel Malolo Dissakè, *Feyerabend. Epistémologie, anarchisme et société libre*, Paris, PUF, coll. « Philosophies », 2001, p. 90.

[134] Paul Feyerabend, *Deux lettres à Thomas Kuhn sur une version préparatoire de La structure des révolutions scientifiques*, trad. franç., et présentation par E. M. Dissakè, Paris, Dianoia, 2012, p. 30.

[135] Paul Feyerabend, *Dialogue sur la connaissance*, trad. de l'anglais par Badouin Jurdant, Paris, Seuil, 1996, p. 32.

[136] Jacques Bouveresse nous aura inspiré en la matière, et ce à la lumière de question qu'il formule en ces termes : « Les problèmes philosophiques sont-ils anhistoriques ? », in *Essais V. Descartes, Leibniz, Kant*, textes rassemblés, organisés et préfacés par Jean-Jacques Rosat, Paris, Agone, coll. « Banc d'essais », 2006, p.10. Nous avons choisi également de nous interroger de la sorte dans le but de repenser la

Dans le même de problématisation, l'idée directrice qui fait suite à cette interrogation est donc la souscription de Paul Feyerabend, et de Karl Popper à ce point précis de la portée historique de sa philosophie des sciences ; qui plus est elle tient en une reprise de « l'attitude critique »[137] comme caractéristique de la science ayant justement son incarnation philosophique en Thalès de Milet. Tel est notre point de vue. Il se propose de livrer deux axes majeurs qui structurent notre argumentation. D'abord, nous tenterons d'étudier la signification et la place des présocratiques dans la philosophie de la connaissance de Feyerabend.

Un accent particulier sera mis sur l'attitude critique ou la tradition critique à l'opposé du « dogmatisme » systématique dont font preuve quelques présocratiques dans leurs positions respectives. Ensuite, la méthode historique de la « reconstruction rationnelle » et « l'histoire contexualiste » de Feyerabend sera examinée. A preuve, ses « notes sur le relativisme » dont nous ne ferons pas grand cas, dans cette réflexion, permettent néanmoins de conforter l'idée des racines présocratiques de sa philosophie des sciences que nous examinons et défendons. Enfin, nous en viendrons à la considération sur cette perspective historique qui pose la problématique du rôle de l'« Antiquité » dans la formulation de l'idée de la philosophie du langage.

Mais, nous n'analyserons pas cet aspect des choses, même si nous en indiquerons l'intérêt en conclusion. La question fondamentale à laquelle nous tenterons de répondre est la suivante : qu'est-ce qui les distingue véritablement des Présocratiques ? Comment peut-on ne pas prendre conscience de la difficulté inhérente à la philosophie des sciences de Paul Feyerabend, celle de la « tension essentielle » pour reprendre l'heureuse formule de Kuhn, c'est-à-dire qui s'entretient savamment entre l'unicité et la multiplicité de la science ?

Qui plus est, la réponse y relative n'est pas si simple à articuler. Ce n'est pas un hasard si Feyerabend commence à recourir aux idées

---

déclaration de Feyerabend : « La philosophie européenne peut très bien n'avoir été qu'une série de notes en bas de page sur Platon, comme le fait remarquer Whitehead ». Cf. *Adieu la raison, op. cit.*, p. 138.

137 Paul K. Feyerabend, *Une connaissance sans fondements*, trad. de l'anglais par Emmanuel Malolo Dissakè, Chènevières-sur-Marne, Dianoia, coll. « Fondements de la Philosophie Contemporaine des Sciences », 1999, §.5. pp. 65-66 ; §14, pp. 92qq.

émises par les philosophes ioniens qu'il aime tant.[138] L'intérêt philosophique de notre étude sur Feyerabend est de faire émerger tout à nouveau sur cet arrière-plan historique le trait épistémologique le plus méconnu de la pensée anarchiste de Feyerabend. En dialoguant sur la connaissance Feyerabend est, en effet, le commentateur méditatif et refutatif de la philosophie antique dont il était paradoxalement contemporain.

En témoigne « son plaidoyer en faveur de la tolérance en matière épistémologique »[139] dans le cadre des limites de l'empirisme classique. Pour toutes ces raisons, cet article comporte deux moments fondamentaux : le premier est une exposition des thèmes feyerabendiens, par quoi l'on s'efforce de montrer non point tant l'architectonique complexe d'une philosophie des sciences, que les difficultés historiques rencontrées par l'anarchiste dans l'élaboration méthodologique et les évaluations épistémiques successives de ses problèmes.

Ce moment consacre un cheminement de la pensée de Feyerabend où les essais des Présocratiques, les approximations de la connaissance du monde de ces derniers n'excluent pas le droit à la reconnaissance des « obstacles épistémologiques » de sa doctrine. Paradoxalement, cette reconnaissance constitue une des progressions de sa pensée scientifique qui reste encore à sonder. En fait, l'intérêt philosophique de cette progression vers le haut est, du reste, ce qui permet de comprendre autant que possible, comment il est possible, et nécessaire de distinguer deux axes programmatiques de la pensée philosophique de Feyerabend, sans pourtant manquer d'en saisir l'unité profonde : la philosophie antique d'une part et la philosophie contemporaine des sciences, de l'autre.

---

[138] Voir sur ce sujet la note scientifique de Malolo Dissakè : « C'est le cœur de ce qui oppose Feyerabend tout à la fois aux philosophes disons traditionnels de la science à la Popper, et aux nouvelles intuitions d'un Kuhn ou d'un Polanyi. » Cf. *Problèmes de l'empirisme, op. cit.,* p. 43.

[139] Paul Feyerabend, « Comment être un bon empiriste. Plaidoyer en faveur de la tolérance en matière épistémologique », in *De Vienne à Cambridge. L'héritage du positivisme logique de 1950 à nos jours,* précédé de *Comment peut-on ne pas être empiriste*, (dir.) Pierre Jacob, Paris, Gallimard, coll. « nrf », pp. 245-276.

Encore faut-il préciser, après Emmanuel Malolo Dissakè le caractère problématique de l'unité de sa philosophie[140]. C'est pourquoi, dans la seconde partie, sont mis en exergue les éléments de philosophie de la nature. Il s'agira de les examiner tels qu'ils ont été constitués par les Présocratiques desquels Feyerabend et Popper sont partis pour penser à nouveaux frais la place de la nature dans l'élaboration inédite des approches philo-physiques aujourd'hui. Il s'agit des études renvoyant aux différents points particuliers. Ceux-ci supposent tout naturellement une certaine fréquentation des écrits des philosophes antiques par Feyerabend et Popper.

On y trouve donc des interprétations de la pensée philosophique de la nature, de la matière, de l'être qui sont assurément sujettes à controverse entre Feyerabend, Popper et ses devanciers[141]. Quoi qu'il en soit, il n'est pas de meilleure façon, sans doute, de rendre hommage au génie des présocratiques, et de faire confiance au discernement de Feyerabend et de Popper lecteurs et critiques des anciens que d'y prêter véritablement attention.

La philosophie ancienne persiste dans les développements philosophiques des approches scientifiques de la rationalité de ces derniers. Elles s'en servent en des multiples arguments, y compris pour évoquer quelques aspects éthiques de la connaissance à l'instar de l'humanisme, la liberté de penser, et surtout la philosophie de la nature ou de la matière telle qu'elle sera contredite[142] par les physiciens contemporains. La question de l'existence ou non du vide[143] en dit long. Cela nous paraît devoir être le contenu de ce moment philosophique. Cette détermination a caractérisé l'Antiquité dans la conception dite « critique » et « éthique » de l'attitude philosophique à laquelle s'attache Paul Feyerabend dans ses écrits[144].

---

[140] Emmanuel Malolo Dissakè s'interroge : « La philosophie de Paul Feyerabend : une unité problématique ? », *Feyerabend. Epistémologie, anarchisme et société libre, op. cit.*, p. 7.

[141] Paul Feyerabend, *Dialogues sur la connaissance*, trad. de l'anglais par Baudouin Jurdant, Paris, Seuil, 1996, p. 65. A ce niveau l'auteur a eu recours à Protagoras pour poser le problème de la vérité en l'opposant à Socrate d'abord, puis à Platon ensuite.

[142] Etienne Klein, *Matière à contredire. Essai de philo-physique,* Paris, Editions de l'Observatoire, 2018, p. 71.

[143] *Ibid.*, pp. 70-97.

[144] Dans *Problèmes de l'empirisme*, op. cit., par exemple, au chapitre 9, Feyerabend examine point par point « *La connaissance objective de Popper* », du point de vue

Pareille détermination ne saurait, bien entendu, être indépendante de l'histoire de la philosophie antique, mais elle ne doit pas être commandée par l'histoire, parce qu'elle s'est révélée problématique et controversée dans l'horizon contemporain de l'épistémologie anglo-saxonne. La philosophie de la connaissance de Feyerabend est « fille » de la philosophie ancienne, mais une « révoltée » pour avoir choisi la voie de l'anarchisme épistémologique.

Feyerabend avoue franchement : « Les idées qui viennent d'être présentées (…) ne sont pas nouvelles. Comme je l'écrivais dans la section 4 du chapitre 6, nous les trouvons chez des philosophes de l'Antiquité ».[145]En effet, ce qui est en jeu ici, c'est Paul Feyerabend et la naissance de l'« attitude critique » dans la pensée philosophique des présocratiques. En fait, on ne pratique pas la philosophie par habitude, mais par attitude. Pareille attitude se veut essentiellement « critique ».

Ce fil conducteur de la « décolonisation conceptuelle » de la philosophie entreprise par Feyerabend est inhérent aussi bien à la nature qu'à l'origine de la philosophie des sciences de Feyerabend. Par vocation et par essence sa démarche anarchiste et historique est liée à « la psychologie du pluriel », celle qui donne à penser la philosophie comme étant « une » et « plurielle ».[146] Même si Feyerabend est un exemple au goût douteux de l'approche traditionnelle de la philosophie, il nous aide à comprendre que les philosophes antiques n'étaient pas des ignorants en matière de sciences et qu'ils peuvent être de bons juges du discours de la science et sur la science. En témoigne l'esprit général de la philosophie antique[147]et ce que l'école de Thalès développe comme « dynamique

du contenu du livre, ses principales thèses. La mention est telle que chez Karl Popper se trouvent non seulement des critères d'autonomie à partir des trois mondes, mais surtout le « pluralisme ontologique ». C'est cet aspect qui nous préoccupe au plus haut point.

145 Paul Feyerabend, *Adieu la raison, op. cit.*, p. 320.

146 Paul Feyerabend, *La science en tant qu'art*, trad. de l'allemand par François Périgaut, Paris, Albin Michel, coll. « Sciences d'aujourd'hui », 2003, p. 47. Il y développe à nouveaux frais l'idée du mythe comme un des modes d'explication et de représentation susceptibles de rendre la complexité des phénomènes. (…) Il suffit d'observer la prédilection de Socrate pour le « mythe » et la manière dont il s'en sert chez Platon ».

147 Paul Feyerabend décrit la situation de la philosophie ionienne à l'opposé de tout esprit dogmatique. « La connaissance, écrit-il, existe déjà, il y a les arts et les métiers, les différentes professions, Théodore et Théétète ont une connaissance appréciable des mathématiques, et voilà que Théétète est censé caractériser cet

de la science »[148] Feyerabend s'y attache. Cela étant, il défendra jusqu'au bout de sa logique l'idée d'une méthodologique critique et raisonnable, c'est-à-dire ouverte, non dogmatique.

Il y aura donc la critique de la « Raison » fonctionnant de manière de à exclure l'orthodoxie méthodologique, dans sa forme pétrifiée lorsqu'elle prend en charge les règles de logique. Feyerabend n'y voit pas grand-chose particulièrement dans la production de la science. Sur ce sujet d'importance, on retrouve comme un air de famille entre Feyerabend et les Présocratiques. La réflexion philosophique que ces derniers élaborent à contre courant des mythes est de nature fondamentalement critique.

Cela autorise à penser, au-delà de la pluralité des systèmes et des écoles, la condition de possibilité de « non-systèmes ». Ce que Feyerabend trouve d'important chez eux, c'est la philosophie comme vecteur essentiel et traditionnel de la raison critique qui recherche l'essence, vise l'universel par-delà les apparences. La naissance de la rationalité critique chez les présocratiques se fait par confrontation des valeurs de l'être. Ils ont donné à voir la raison philosophique comme étant aux antipodes de l'esprit non seulement dogmatique et partisan.

Les discussions entre Parménide, Héraclite, Anaximandre et Thalès particulièrement s'accommodent plutôt de l'esprit ouvert à la controverse et au sens de la nuance du concept. Le dépassement du mythe a donné vie à l'argumentation philosophique permettant ainsi au philosophe antique de fonder en raison ses opinions, à justifier ses actions et partant d'assumer historiquement sa liberté de penser dans une « société libre ».[149]

Les Présocratiques ont fait de la raison philosophique une approche qui récuse tout dogmatisme scientifique. Parce qu'elle fonctionne de manière à faire valoir la lutte des idées, la confrontation des pensées, la pesée des arguments dans la conversation. Il consiste fondamentalement à contester la rationalité scientifique enveloppée de

---

ensemble complexe assez lourd par une brève formule ». Cf. *Dialogue sur la connaissance, op. cit.*, p. 32.

148 Emmanuel Malolo Dissakè, *Problème de l'empirisme. Ecrits Philosophiques* II, trad. de l'anglais, Paris, Dianoia, « Présentation », 2014.

149 Emmanuel Malolo Dissakè, *Feyerabend, Epistémologie, anarchisme et société libre, op. cit.*, p. 121. On peut y lire : « La contestation de l'image naïve de la science au passage, naturel chez Feyerabend, de la science à la vie, au rapport du pluralisme à l'éthique et à la proposition d'une société libre, c'est-à-dire véritablement démocratique ».

carcans de la philosophie établie. Car s'y conformer aurait pour conséquence fâcheuse de faire disparaître la science, c'est-à-dire le modèle par excellence de la rationalité critique.

Feyerabend cite Anaximandre en exemple : « Puis, Anaximandre fonda tous les processus cosmiques sur les modifications d'une seule substance, l'*apeiron* ».[150] Cela est un exemple de la philosophie comme une entreprise ouverte qui fonctionne par la mise à jour continuée de son matériau conceptuel, par la critique, par la critique critique, par la critique de la critique critique.[151]

Pour Malolo Dissakè les thèses principales de cette approche non classique de la philosophie des sciences est en rapport avec sa construction, son architecture dont l'incarnation se trouve enfouie dans la philosophie ionienne sont d'ordre philosophique et éthique.[152] Cette piste présocratique permettra à Feyerabend d'élaborer sa démarche consistant tout justement à mettre en avant une rationalité procédurale de type « anarchiste » dont l'enjeu est de provoquer en quelque manière des « révolutions scientifiques » remarquables d'une part, rendre possible la redéfinition le concept même de « rationalité », du moins en termes de « limites ».[153]

Dans le fond et dans le ton, Feyerabend ne se contente pas d'assigner à la rationalité scientifique et philosophique des limites. Il s'agit plutôt de définir véritablement l'idéal même de la science, qui plus est, de « délimiter le domaine de la science ».[154] De la sorte, l'attitude critique cultivée par les Présocratiques consiste, selon Feyerabend, à justifier nos « prédilections »[155] et partant de dégager une place de choix aux normes ;[156] non sans signifier par là qu'il va assigner à l'histoire une place de choix.[157]

---

150 Paul Feyerabend, *Adieu la raison. op. cit.,* p. 289.

151 Charles Zacharie Bowao, *Critique I,* Brazzaville, Hemar, 2007, p. 54.

152 Emmanuel Malolo Dissakè, « Introduction », *Une connaissance sans fondements, op. cit.*, p. 14.

153 Paul Feyerabend, *Deux lettres à Kuhn sur une version préparatoire de La structure des révolutions scientifiques*, trad. de l'anglais, par Emmanuel Malolo Dissakè, Paris, Dianoia, 2003, p. 10.

154 Paul Feyerabend, *Dialogue sur la connaissance, op. cit.,* p. 17.

155 *Ibid.,* p. 18.

156 *Ibid.*, p. 20.

157 A ce propos on peut lire l'introduction de Helmut Heit et Eric berheim à l'ouvrage de Feyerabend, *Philosophie de la nature, op. cit.*, p. 7. Cette introduction est intitulée : « Paul Feyerabend, historien de la philosophie de la nature ».

Parvenu à ce niveau d'analyse, il est fondé en raison d'affirmer que Feyerabend est un historien et philosophe de la nature, quand bien même l'histoire à laquelle il s'attache comme méthode ou état de lieux fonctionnerait comme « un projet inachevé ». Il affirme : « Comme plusieurs autres choses, elles furent inventées par les Grecs, plus particulièrement par les philosophes ioniens de la nature ».[158] Les aspects philosophiques de la nature ne suffisent pas. Feyerabend y trouve également certaines théories philosophiques, ainsi que l'éthique de la discussion, la philosophie politique et sociale, la théorie de la connaissance, la géographie, la poterie et la naissance des techniques maritimes à l'instar de « l'art de la navigation ».[159]

Le recours aux Présocratiques est donc d'un poids historique et théorique certain.[160]La question de la connaissance nous a semblé être la plus délicate. Autrement dit, Feyerabend remarque une difficulté dans la perception effective des choses matérielles ou des objets tels qu'ils se prêtent à la sensation. Le passage de la théorie du sens commun à la philosophie de la connaissance en dépend. Mais, c'est la complexité de la démarche qui s'impose tout compte fait.[161]Les problèmes « ontologiques » et les « théories de la connaissance » qui leur correspondent nous installent fondamentalement dans la complexité de la connaissance et la connaissance de la complexité.

L'accès au monde, à la réalité et à la cité exige de l'esprit philosophique de l'époque antique la prise en compte des parties d'une réalité qui elle-même se révèle fondamentalement complexe. Si nous considérons un tel matériau au sens contemporain du terme, il n'est pas du tout invraisemblable de supposer que la philosophie de la complexité est née des limites de la rationalité tant scientifique que philosophique de l'époque. Cela serait le début des débats d'idées ontologiques et épistémologique au sens moderne.[162] On peut évoquer la remise en perspective de l'induction comme méthode scientifique par excellence.

---

[158] Paul Feyerabend, *Une connaissance sans fondements, op. cit.*, p. 56.

[159] *Ibid.*, p. 57.

[160] Ibid.

[161] Paul Feyerabend, *Problèmes de l'empirisme, op. cit.*, p. 71.

[162] Cela s'applique à l'analyse de G. E. R. Llyod, *Les débuts de la science grecque. De Thalès à Aristote,* trad. franç., Jacques Brunschvicg, Paris, La découverte, 1990, p. 10.

Le « mythe baconien »[163] et le rationalisme humien[164]en disent long. Mais, la position de Feyerabend est de nature à révéler une sorte de « scepticisme » heuristique très particulier qu'il a professé. De nombreuses raisons justifient pareille posture critique : le fait qu'il y'ai eu plusieurs approches de la connaissance doublées des présupposés du progrès de la connaissance, on voit le sens de la complexité du recours aux anciens. Une des questions principales, malgré tout, serait la question de la vérité. Celle-ci est cachée dans le profond, dans un abîme difficilement « sondable ». Ce problème se pose aussi et surtout quand on sait qu'elle est complexe, c'est-à-dire l'esprit scientifique n'est pas du tout certain que ce soit réellement fondé en raison de supposer que la recherche philosophique aboutira avec succès.[165]

Conséquemment, la vieille conception de la tradition cède le pas à la nouvelle conception comme quelque chose de dynamique. Pour ce faire, Feyerabend développe une éthique reconstructive pour autant qu'elle réévalue l'« attitude critique » ou la « tradition critique ».[166] Puis, elle articule l'histoire de la philosophie antique et l'histoire contemporaine des sciences. Elle est rétrospective parce qu'elle reconsidère un certain nombre d'éléments de philosophie ancienne : « la structure et la fonction du mythe »,[167] l'étude de « Homère » ou le « savoir et la représentation du monde dans les épopées

---

[163] Il en résulte que la « science moderne » et la « pensée moderne » sont entre autres redevables à Bacon. C'est ce qu'Alexandre Koyré affirme : « Qu'est-ce que les Temps modernes et la pensée moderne ? Jadis, on le savait fort bien : les Temps modernes commençaient après la fin du Moyen Age, exactement en 1453, et la pensée moderne commençait avec Bacon qui avait, enfin, opposé au raisonnement scolastique les droits de l'expérience et de la saine raison humaine ». Mais, ce point de vue sera relativisé « l'histoire n'est pas immuable. Elle change avec nous, Bacon était moderne lorsque le « style » de pensée était empiriste ; il ne l'est plus dans une époque de science de plus en plus mathématique, telle la nôtre. C'est Descartes aujourd'hui qui est le premier philosophe moderne. », *Etudes d'histoire de la pensée scientifique*, Paris, Gallimard, coll. « Tel », 1973, p. 17.

[164] Yves Michaud, *Hume et la fin de la philosophie*, Paris, PUF, coll. « Quadrige », 1983, p. 77.

[165] Pour une approche approfondie de la perspective ainsi engagée de ce que les présocratiques ont fait, on peut lire Paul Feyerabend, « La Raison, Xénophane et les dieux homériques », *Adieu la Raison*, trad. de l'anglais par Baudouin Jurdant, Paris, Seuil, 1989, p. 319.

[166] Charles Zacharie Bowao, *Critique(s)*. I. *Ethique, Marx et Développement*, Brazzaville, Les Editions Hemar, coll. « Horizons critiques », 2007, p. 53.

[167] Paul Feyerabend, *Philosophie de la nature*, *op. cit.*, p. 79.

homériques »,[168] « les signes avant-coureurs : les cosmogonies orientales et le cas Hésiode » ,[169] « la philosophie de la nature jusqu'à Parménide »,[170] « des représentations du monde fluctuantes : Hésiode et Anaximandre »,[171] « Xénophane », critique de la religion et théorie de la connaissance »,[172] « *Parménide ou l'origine de la philosophie de la nature occidentale »,[173] « le programme de recherche aristotélicien* ».[174]

Autant d'éléments qui traduisent quelques influences subies, à bon droit, par Feyerabend. Ils montrent bien que son intérêt initial pour les pensées traditionnelles de façon générale constitue véritablement le creuset de la philosophie des sciences et son histoire. Cela explique aussi la raison d'être de la notion de science liée à la philosophie pour montrer que la théorie anarchiste de la connaissance que développera plus tard Feyerabend découle paradoxalement et avant tout de la philosophie antique. En effet, dans ses prolongements comme pluridisciplinarité et interdisciplinarité la philosophie des sciences de Feyerabend connaît aussi des influences théoriques qui, cette fois, prennent la forme de la « reliance des connaissances ».

Bien d'autres influences épousent la forme l'interaction entre les disciplines scientifiques. La conception féyérabendienne de la connaissance comme horizon inaccessible pour le scientifique n'est pas sans quelque influence tant sur la théorie de la science que sur la théorie politique et sociale de la connaissance. Une remarque s'impose. Feyerabend n'insiste pas assez sur l'apport de Parménide à la naissance de la philosophie du langage et partant à la philosophie de la logique de l'écriture.

Nous trouvons là une raison supplémentaire, c'est-à-dire ce qui fait que la philosophie des sciences de Feyerabend ne peut pas se donner à comprendre en dehors de la philosophie traditionnelle. Cette raison n'est rien moins que l'attribution à Parménide d'inventer le langage philosophique en termes logique ou systématique.[175] Plutôt que de

---

[168] *Ibid.*, p. 115.
[169] *Ibid.*, p. 167.
[170] *Ibid.*, p. 179.
[171] *Ibid.*, p. 180.
[172] *Ibid.*, p. 201.
[173] *Ibid.*, p. 218.
[174] *Ibid.*, p. 232.
[175] Pierre Nzinzi, « Les Imperfections des Systèmes « Formels »», *Exchorésis, Revue Africaine de Philosophie*, n°1, vol. 1, juillet 2002, « *La Métaphysique* », p. 100.

penser uniquement à la critique du logocentrisme occidental, par le langage est né ce que la philosophie contemporaine va connaître comme problème logique en termes de « tournant linguistique » à partir de Frege et Wittgenstein. Feyerabend s'attachera à sa manière. Le plus important à ce niveau d'analyse est la démarcation entre ce qui fait sens et ce qui ne l'est pas.

Notre part aura donc consisté à montrer que le recours de Feyerabend à Parménide particulièrement tient à la fois de la philosophie des sciences, de l'ontologie et du langage, c'est-à-dire de la complexité du rapport entre le langage et le monde.[176] La naissance de la logique de l'identité doublée du critère de cohérence est l'œuvre matinale de Parménide. Tout se passe comme si la prétention rationaliste d'accès à la vérité était déjà dans les prémices de la posture dogmatique visée par l'ontologie parménidéenne. Entre Parménide et Wittgenstein se trouve un lien évident, celui du non-être qui serait alors qu'il n'est pas. Ce dernier fonde bien la distinction sémantique entre le dicible et l'indicible. Pareille distinction est parallèle à celle dont Parménide vise l'instauration au plan ontologique entre l'être et le non-être.

Dans l'horizon contemporain de la démarche, c'est non seulement la notion de système qui se laisse voir, mais aussi et surtout la cohérence formelle du discours logique. Le dogmatisme parménidéen devient évident et semble procéder de la même tendance à la simplification méthodologique des objets et des choses. « L'universel avec totalité » en dépend. L'être n'est que l'autre nom de l'unité du tout. Ces influences philosophiques, scientifiques et linguistiques des sciences que du langage méritent d'être approfondies à un autre registre. Elles se fondent désormais sur une autre entreprise plus fondamentale, la pensée de la multidisciplinarité que nous essayons de mettre en évidence. A ce niveau d'analyse où nous sommes parvenus, il est de bon ton d'évoquer le pluralisme traditionnel au cœur de l'impulsion présocratique.

A tout prendre, nous nous attachons ici aux sources philosophiques du dialogue que Feyerabend instaure sur les connaissances et ses enjeux pédagogiques. En effet, la situation des présocratiques dans le parcours philosophique de Feyerabend conduit à la rencontre des

---

[176] *Ibid.*, p. 100-101.

savoirs. Il n'est pas aisé d'accéder aux sources en question.[177] Caractérisant l'œuvre philosophique et scientifique de Thalès de Milet, Feyerabend écrit : « Néanmoins, ce qui émerge en dépit de toutes ces difficultés est que ces premiers penseurs étaient très différents des philosophes professionnels d'aujourd'hui ».[178] Parce qu'ils tendent à prôner la compartimentation des savoirs. Cela fait que le méta-physicalisme prenne le pas sur la métaphysique de la science. Jacques Batiéno consacre des longs développements à ce qu'il croit pouvoir nommer « l'impulsion présocratique ».[179]

Les racines de la philosophie des sciences de Feyerabend en dépendent. Pour ce faire, on ne saurait dire tout *de go* que les influences qu'elle subit ne sont pas majeures. Même Popper avec qui Feyerabend polémique se lance dans la même tradition historique. En témoigne le « Retour aux présocratiques »[180] que Popper prône dans l'élucidation de ce que Batiéno trouve chez lui, c'est-à-dire « l'éthique de la science ».[181]

Feyerabend et Popper sont dans la même perspective. Ils présentent la tradition de la critique rationnelle comme la seule tradition qui mérite d'être défendue, quand bien même les deux penseurs contemporains auraient des points de vue divergents quant à l'hommage que Popper rend à Xénophane.[182] Le caractère hypothétique de la connaissance ainsi que la culture de l'incertain que le nouvel esprit a acquis aujourd'hui ne sont pas nouveau. Les présocratiques en sont véritablement les inventeurs.

Sur ce point d'importance, Feyerabend n'est pas cependant le seul à subir les influences positives des présocratiques. Elles se manifestent également au niveau du pluralisme cohérent de la raison des anciens.

---

[177] Paul Feyerabend avoue qu'il est difficile d'accéder rationnellement les sources philosophiques de la pensée du pluriel : « Rien ne nous est parvenu de Thalès lui-même ou de ses contemporains. Ce que nous savons de lui est fondé sur les comptes rendus de Platon, Aristote, Diogène Laerce, Plutarque, Simplicius et d'autres. On ne peut pas toujours faire confiance à Platon ; il aime se moquer des présocratiques », *op. cit.*, p. 59.

[178] Paul Feyerabend, *Une connaissance sans fondements,* op. *cit., p. 58.*

[179] *Jacques Batiéno, Karl* Popper ou l'éthique de la science, Paris, Dianoia, coll. « L'impulsion présocratique », 2014, p. 28-32.

[180] Karl Popper, *Conjectures et Réfutation*s, trad. franç., M.-I., et M. B. de Launey, Paris, Payot, 1994, pp. 49-32.

[181] Jacques Batiéno, *op. cit.*, p. 27.

[182] *Ibid.*, p. 28.

Il faut cependant lier cette idée, plus généralement, à la manifestation auprès de ces derniers du pluralisme culturel, au-delà du pluralisme des idées. A la critique poppérienne[183] de l'essentialisme s'ajoute le rapport nuancé de Feyerabend[184] au relativisme pratique et théorique de Protagoras. En effet, Jacques Batiéno révèle quelques éléments de justification du recours feyerabendien aux Présocratiques. Cela est caractéristique de la naissance d'un rationalisme critique.[185]

La philosophie de la connaissance est née en rapport avec la complexité des « formes du savoir » décrites par Feyerabend. Le plus important est la naissance de la philosophie critique et « la montée du Rationalisme ».[186] Jacques Batiéno développe pareille idée, en opposition au dogmatisme scientifique et à l'immobilisme conceptuel.[187] Le scepticisme heuristique implique une remise en cause de la systématicité dogmatique de la philosophie et son histoire. Cet angle de vue a préoccupé Feyerabend lorsqu'il rend hommage à la pensée socratique et particulièrement à Xénophane dans une note articulatoire de la « Raison, Xénophane et les dieux homériques »[188] sur fond de critique.

En revanche, ce retour ne va pas de soi pour Feyerabend critique de Popper. De plus, ce que Feyerabend trouve de spécifique chez les Présocratiques c'est la dimension épistémo-pédagogique de la naissance de la philosophie des sciences. La mise en exergue de la problématique de l'autonomie de la philosophie vis-à-vis des autres disciplines scientifiques et la fragmentation des sciences est liée à l'intérêt philosophique du dialogue entre Feyerabend et les Anciens. Plus même, la séparation de la science, la philosophie et le monde est une problématique déjà soulevée par les présocratiques. Au grand matin de la naissance de la philosophie, l'école de Milet en particulier a ultimement protégé, pourrait dire, la philosophie contre la tentation scientiste et positiviste.[189]

---

[183] Karl Popper, voir par exemple sa conférence « Sur le choc de cultures », in *A la recherche d'un monde meilleur*. Essais et conférences, trad. de l'allemand par J.-L. Evard, Préface de Jean Baudouin, Paris, Les Belles Lettres, 2011, Chapitre 8, p. 157.
[184] Paul Feyerabend, *Adieu la Raison, op. cit.*, « Notes sur le relativisme », p. 54.
[185] Jacques Batiéno, *op. cit.*
[186] Paul Feyerabend, *Adieu la Raison, op. cit.*, p. 137.
[187] Jacques Batiéno, *op. cit.,* p. 28.
[188] Paul Feyerabend, *Adieu la raison, op. cit.*, p. 109.
[189] Jacques Bouveresse, *Essais VI, Les lumières de positivistes*, Paris, Agone, coll. « Banc d'essais », 2011, p. 7. On peut y lire : « le mot « positivisme » sert

La philosophie des sciences se fait depuis lors à plusieurs. Si bien que la richesse et la diversité des sciences de leurs interventions est pour Feyerabend une source précieuse de questionnements contemporains et toujours nouveaux, du moins dans le contexte de ce que Dissakè a cru nécessaire de nommer la « psychologie du pluriel ». Voilà une bonne raison que l'on peut faire prévaloir pour effectivement faire de la recherche en philosophie des sciences. Feyerabend renchérit : « En premier lieu, la distinction entre la philosophie et les autres disciplines n'était pas encore faite. Ce qui comptait, c'étaient les idées qui faisaient progresser la connaissance, celles qui jetaient de la lumière sur les problèmes existants, plutôt que les points de vue philosophiques ».[190]

Nous pensons à l'identité entre philosophie et science. Autrement dit, l'interrogation philosophique est consubstantielle à la curiosité scientifique. Thalès est un exemple des présocratiques ayant montré que la curiosité scientifique est aussi philosophique. Les racines présocratiques sont de nature à nous aider à révéler beaucoup de manière de pratiquer la philosophie, interroger véritablement le monde et partant de savoir la nature même de la nature de la recherche en philosophie des sciences et son histoire.

A cet effet, Feyerabend distingue également la philosophie traditionnelle et la philosophie contemporaine. Il déclare : « D'ailleurs, la philosophie n'était pas aussi pleine de technicités qu'elle l'est aujourd'hui ».[191] N'en déplaisent à certains de ses critiques lucides, Feyerabend voit dans cette façon de penser la philosophie un motif de fierté et de grandeur des philosophes grecs. Les modernes ont donc de bonnes raisons de s'en inspirer, du moins à la lumière de la témérité dont ils ont fait preuve en développant la philosophie. Le fond de l'affaire réside dans le dépassement de l'opposition stricte opérée par la philosophie grecque dans la mise en route inédite de la philosophie des sciences à l'état naissant.

---

essentiellement à désigner un certain style philosophique, dont les caractéristiques principales sont ou sont supposées être : le recours à la méthode de l'analyse logique, conceptuelle ou, pour employer le terme wittgensteinien, « « grammaticale » pour la résolution des problèmes philosophiques ; la recherche de la clarté, de la précision et d'une technicité de type plus ou moins scientifique », etc.

[190] Paul Feyerabend, *op. cit.*, p. 59.

[191] *Ibid.*

Thalès n'a donc pas opposé « scientifiques » et « philosophes ». Il a lui-même été l'incarnation de cette reliance des connaissances, et partant de cette « diversalité » au cœur de la philosophie antique. Au-delà de cette distinction se trouve amorcée une approche de la connaissance dans l'ordre de la pluralité des domaines de compétence. Autrement dit, « toutes ces qualités positives des Ioniens sont exemplifiées de la manière la plus subtile chez Thalès. Voici donc un homme qui s'est intéressé par presque tout ce qui se passe autour de lui. Il participe activement à la vie politique de sa cité, Milet. Pressentant la force croissante de la Perse, il conseille aux cités ioniennes de former une fédération plus forte que celles déjà existantes, et il les presse d'établir un conseil général à *Téo*s qui est située au centre ».[192]

Ces premiers philosophes sont hors catégorie, c'est-à-dire se sont des non spécialistes dans presque tous les domaines, pour ainsi dire. Plus que philosophes au sens strict, les Présocratiques sont des « spécialistes » de philosophie morale et de philosophie politique et sociale, spécialistes de philosophie des sciences et des techniques en vue de résoudre les problèmes de la société. Les Présocratiques à qui Feyerabend a eu recours sont parfois trouvés en position de médiateurs entre science, éthique et société. Ils sont capables d'appréhender les enjeux scientifiques et techniques de la cité.

Attachés également aux intérêts des citoyens, ils font preuve de raison critique dans la gestion de la société et d'invention des problèmes techniques jusqu'aux soucis de l'industrie[193]. Mais depuis Platon et donc bien avant la démarche présocratique, les philosophes ioniens ont rêvé de jouer un rôle transversal de penseur et de citoyen.[194] Ces conditions étant posées, il devient difficile d'affirmer tout de go que la science est au fondement de la philosophie, *vice versa.* Au vrai, il n'est pas difficile de s'imaginer comment les différents thèmes traités par Feyerabend s'agrègent sur celui de la pluridisciplinarité et partant de l'interdisciplinarité.

---

[192] *Ibid.*, p. 62.

[193] *Ibid.*

[194] Castoriadis Cornélius n'a-t-il pas écrit : « Ce qui m'importe, *a dit le philosophe*, ce ne sont ni les pierres ni les arbres, mais les hommes dans la cité. A cette affirmation il n'a pas pu rester fidèle, jusqu'à la fin. » *Les carrefours du labyrinthe,* Paris, Seuil, coll. « Esprit », p. 147. Voir « science moderne et interrogation philosophique ».

Qu'il s'agisse du « pluralisme », c'est-à-dire ce qui rend possible le maintient des explications concurrentes et controversées de la réalité, ou de « l'anarchisme » qui donne à penser la réalité dans sa pluralité et sa multiformité et ce, conformément au contexte et circonstances, tout comme le « relativisme » en tant que doctrine visant à étudier la réalité sous des modalités différentes, il est toujours question des racines présocratiques desquelles Feyerabend est parti.

Là se donne à voir l'idée de « la non- unité de la science qui scandera ses travaux »[195] signifiant ainsi l'accent qu'il met sur les « traditions historiques »[196] comme sources inspiratrices de la redéfinition de la philosophie aujourd'hui. Le même élan de problématisation des sources présocratiques de l'interdisciplinarité, conduit Alain Badiou à inscrire Parménide et bien d'autres dans la catégorie des philosophes de l'Antiquité faisant « l'éloge des mathématiques ».[197] S'il est admis que les mathématiques seraient nées avant la philosophie, alors Parménide est placé au rang de ceux qui l'auraient inventée.[198]

Dans le fond, Parménide a vraiment fait œuvre utile parce que sa démarche déborde le cadre étriqué des mathématiques pour s'étendre jusqu'à la logique. Le principe de non contradiction que radicalisera Aristote[199] est une invention de Parménide, pourrait-on dire. Il a prouvé la fausseté en supposant la préexistence d'un énoncé vrai. Alain Badiou pense que le ton logique, parfois poétique de la pensée contradictoire, ainsi que le raisonnement par l'absurde ont été doigtés par Parménide..[200] Postérieurement à Feyerabend, l'auteur nous rappelle que les présocratiques se sont intéressés de très près aux mathématiques et à la logique.

---

[195] Emmanuel Malolo Dissakè, *Feyerabend. Epistémologie, anarchisme et société libre, op. cit.*, p. 25.
[196] *Ibid.*, p. 24.
[197] Alain Badiou, avec Gilles Haéri, *Eloge des mathématiques*, Paris, Flammarion, coll. « Café Voltaire », 2015, p. 32.
[198] *Ibid.*
[199] Ces découvertes d'Aristote le logicien, comme d'ailleurs la plupart de celles d'Aristote le philosophe, viennent de la réévaluation critique qu'il fait des principes ou lois de la pensée pour autant qu'elles régulent le cours du raisonnement dialectique chez son maître Platon qui, lui-même, le fonde sur l'autonomie existentielle des Idées.
[200] Alain Badiou, *op. cit.*, p. 34.

Ils ont influencé de façon non moins négligeable sur la pensée non systématique de Feyerabend. Mais ce dernier ne pointe pas pour ce faire là une sorte de préséance des mathématiques sur la philosophie. [201] Ce qui est au cœur de cette déclaration est la mise en évidence de la conjonction naturelle entre l'éthique et la science dont Feyerabend hérite des présocratiques. L'indissoluble solidarité entre la part de la philosophie des sciences et celle de la philosophie politique dans le travail de Feyerabend est loin d'être apparente.

A vrai dire, le principe même à partir duquel doit procéder l'élaboration d'une philosophie contemporaine des sciences est celui de l'éthique de la science et la science de l'éthique. Cette corrélation est la thèse de la philosophie des sciences et son histoire. Plus explicitement, c'est le principe de cette unité qui permet de comprendre l'une des raisons qui président au choix des présocratiques par Feyerabend, en vue également sa prise de distance vis-à-vis d'eux sous l'angle de l'anarchisme épistémologique.

En ayant recours aux présocratiques, Feyerabend nous donne une vision complémentaire de sa philosophie des sciences à l'éthique et l'approche proprement philosophique de son relativisme[202]. Il s'agit là des cheminements d'une « épistémologie raisonnable » qui s'accompagne d'une approche véritablement philosophique de la nature chez Feyerabend. C'est ce que nous allons tenter de montrer dans la partie qui va suivre.[203]La motivation qui préside à cette ouverture vers la physique tient de la tension essentielle dont nous avons parlée entre l'unicité et la pluralité de la science.

La diversalité se déploie aussi bien sur le terrain de jeu ontologique que la physique. Cette transversalité saute aux yeux de Feyerabend qui, dans sa démarche, ne privilégie ni une science, ni une démarche quelconque. La science, selon lui, c'est la physique qu'il identifie à la

---

[201] Paul Feyerabend, *Dialogue sur la connaissance, op. cit.,* 4è de couverture.

[202] Emmanuel Malolo Dissakè apporte une nuance et de taille : « On sait qu'on peut comprendre l'anarchisme de Feyerabend comme une réponse positive à cette double interrogation ; ce qui ne règle rien, mais contribue à dramatiser et à compliquer le problème. Par exemple : cette vie réelle de la science peut-elle dicter un devoir-être de la science et cette notion de devoir-être-de-la-science n'est-elle pas contraire à l'essence même du travail scientifique (le débat avec Kuhn) qui est création continue », Cf. Préface, Karl *Popper ou l'Ethique de la science, op. cit.,* p. 8.

[203] Il est évident que Feyerabend étudie la physique ou la philosophie de la nature. Cela ne fait que conforter sa vision pluraliste telle qu'elle se donne à lire au dos du dialogue sur la connaissance que nous venons de citer.

philosophie de la nature. Celle-ci est une des voies à suivre pour comprendre la double contribution des Présocratiques à la naissance de sa « philosophie des sciences ».

2. L'apport des Présocratiques dans la mise en route des articulations des rationalités

Nous venons de montrer comment les Présocratiques ont influencé à bon droit la naissance de l'attitude critique au cœur de la « philosophie des sciences »[204]de Paul Feyerabend. L'essentiel a été que la critique perçue essentiellement comme questionnement ou capacité d'objecter et de réfuter les positions des uns par les autres autour de la question de la physique ou de la philosophie de la nature.[205] L'objet de cette partie mettra en avant le recours et non le retour de Feyerabend à Parménide et Thalès, c'est-à-dire l'école de Milet particulièrement.

Nous relèverons quelques éléments de cosmologie scientifique dans la manière dont Feyerabend a subi l'influence des présocratiques. Ce qui est en jeu, ici, c'est la cosmologie comme foyer procédural de la pensée du pluriel [206] En effet, la cosmologie scientifique à laquelle Feyerabend s'attache est aussi celle qui intègre la connaissance. Toute connaissance est cosmologie. L'épistémologie en dépend également. Concevoir la philosophie des sciences de Feyerabend revient effectivement à étudier la cosmologie, c'est-à-dire l'acte de focaliser sur ce qui attire l'homme qui pense. Il aime savoir, il veut connaître, il peut pratiquer la science.

---

[204] Nous avertissons que « la philosophie des sciences » ne va pas de soi pour Feyerabend. Partant de l'« arrière-plan » de cette discipline, il en a fait quelques observations en termes de « décadence », et ce, au Chapitre I, des *Problèmes de l'empirisme, op. cit.*, pp. 69-119. Cela tient probablement de la pratique de la science présocratique. E. Malolo Dissakè renchérit dans la Préface du même livre : « La philosophie des sciences est-elle une discipline en panne ? », *Problèmes de l'empirisme, op. cit.*, p. 5-59.

[205] Voir aussi Jean Largeault, « Physique ou Philosophie de la nature », *Enigmes et controverses, op. cit.*, p. 81.

[206] En 1959, dans sa Préface à une réédition de *La Logique de la découverte scientifique*, Karl Popper déclare qu'il « il y a au moins un problème philosophique qui intéresse tous les hommes qui pensent. C'est le problème de la cosmologie : le problème de comprendre le monde, nous-mêmes, et notre connaissance en tant qu'elle fait partie du monde ». Cf. Préface à la seconde édition de *La logique de la découverte scientifique*, trad. de l'anglais par Nicole Thyssen-Rutten et Philippe Devaux, Préface de Jacques Monod, Paris, Payot, 1973, p. 12.

Au cœur de ce désir s'installe un élan vers l'apprentissage du nouveau sur le monde ou l'univers.[207] Le monde dont il est question chez Karl Paul Feyerabend, dans sa cosmologie de la connaissance est l'ensemble de ce qui est. Pour ce faire, il n'a pas seulement écrit *Contre la méthode* où il aborde la théorie de la connaissance d'un point de vue anarchiste[208].

Dans les années 70, il réfléchit sur la nature pour donner sa vision scientifique du monde. Telle est la dimension cosmologique de son épistémologie anarchiste. Pour ce faire, il recourt aux travaux des présocratiques et aux idées transformatrices qui ont présidé à la naissance de la philosophie grecque. Il examine avec grand soin le douloureux et controversé passage du *mythos*[209] au *logos.*

La particularité de cette lecture antique de la naissance de la pensée est la mise en évidence de deux représentations du monde qui paraissent aux yeux des contemporains comme l'expression de deux choses incommensurables. Feyerabend retient ici l'idée de la dualité ou l'uni-dualité des mondes de laquelle jailliront les valeurs, les idées, les normes constitutives de la rationalité occidentale.

De là est née « sa psychologie du pluriel », c'est-à-dire le fait d'admettre diversement et contradictoirement le monde de l'art, le monde des mythes, le monde scientifique. Cette cosmologie a ceci de particulier qu'elle s'intéresse à ce que nous apprenons sur le monde, ou l'univers, le phénomène de la connaissance humaine et sociale, l'existence de lois structurelles, l'indétermination des évènements qui surgissent du monde réel et irréel. Ce pluralisme pose la problématique de la nature au cœur de la philosophie des sciences de Feyerabend.

Elle est l'occasion ultime, nous semble-t-il, pour jeter une lumière nouvelle sur ce que Feyerabend doit à la philosophie des présocratiques. En effet, dans son parcours philosophique et particulièrement sur son hostilité qui lui est prêté par quelques critiques patentés, à l'égard la science avec dogmes, Feyerabend s'est

---

[207] Daniel Pimbé, p. 260.

[208] Paul Feyerabend, *Contre la méthode. Esquisse d'une théorie anarchiste de la connaissance*, Paris, Seuil, coll. « Points », 1979, p. 27.

[209] Paul Feyerabend, *Philosophie de la nature*, lire : « L'invention des mythes : contexte et savoirs », *op. cit.*, p. 43.

beaucoup inspiré de Parménide en particulier. En témoigne le chapitre intitulé : « La philosophie de la nature jusqu'à Parménide ».[210]

A la suite, on voit comment Feyerabend rappelle, d'abord, depuis Homère et bien d'autres l'évolution de la pensée philosophique de la nature. Ensuite, il décrit la manière dont les Modernes et les Contemporains reconstruisent l'historicité et les raisons qui expliquent que la nature est comme un « projet inachevé » dont l'homme ne sera, à jamais, le « maître et possesseur ». N'en déplaise à Descartes qui pense le contraire.[211]

Cela dit, nous sommes conduits donc à étudier en substance « la place de la philosophie de la nature dans le parcours philosophique de Paul Feyerabend » et ce, à la lumière des présocratiques. « La philosophie de la nature jusqu'à Parménide » est le chapitre qui prouve à suffisance que les Présocratiques ont anticipé sur les questions cosmogoniques et cosmologiques.

Par-delà le contexte mythique dont on parle souvent, la philosophie ionienne a fait œuvre utile dans la mise au jour des qualités fondamentales simples et complexes qui composent la nature : « L'ensemble de la structure est plongé dans le chaos infini. Voilà donc les éléments dont hérite directement le premier philosophe de la nature, Anaximandre de Milet ».[212] La philosophie de la nature de Feyerabend travaille donc à observer en quelque manière la façon dont les présocratiques mettent en œuvre les éléments qui fondent l'univers. Malgré l'apport d'Aristote[213] en la matière, Feyerabend estime que Thalès est le fondateur de la philosophie de la nature d'après Aristote lui-même.[214].

A en croire Feyerabend, il faut avouer que Thalès a fait beaucoup d'autres choses que mentionne Feyerabend. Mais, il précise effectivement que Thalès est redevable à Anaximandre dans la mise en route inédite des « représentations du monde fluctuantes ».[215] Le plus important n'est pas de dire que l'*apeiron* est l'élément premier du monde chez Anaximandre. Ce qui préoccupe au plus haut point

---

[210] Paul K. Feyerabend, *Problèmes de l'empirisme*, *op. cit.*, p. 179.

[211] Cf. Introduction de Helmut Heit et Eric Oberheim, *Philosophie de la nature, op. cit.*, p. 11.

[212] Paul Feyerabend, *La philosophie de la nature, op. cit.*, p. 177.

[213] Aristote, *Métaphysique,* 983b 18sq.

[214] Paul Feyerabend, *La philosophie de la nature, op. cit.*, p. 179.

[215] *Ibid.*, p. 180.

Feyerabend est le point de divergence entre les thèses cosmologiques de Thalès et celles d'Anaximandre.[216] A l'instar de Feyerabend, d'autres philosophes des sciences prétendent y voir la naissance du rationalisme critique.

Ce point de vue est repris par Karl Popper dans l'élucidation du sens épistémologique du « mythe du cadre de référence »[217] qu'il récuse. Dans tous les cas, le débat d'idées entre les présocratiques est révélateur d'un principe d'incertitude de la connaissance. Nul ne sait exactement la vérité révélée par la philosophie grecque de la nature au sujet de ce qu'aura été l'élément primordial du monde.[218]

La rationalité critique est née en rapport avec des questions cosmologiques dont l'épistémologie de Whitehead[219] se fait l'écho au cœur de la science d'aujourd'hui. S'il y a une complicité dont on peut parler entre Feyerabend et Popper c'est bien celle qui s'entretient autour de l'apport des Présocratiques dans la naissance dont seulement de la rationalité critique, mais aussi et surtout sur la philosophie de la nature qu'ils sont inventée.

Les deux philosophes des sciences se rejoignent ici pour penser le rôle fondamental joué par les présocratiques dans la naissance de la physique. La cosmologie scientifique qui traverse de part en part les travaux épistémologiques de Popper et Feyerabend remonte à ces commencements.[220]Les présocratiques sont cités en exemple de ceux des premiers penseurs qui ont inventé la rationalité critique sur fond de la discussion.

Ils se sont distingués également dans le développement des idées relatives à une « explication scientifique du monde ».[221] Il n'est donc

---

216 *Ibid.*, p. 181.

217 Effectivement Renée Bouveresse dans un Avant-propos évocateur de faillibilisme épistémologique de Popper cite en exemple l'apport des présocratiques dans la construction du rationalisme critique : « Le meilleur moyen d'être fidèle à Sir Karl, c'est de faire à son égard ce que, d'après lui, les premiers disciples de Thalès avaient fait, sur sa propre demande, à leur maître : tenter de le critiquer ». Cf. « Avant-propos », Colloque de Cerisy, *Karl Popper et la science d'aujourd'hui,* (dir.), Paris, Aubier, 1989, p. 9.

218 *Ibid.,* p. 182-183.

219 Philippe Devaux, *La cosmologie de Whitehead.* Tome I. L'Epistémologie whiteheadienne, Paris, Les Editions Chromatika, Edité par Thibaut Donck et Michel Weber, Préface de Paul Gochet, 2007, p. 63.

220 Karl Popper, « Le mythe du cadre de référence *», Colloque de Cerisy, op. cit.*, p.20.

221 *Ibid.*

pas toujours dit que les présocratiques ont épilogué sur la « Théogonie », ou sur « la mythologie ».[222] Ils ont travaillé à mettre en chantier les premières théories épistémologiques d'une portée scientifique indéniable sans laquelle « l'épistémologie »[223]ne serait pas vue par Popper comme un problème fondamental.

L'épistémologie et la cosmologie sont inséparables aussi bien chez les présocratiques que chez les contemporains. Le célèbre manuscrit prisé par Merleau-Ponty où Husserl[224] en appelle à un « renversement épistémologique » en termes d'« anticopernicien » qui nous fait dire que l'évidence de la Terre telle que nous l'habitons est bien celle d'un système géo-centré. « Ce que la physique moderne dément ».[225] Quoi qu'il en coûte de cette dynamique de la nature, toute recherche philosophique des sciences commence par une intuition positive de son objet propre qu'est le monde et par ses moyens rationnels au nombre desquels la rationalité critique. Sans laquelle les grands courants philosophiques ne seraient pas nés.[226] Ils essaient de comprendre et d'expliquer le monde.

La cosmologie dont il est question aussi bien chez les présocratiques que chez Feyerabend se révèle à la fois philosophique et scientifique. Elle épouse la forme globale d'une théorie de la connaissance ou épistémologie. La cosmologie de la connaissance implique les aspects philosophiques et scientifiques. Popper n'en dit pas moins dans la Logique de la découverte scientifique. Elle tente de donner des réponses au contenu du savoir, à la forme des résultats issus des enquêtes scientifiques.

Cette cosmologie complexe se fonde sur l'existence du monde, de l'homme dans le monde. De plus, la cosmologie nous apprend que l'univers est ouvert au sens poppérien du terme. Les présocratiques ont donc inspiré Feyerabend à bon droit en raison de la rationalité

---

[222] Marcel Détienne, *L'invention de la mythologie*, Paris, Gallimard, coll. « bibliothèque des sciences humaines », 1981, p. 91.

[223] C'est proprement être poppérien que de penser que «

[224] Edmund Husserl, « L'arche-originaire Terre ne se meut pas », (manuscrit de 1934). Trad. franç., Didier Franck dans Husserl, *La Terre ne se meut pas,* Paris, Minuit, 1989, p. 11-29.

[225] Jocelyn Benoist, « Image scientifique et image manifeste du monde », in *Philosophies de la perception. Phénoménologie, grammaire et sciences cognitives*, (dir.), Jacques Bouveresse et Jean Jacques Rosat, Paris Odile Jacob, 2003, p. 13.

[226] Cette thèse Popper la formule dans la préface à l'édition anglaise (1959) de La Logique de la Découverte Scientifique ». Pareille idée

critique dont ils faits preuve pour nous donner à voir un univers inachevé et créateur chemin faisant. Depuis lors, toutes sortes de nouveautés dans le monde sont possibles et y apparaissent grâce justement à la tradition critique.

De plus, la philosophie critique laisse entrevoir une articulation de la Diversité, la prolifération et l'alternative comme acheminement vers la légitimation de l'opportunisme de Feyerabend. A dire vrai, pour avoir justifié les influences des présocratiques sur l'avènement de la philosophie de la nature, nous avons choisi maintenant de questionner le « pré-socratisme » persistant dans l'œuvre de Feyerabend. Pareille influence concerne également bien d'autres contemporains. Elle aide à montrer non seulement la naissance de la « tradition critique »[227] selon la formule de Popper, mais également la place de « la cosmologie scientifique »[228] au cœur de la philosophie contemporaine des sciences.

L'un des traits les plus caractéristiques de la vie intellectuelle du temps passé est la façon dont l'éthique de la discussion était déjà largement répandue au sein de l'Ecole de Milet. La science chez les présocratiques en ce sens n'est pas mise en opposition avec la philosophie de la nature en période de discussion rationnelle ou en révolution épistémologique. Popper écrit pour sa part que « la naissance de la poésie, de l'art, de la philosophie et de la science grecs ; l'origine réelle du rationalisme occidental » constitue un moment de l'origine de la philosophie grecque.

Plus même « l'impact du conflit de cultures sur la philosophie grecque ressort très évidemment des premiers témoignages que nous avons de Thalès. Il est manifeste dans le cas d'Héraclite ».[229] Bien que Thalès et d'autres l'aient nuancé, Popper pense que « Parménide, le plus grand peut-êstre de ces premiers penseurs, demeure sous l'influence de Xénophane »[230]. Cela veut dire que le réalisme critique est ce que ces présocratiques ont en commun. La critique signifie là

[227] Karl Popper, « Le mythe du cadre de référence », *op. cit.*, p. 21.

[228] On peut lire à ce sujet Alexandre Koyré, *Etudes d'histoire de la pensée scientifique*, Paris, Gallimard, coll. « Tel », 1973, p. 87-98. Particulièrement le chapitre intitulé « les étapes de la cosmologie scientifique »

[229] Karl Popper « Le mythe du cadre de référence », *op. cit.*, p. 18.

[230] Ibid., p. 19.

qu'il y a toujours entre eux le conflit de points de vue sur le monde, sur la vérité ou la réalité.[231]

Le relativisme épistémologique que Feyerabend pointera chez Protagoras n'est pas que pratique, plutôt, elle se montrera tout au plus théorique posant ainsi la question de la vérité : quoique se révélant silencieuse dans son système de pensée. Néanmoins, la relativisation de la connaissance qui en découle a un double effet sur la croissance du savoir scientifique. D'une part, la transformation de la connaissance et d'autre part l'ontologie des relations dans l'histoire et la philosophie des sciences.

Là se situe l'une des caractéristiques de la pensée confiée aux présocratiques qui retrouve à sa manière les présupposés métaphysiques du progrès[232]. En témoigne « tout s'écoule » historiquement attribuer à Héraclite, alors que Feyerabend indique paradoxalement pour la stabilité de l'être la pensée avec dogme symbolisée par la sphère immobile de Parménide. L'idée du progrès chez Feyerabend rentre en résonance avec les thèmes dominants de la pensée présocratique, auxquelles elle confère une sorte d'insistance momentanée.

Sur ce point d'importance, il apparaît que les positions occupées ainsi par les présocratiques sont par ailleurs transposées dans la philosophie des sciences du XX è siècle d'une manière qui sous-tend le progrès aussi bien chez Feyerabend que dans les différents domaines qu'il met en évidence : art, philosophie et science.[233] La rencontre des savoirs n'est donc pas un problème philosophiquement contemporain des sciences, parce qu'elle s'inscrit dans une longue tradition depuis l'Antiquité et a traversé toute la philosophie et son histoire.

Toutefois, que les avancées scientifiques aient un impact sur la pensée philosophique, c'est une vérité de toujours. Les mathématiques naissantes ont inspiré également la première philosophique grecque. Puis que la devise de Platon est connue : (« *Que nul n'entre ici s'il n'est géomètre* ! »). Bien avant l'Académie, la philosophie présocratique s'est construite et développée sur une vision

---

[231] *Ibid.*

[232] Paul Feyerabend, *La science en tant qu'art, op. cit.*, p. 83. Voire notamment : « Deux idées du progrès ».

[233] *Ibid.*, p. 81. Pour les détails, nous renvoyons au chapitre 2. « Le progrès en art, en philosophie et en science ».

interdisciplinaire par la corrélation de la science et la philosophie. Aucune d'elle n'est absolument autonome.[234].

On le voit, l'étude des racines présocratiques dans le parcours philosophique des sciences de Feyerabend est de nature à renouveler le problème de la transdisciplinarité et la demande éthique et politique corollaire de la science. Depuis les Présocratiques, il existe une solidarité naturelle entre les différents domaines de la connaissance humaine : l'éthique, la politique et la science. Cette rencontre des savoirs persiste chez Feyerabend en raison de sa position anarchiste. Celle-ci permet de comprendre le phénomène de la science. L'anarchisme méthodologique va au-delà des limites strictes de la recherche scientifique positiviste.

Feyerabend a eu recours aux Présocratiques, car il examine avec grand intérêt philosophique et historique les rapports entre ce qui est théorique et pratique dans l'ordre épistémologique de la recherche scientifique. On ne saurait donc dissocier les questions de faits des questions de droit, parce que les deux aspects rentrent dans le cadre de la fonction heuristique de la dynamique de la science.

Nous pouvons alors voir en Feyerabend à la fois un lecteur des textes fondamentaux de la philosophie des Présocratiques et un un apôtre de l'articulation complexe des connaissances. Les critiques philosophiques ne sont pas opposées aux critiques morales et politiques. Mais on pourrait aussi attribuer cela au moins partiellement aux tendances contemporaines qui articulent science et politique.

Pareille interprétation a l'avantage de montrer comment Feyerabend s'inscrit dans la postérité des penseurs qui défendent l'idée selon laquelle la science se fonde sur des croyances.[235]Entre les Présocratiques et Feyerabend, il n'y a ni déplacement de problématique philosophique des sciences, ni déplacement de cible. On ne voit donc plus comment Feyerabend pourrait encore être touché ou simplement concerné par autre chose. La rencontre des savoirs est un des traits constants et consistant de la philosophie des sciences de Feyerabend dès les prémices. Dès lors que Feyerabend a eu fondamentalement recours aux philosophes anciens, il n'est pas aisé

[234] Daniel Andler, (dir.), *Philosophie des sciences*, II, « conclusion », Paris, Gallimard, 2002, p. 1135.

[235] Michael Polanyi, *La logique de la liberté*, trad. franç., Philippe Némo, Paris, PUF, 1989, p. 9. Voir également les chapitres 3 et 4.

d'affirmer tout *de go* que la diversité des savoirs est spécifique aux philosophes contemporains.

Malgré sa critique acerbe de l'héritable viennois, il est justifié que Feyerabend est paradoxalement redevable à la philosophie des sciences du positivisme logique. Certains spécialistes révèlent aujourd'hui que l'articulation de la science et de la politique manifestement présente chez Feyerabend, n'est pas quelque de chose de scandaleux, dans la mesure où même le Cercle de Vienne[236] était considéré comme un groupe politique. La conjonction entre la philosophie, la science et la politique est une évidence historique, théorique et pratique au cœur de la philosophie contemporaine des sciences.[237] Feyerabend lui-même ne déroge pas à la règle et à l'esprit du temps.

C'est proprement dans *Contre la méthode* que l'anarchisme épistémologique trouve sa justification au moyen du « développement inégal « des positions éthiques et des traditions philosophiques. Cela justifie on ne peut plus sa critique de l'autonomie de la science vis-à-vis de la philosophie. Plus qu'un philosophe des sciences, Feyerabend se comporte en penseur parce qu'il traite à la fois des questions scientifiques, démocratiques et de liberté au cœur de la « société ouverte » ; Feyerabend préfère dire « la société libre ».

De plus, à suivre les *Problèmes de l'empirisme*, il en résulte que Feyerabend tire « les conséquences politiques » partant de la décadence de la philosophie des sciences et du rationalisme.[238] *Adieu la raison* de Feyerabend[239] se donne à lire comme une analyse des doctrines à savoir que le relativisme pratique et théorique laisse entrevoir une parenté commune entre les questions scientifiques pour autant qu'elles impliquent des contreparties politiques et les questions philosophiques et éthiques de la vie. Au-delà c'est à Une connaissance

---

[236] De nombreux trouvent étonnant que le Cercle de Vienne qui a prêché la conception scientifique du monde ait fait grand cas des aspects éthiques et politiques de la science. La question de savoir celui qui a tué le positivisme logique posée par Popper dans *La quête inachevée* est plus évocatrice que provocatrice dans la mesure où les tenants de ce Cercle comme Carnap et Schlick n'ont pas manqué de faire des touches aux aspects métathéoriques. Conséquemment, la construction illogique du monde est envisageable.

[237] On peut se référer à ce sujet d'importance : Bernard Nanga, *Le positivisme logique et la question des valeurs*, à paraître.

[238] Paul Feyerabend, *Problèmes de l'empirisme, op. cit.,* chap. 1, § 7.

[239] Paul Feyerabend, Adieu la raison, *op. cit.,* p. 101-108.

sans fondements que se trouve renvoyé les développements de la relation entre la philosophie et la science.

Depuis 1951, Paul Feyerabend s'attache à l'idée de l'éthique de la science ainsi qu'à celle de l'éthique considérée comme le critère de la vérité scientifique. Outre la question du relativisme théoriques et du relativisme pratiques croisées[240], il est de bon de souligner que la voie explorée par les présocratiques n'est pas surprenante dans l'œuvre de Feyerabend.

A preuve, cette suite naturelle entre science et philosophie s'affine dans *Science in a Free Society* est une œuvre transversale dans laquelle le penseur développe les « conséquences politiques de ses idées » scientifiques et philosophiques.[241] La science est liée à la philosophie de la vie. L'instance médiatrice entre les deux domaines est ce qui tend vers les valeurs à l'instar du Bien, etc. Cette critique de la raison scientifique trouve sa justification procédurale dans *Une Connaissance sans fondements.*[242]

Daniel Andler peut donc conclure à l'évidence d'un fait selon lequel les philosophes des sciences anciens comme nouveaux sont non seulement des « chercheurs », mais aussi des « créateurs ».[243] Conséquemment, que l'on retrouve chez Paul Feyerabend les références ou plutôt des racines présocratiques et qu'elles portent sur l'anarchisme méthodologique, la connaissance ou l'éthique de la science, cela participe simplement de l'élaboration de l'expression ordinaire de son style.

Une telle approche permet d'avoir une idée de la situation ou des problèmes des éclairages variés de la science et de la philosophie dans l'Antiquité. Aussi correspond-t-elle à l'image complexe de la science, et surtout à la capacité qu'a l'esprit philosophique de dénoncer l'illusion systématique de la pensée et du confinement de la science classique au contexte de justification.[244] Dans ce refus de la distinction

---

[240] On lira avec intérêt le texte de Jean Largeault, « Comment des considérations éthiques peuvent s'introduire en théorie de la connaissance », *Enigmes et controverses*, Paris, Aubier Montaigne, coll. « Analyse et raisons », 1992, pp. 152-172

[241] Ces idées reviennent abondamment au chap. 1 dans *Adieu la Raison.*

[242] Paul Feyerabend, *Une connaissance sans fondements, op. cit.*, p. 96.

[243] Daniel Andler, *op. cit.*

[244] Paul Feyerabend, *Contre la méthode*, trad. franç., A Slumberger et B. Jurdant, Paris, Seuil, 1979, lire en particulier le chapitre 14.

des contextes, Feyerabend[245] a tiré arguments pour étudier la nature de la relation entre science, éthique et politique.[246]Avec Feyerabend, on penserait, plutôt à une « éthique reconstructive » des connaissances et des avoirs pour une éducation du futur.

Par ailleurs, on peut être tenté d'approfondir cette approche à partir du traitement qu'il fait de la philosophie du langage et le choix de Parménide en dialogique avec Thalès comme bon représentant de la logique dialectique peut aider à affiner la démarche de Paul Feyerabend. Même la naissance de la pensée de la complexité des rapports entre logique et langage, que ce dernier en partage avec Thalès serait justifiée à la lumière du dialogue « Parménide, Thalès et Feyerabend ». A ce sujet d'importance un de ses textes intitulés : « Arguments linguistiques et méthode scientifique »[247] serait de nature à révéler les aspects logiques qui revêtent paradoxalement le caractère « clair et sans détour » des positions tenues par les Présocratiques en général.

Ce débat existe encore de nos jours quand on voit certains dialecticiens prétendre justifier la naissance de la logique dialectique en opposant d'une part Héraclite à Parménide, et de l'autre Aristote[248] à Parménide autour des lois logiques de la pensée. Feyerabend lui-même y fait allusion.[249] Ainsi Feyerabend y aurait-il puissamment mobilisé les ressources de son intelligence anarchiste autour de la modalité du « détour Wittgensteinien ? »[250] Pour une reprise récente de cette intuition appliquée en particulier à l'œuvre de Wittgenstein, deux axes majeurs restent à explorer : la philosophie du langage et l'empirisme. Malolo Dissakè constate que « cette philosophie des jeux

---

[245] Paul Feyerabend, *Dialogue sur la connaissance*, *op. cit.*, p. 16-17.

[246] Emmanuel Malolo Dissakè, *Feyerabend, Epistémologie, anarchisme et société libre*, Paris, PUF, 2001, p. 6.

[247] Paul Feyerabend, *Réalisme, rationalisme et méthode scientifique*, trad. franç., E. Malolo Dissakè, Chennevières, Dianoia, 2005, chap. 9, p. 206.

[248] Se référant à Aristote Feyerabend ajoute : « Aristote décrivit la situation en termes merveilleusement simples quand il défendit la réalité des choses et des processus non parménidiens, en remarquant qu'ils étaient indispensables à la vie et dans la cité ».

[249] Paul Feyerabend, *Adieu la raison*, *op. cit.*, p. 289.

[250] La réserve de Paul Feyerabend porte bien sûr sur la philosophie du langage. L'histoire de cette rencontre fondamentale est rappelée dans *Tuer le temps. Une autobiographie*, trad. de l'anglais par B. Jurdant, Paris, Seuil, 1996, pp. 98sqq. Cette rencontre est tout de même très importante. Feyerabend reconnaît accorder son intérêt au sujet de Wittgenstein.

de langage, qui devient apologie des modes différents occupera une place irremplaçable chez Paul Feyerabend ».[251]

Quant à l'empirisme, le philosophe camerounais insiste sur le poids de la théorie de la connaissance qu'exercera Wittgenstein sur soit l'appartenance, soit la proximité avec la philosophie de l'induction sur fond de relecture.[252] On peut y penser avec raison « en sorte que, partant du second Wittgenstein, livre de Feyerabend retourne en quelque sorte à la source des problèmes en étudiant l'empirisme classique et les problèmes qu'il pose ».[253] Cette piste devrait permettre de réfléchir davantage oh ! Combien est élaborée l'attitude de Feyerabend par rapport à celle tenue par Wittgenstein face aux mathématiques.[254] Le plus intéressant est sans doute de voir ce que l'œuvre de ce philosophe apporte à la problématique des « normes » et qu'elle touche à quelque chose de fondamental en ce qui concerne la compréhension du travail du logicien et du mathématicien.

Parvenu à ce point, la question qui resurgit en tout état de cause est celle de savoir le piédestal sur lequel peut se construire la philosophie des sciences de Feyerabend telle qu'elle se construit chemin faisant à parti des présocratiques. La question se complexifie sous un autre registre.[255] Quoi qu'il en coute de cette difficulté, le philosophe camerounais est plus nuancé lorsqu'il soupçonne un « impensé » de la science.[256] En effet, « quand nous disons la science, *avertit Feyerabend*, nous ne faisons qu'utiliser un terme générique couvrant une foule d'activités diverses, souvent en contradiction les unes avec les autres et pour lesquelles il ne semble même pas y avoir de socle commun.

Les scientifiques sont, dit Feyerabend, comme des architectes qui construisent des maisons de différentes structures avec des plans extrêmement variés, des bâtiments dont nt ne sait s'ils tiendront où

---

[251] Emmanuel Malolo Dissakè, « Présentation » de *Problèmes de l'empirisme, op. cit.*, p. 16.

[252] Emmanuel Malolo Dissakè, *Karl Popper. Langage, falsificationnisme et science objective*, Paris, PUF, coll. « Philosophies », 2004, p. 109-114.

[253] Emmanuel Malolo Dissakè, « Présentation » de *Problèmes de l'empirisme, op. cit.*, p. 16.*Ibid.*

[254] Emmanuel Malolo Dissakè, *Mathématique pharaonique égyptienne et théorie moderne des sciences*, Chennevières-sur-Marne, Dianoia, 2005, p. 45.

[255] Emmanuel Malolo Dissakè, « Préface », *Karl Popper ou l'Ethique de la science, op. cit.*, p. 8.

[256] Paul Feyerabend, Préface à la troisième édition de *Against Method* (Verso, 1988.)

s'ils s'effondreront. Pourtant la position de Paul Feyerabend est inquiétante. Je l'annonce à dessein parce qu'elle fournit les termes du débat sur l'unicité ou la multiplicité de la science. Elle ramène pourtant à la question importante de savoir s'il y a un rapport un ou multiple de l'éthique à la science et inversement ».[257]

Cette psychologie du pluriel a ses racines dans la philosophie antique. L'éthique de la science y est mise en relief, en rapport avec l'organisation de la société libre, posée sur le plan politique comme une des conséquences métathéoriques de l'anarchisme épistémologique. Sur ce plan, elle peut s'ériger en véritable cadre pratique de la science et partant « de possibilisation, qui est l'objet propre de cette pratique ».[258] On comprend par là quelques affinités avec la conception poppérienne de la science.

Vu ces quelques considérations sur l'éthique de la science la réception par Feyerabend d'une partie de la philosophie des présocratiques est ce qu'elle a d'abord été chez Thalès et Parménide particulièrement. La naissance de la philosophie est fortement dominée par la rencontre des savoirs fondamentaux, science et philosophie, philosophie et mathématique comme histoire, d'un vieux couple, pour ainsi dire. Pareille référence éthique de la science du complexe concerne enfin, et paradoxalement au premier chef, la partie la plus discutée de l'épistémologie historique de Feyerabend. Elle y arrime, pour quelques contradicteurs, telle une difficulté ; quant à articuler au sein même de sa démarche « normativisme » et « contre-inductivisme ». Il en va ainsi comme la fondation naturelle sur laquelle se développe l'anarchisme sous contraintes de rigueur.

Comment effectivement comprendre cette philosophie anarchiste en écartant la supposition préalable d'une science sans normes, d'une « science sans expérience » sur laquelle Feyerabend revient lorsqu'il travaille aux imperfections des systèmes inductifs ? Comment comprendre la critique d'une épistémologie normative en mettant de coté l'idée des normes sociales ? « L'objet propre du politique et de l'organisation de la cité est bien de faire que la société fonctionne dans la justice et la liberté et de faire du mieux que l'on peut, avec les inévitables limitations humaines qui sont les nôtres et celles de nos institutions pour qu'il en soit ainsi ? »[259]

---

[257] Emmanuel Malolo Dissakè, *op. cit.*, p. 9-10.
[258] *Ibid.*, p. 11.
[259] *Ibid.*, p. 12.

Parvenu à ce niveau d'analyse nous indiquons, soit dit en passant, l'heureuse coïncidence entre Heidegger et Feyerabend pour justifier à la fois l'actualité singulière de la philosophie antique au cœur de la philosophie contemporaine, et l'importance de la réflexion sur les Présocratiques relativement à leurs positions philosophiques sur la culture de la diversité. Pour le dire autrement, la philosophie et son histoire ont ceci de particulier qu'elles révèlent également des problématiques philosophiques des sciences qui font effectivement mention de l'apport des Présocratiques dans l'esprit scientifique contemporain en termes de « multiplicités » des savoirs.

Si Martin Heidegger le fait sous l'angle de vue essentiellement historique, c'est-à-dire l'idée centrale du « commencement » orientant ainsi la lecture qu'il a cru pouvoir entreprendre des travaux éminemment poétiques de Anciens, autant Feyerabend y puise ses ressources pour penser l'épistémologie anarchiste. Dans leurs fragments les Présocratiques n'ont pas vraiment fait de la poésie. Sans doute Anaximandre et Parménide ont-ils mis au jour des éléments de philosophie des sciences dont les contemporains sont les héritiers.

Alors, donc, Popper[260] à la suite de Feyerabend, particulièrement, a questionné la portée éthique de la science pour autant qu'elle traverse toute sa philosophie des sciences, en dépit paradoxalement des attaques dont Popper est l'objet de sa part. Elle éclaire donc, d'une lumière nouvelle, un « pré- socratisme » persistant dans l'œuvre globale de Feyerabend et dans l'histoire de la philosophie contemporaine des sciences. Cette épistémologie de Feyerabend est historique. Mais elle s'ouvre à l'éthique de la science.

Notre réflexion a eu pour enjeu important avec la réinterprétation qu'elle engage surtout dans le domaine de la philosophie du langage. Elle est en fait grosse de conséquences c'est-à-dire la « dynamique de la science ». Une telle perspective ouverte aurait rallongé significativement notre réflexion provisoirement tournée vers d'autres problématiques décisives pour comprendre davantage la différence

[260] En référence à l'épistémologie historique de Karl Popper, nous avons découvert la récente publication d'Alain Boyer qui articule le rationalisme critique et le négativisme bachelardien. Cf. Alain Boyer, « Deux épistémologies non cartésiennes : Popper et Bachelard. Avec quelques remarques sur Descartes et le rationalisme critique », in *Cahiers épistémo-logiques. Karl R. Popper. Une épistémologie sans visage et sans rivage*, (dir.) Marcel Nguimbi, vol. 2, Analyses perspectivistes, 5/2017, Paris, L'Harmattan, pp. 69-94.

entre Feyerabend et sa postérité, mais aussi entre les philosophes du langage : le débat opposant Feyerabend à Wittgenstein et au-delà, le rapport de Feyerabend à l'art musical, etc.

Tout compte fait, la réflexion s'inscrit dans l'horizon rationnel de la naissance de la philosophie des sciences et son histoire chez Paul Karl Feyerabend. Elle a été rendue possible au moyen de la « reconstruction rationnelle » et de « l'histoire contextualiste » comme méthodologie. Les expressions de Bouveresse sont de nature à montrer, paradoxalement, que la méthode historique ne va pas de soi pour tous. Les réflexions y relatives en font foi. En fait, Feyerabend est considéré comme un des contemporains en matière de réflexion philosophique sur la diversité et le développement. Il s'agit d'une nouvelle philosophie des sciences qui tient effectivement compte de tout ancrage éthique de la philosophie présocratique, en vue du progrès de la science.

Cela dit, nous sommes loin d'un certain « anachronisme »[261] conscient et raisonnable qui semble constituer, à notre humble avis, un élément constitutif de la tentative du dialogue non imaginaire entre Paul Feyerabend et les Présocratiques. Ce dialogue ainsi construit ne va pas sans révéler quelques problèmes et controverses relatifs au statut historique[262] même de la philosophie des sciences.

Rappelons que la pensée scientifique et philosophique de Feyerabend effectue une poussée dans deux directions complémentaires, associées et antagonistes. Elle tend à accorder la priorité à la représentation des réseaux relationnels abstraits et concrets tels qu'ils ont été thématisés par quelques présocratiques, par rapport aux approches dogmatiques de l'être. Pour ce faire, une allusion été faite à Thalès, Héraclite et bien d'autres Présocratiques.

Mais une question est restée pendante et ce, dans l'ombre de la philosophie feyerabendienne, par la distribution des tâches instaurées par les dialecticiens, les dialogiciens et les dogmatiques. En fait, nous avons essayé de montrer comment Feyerabend s'est engagé en effet dans un immense dialogue avec les tenants de l'histoire de la métaphysique. Dans toute son œuvre, il s'est révélé un dialogue ou un

---

[261] Pour essayer de montrer la référence présocratique chez Feyerabend, nous avons procédé aux croisements épistémologiques des approches synchroniques et diachroniques de sa pensée.

[262] Raymond Aron, Leçons sur l'histoire, Paris, Editions de Fallois, 1989, p. 312. Voir en particulier l'article : « Popper et la philosophie de l'histoire ».

débat serré avec toute la philosophie ancienne et plus précisément, avec la tradition ontologique issue de l'Ecole de Milet. En même temps la démarche rétrospective qu'il essaie de promouvoir au cœur de son l'anarchisme épistémologique, dont il vise l'instauration semble vouée à s'achever sur un point culminant.

Ce point critique rappelle tant s'en faut le beau mot célèbre de Whitehead : « la caractérisation la plus sage de la tradition philosophique européenne est qu'elle consiste en une série de notes au bas de pages de Platon ».[263] Feyerabend lui-même est le premier modèle du plus grand anarchiste face à ses prédécesseurs présocratiques. C'est-à-dire qu'à l'âge classique il désigne rétrospectivement le couple présocratique formé par Héraclite-Parménide pour s'en inspirer tout bonnement. On peut à l'inverse, selon la démarche épistémologique de la complexité, tenir la focalisation des sciences et de la philosophie contemporaine sur l'histoire et les relations, d'une part, les rencontres des savoirs, de l'autre.

De là nous en tirons la véritable conséquence métathéorique ou méta-systématique du caractère relationnel de la connaissance scientifique, c'est-à-dire l'éthique est en corrélation avec l'épistémologie. L'anarchisme épistémologique en question n'étant confronté qu'à des phénomènes complexes[264], il n'a rien à dire sur ce que les choses sont en elles-mêmes, mais seulement sur les relations non normées par avance et qu'il entraperçoit entre elles grâce à la relation « dialogique » qui met ensemble les connaissances. C'est riche de cet être ensemble qu'aucune de ces deux méthodologies de la connaissance ne sera privilégiée.

Cela étant, Michel Bitbol remarque qu'« une bonne part de difficultés de la théorie de la connaissance réside dans une tendance ancienne, inaugurée par Parménide. »[265] Quoi qu'il en coûte, il faut

---

[263] Alfred North Whitehead, *Procès et Réalité*, *op. cit.*, p. 39.

[264] Paul Feyerabend accrédite l'hypothèse de la complexité. En se référant à l'excellent travail battu par Niels Bohr dans le domaine d'histoire et philosophie des sciences, il déclare : « Il renonçait à l'exigence habituelle de simplicité (…) La science n'est jamais un processus achevé, c'est pourquoi elle vient toujours « avant » l'évènement. Par conséquent la simplicité, l'élégance et la compatibilité ne sont jamais des conditions nécessaires pour la pratique scientifique ». Cf. *Contre la méthode, op. cit.*, p. 21.

[265] Michel Bitbol, *De l'intérieur du monde. Pour une philosophie et une science des relations*, Paris, Flammarion, coll. « Bibliothèque des savoirs », 2010, p. 23.

considérer comme une belle leçon éthique et esthétique de vie la manière et la matière d'être des sciences contemporains qui cherchent à penser le réel en prenant au sérieux l'apport des Présocratiques et particulièrement dans la quête des fondements des savoirs modernes.

On ne peut donc pas élaborer une théorie contemporaine des sciences sans avoir recours à eux qui savaient déjà combiner savoir, savoir penser, savoir être, savoir vivre, et savoir faire. Il s'agit alors de la prendre sous la forme d'une leçon d'humilité ou d'une pédagogie de la modestie dont les influences lointaines sont fondamentalement à chercher dans la pensée antique.

D'ailleurs, Paul Feyerabend n'est-il moins formel que le sont tous les anarchistes dans l'informel, discutant davantage les antécédents historiques de la quête des fondements la philosophie contemporaine des sciences, une discipline qui, à défaut d'être « en panne ? », est plutôt « en marche », non sans dire sa méchanceté de temps en temps sur la philosophie ancienne dont les racines sont encore avec nous,[266] aujourd'hui.

A ce niveau d'analyse,[267]cet axe de réflexion revisite les racines présocratiques de la philosophie contemporaine des sciences. En s'inspirant des travaux de Paul Feyerabend, et qui plus est, de ceux liés à Nelson Goodman entre épistémologie et langages de l'art. L'esquisse envisagée relative à la reconnaissance de la diversité du monde te des mondes, ainsi qu'à la prise de conscience de la complexité du réel travaillent finalement à la « psychologie du pluriel ». En fait, nourries, dans leur élaboration, par des influences diverses, dont les sources sont le fruit des Présocratiques, particulièrement la problématisation des mondes anciens et la mise en perspective du nouveau monde sont révélatrices de formes nouvelles de la « philosophie de l'avenir ».

C'est la preuve de sa fécondité théorique et de sa teneur épistémologique, l'instauration d'une approche philosophique la diversité tant recherchée, même dans le domaine de la démocratie au cœur de « la transfiguration du politique » selon l'expression de Michel Maffesoli[268], donne droit aux alternatives plus ou moins « fortes », devant lesquelles le nouvel esprit scientifique se place.

---

[266] Daniel Andler, (dir.) « La forme », *Philosophie des sciences* II, *op. cit.,* , pp. 1131-1135.

[267] *Ibid.*, p. 1135.

[268] Michel Maffesoli, *Transfiguration du politique,*

Celles-ci sont doublées de quelques « proliférations » renvoyant elles-mêmes aux ré-conceptions des mondes et ce par leurs manières, leurs visions et leurs versions problématiques et controversées. C'est le nœud gordien des réflexions de Feyerabend que nous venons d'aborder.

En conséquence, cette approche feyerabendienne permet de comprendre et d'interpréter la diversalité à la lumière du principe de prolifération de Paul Feyerabend. Mais cette idée n'exclut pas le droit de penser aussi à Nelson Goodman qui, pour sa part, élabore des réflexions croisées où « la prospective » prend pied pour penser non seulement « le monde de demain », mais aussi et surtout en vue de savoir « comment vivre en temps de crise ». Parce que l'horizon philosophique de l'unité dans la diversité des mondes vise à retrouver, à l'occasion, « la liberté de théoriser » déjà inventée par les Ioniens.

Ce faisant, son point d'élévation réside dans la construction de l'avenir du monde et surtout le devenir des mondes. Mais dans le fond philosophique et dans le ton éducatif des « multiplicités » qui surgissent, loin d'être en panne dans la recherche en philosophie contemporaine, l'aspiration à la créativité est en pleine ascension vers la réévaluation des univers fictionnels.

Quoi qu'il en coûte, nous avons tout lieu de penser que toute épistémologie est toujours épistémologie de la diversité du monde, pour ainsi dire. Cela est évident pour le « faillibilisme épistémologique » qui rappelle la pensée scientifique de Karl Popper dont les éléments de « réformisme libéral » sont révélés au cœur des racines présocratiques desquelles Feyerabend est parti. On le voit, c'est l'objet principal de notre réflexion sur l'apport de la rationalité comme ouverture dans la construction d'une psychologie du pluriel dont les philosophes contemporains sont friands.

Cette piste de recherche, depuis la philosophie moderne de Leibniz[269], s'efforce de mettre en avant la question de la diversité en rapport avec la fin du rationalisme dogmatique. Donc, l'idée que nous venons de défendre est très présente dans l'interprétation de la nature

---

[269] D'après Yvon Belaval, le philosophe Leibniz est le modèle par excellence de la diversité des connaissances. *Initiation à sa philosophie* est l'ouvrage où il essaie d'entrelacer la vie et l'œuvre de Leibniz pour éclairer l'une par l'autre partie les deux parties de cette initiation, la « formation » et le « système » tissent harmonies qui font d'une œuvre foisonnante et souvent difficile un ensemble éminemment cohérent. Cf. Paris, Vrin, coll. « Bibliothèque de la Philosophie », 2005, p. 6.

qu'en fait Feyerabend. Il s'agit précisément de la reconstruction des points de vue des Présocratiques sur la dynamique de la nature. Par contre, notre approche ne s'est pas voulue strictement diachronique contrairement à l'habitude[270]. Plutôt, Feyerabend a raison dans une large mesure de lire et d'interpréter la pensée hellénique en allant des origines jusqu'aux Présocratiques. Il a vu dans cette approche non pas une restriction, mais un élargissement de l'horizon philosophique de la cosmologie, ou du « concept de nature »[271] dont Whitehead dira qu'il a connu des « bifurcations »[272].

Dans le fond, notre étude n'a eu d'autre but que de suivre de telles questionnements jusqu'à leur actualité. Encore une fois, son horizon est loin d'être purement historique. En fait, telle est la mise en route inédite de la science contemporaine sans dogmes, c'est-à-dire le croisement des rationalités correspondantes aux traditions critiques, en vue d'asseoir l'idée de la diversité des rationalités et d'approches du vivant,[273]par exemple.

Malgré le socratisme persistant, qui nous enseigne l'ignorance savante, ce qui nous a frappés, avant tout, dans une telle comparaison épistémologique entre la théorie de la faillibilité de l'esprit humain de Popper et l'approche de la complexité du réel, à partir d'autres tendances doctrinales ou allant de l'Antiquité jusqu'à « l'anarchisme méthodologique » de Feyerabend, c'est une étroite affinité avec « le pluralisme cohérent » de la pensée scientifique contemporaine.

On le trouve, désormais, amplement réévalué par Alfred North Whitehead dans un de ses essais de « cosmologie »[274]. Dans l'ordre et le désordre de la nature, il met en avant la diversité des objets : « objets persistants », « objets éternels ». L'élucidation du sens de cette diversité se fait en rapport avec les concepts de « simplicité » de

---

[270] Alexandre Koyré, *Etudes d'histoire de la pensée scientifique*, Paris, Gallimard, coll. « Tel », 1973, p. 24.

[271] Isabelle Stengers, Penser avec Whitehead. Une libre et sauvage création de concepts, Paris, Seuil, coll. « L'Ordre philosophique », 2002, p. 45. L'auteur déclare : « C'est de la nature qu'il s'agit. Mais comment définir la nature ? »

[272] Alfred N. Whitehead, *Le concept de nature*, trad. de l'anglais par J. Douchement, Paris, Vrin, coll. « Bibliothèque des textes philosophiques », 2006, p. 63. Chapitre II. « Théorie de la bifiurcation de la nature ».

[273] Ignace Yapi Ayénon, *Approches du vivant. Etudes d'épistémologie biologique*, Paris, L'Harmattan, coll. « Biologie, Ecologie et Agronomie », 2015, p. 23.

[274] Alfred N. Whitehead, *Procès et réalité. Essai de cosmologie*, trad. franç., par Françoise Dastur, Paris, Gallimard, coll. « Bibliothèque », 1995, p. 182.

« complexité », etc. C'est tout au plus par la « théorie des préhensions » que ce dernier entend rejoindre les tenants de la diversalité. On y trouve « la catégorie de la Diversité Objective, des éléments divers »[275]. Il existe donc des niveaux de réalité des objets au rang desquels on peut situer l'objet virtuel. Mais, pour y accéder il importe d'avoir recours à la logique symbolique qui n'est pas une simple technique de raisonnement permettant d'utiliser des symboles abstraits, comme le ferait simplement une machine, mais elle garde surtout un rapport vivant par l'interprétation possible.

De la sorte, les objets fictionnels seront porteurs de sens, de vie, car la fiction idéalisante propre à la pensée symbolique permet de connaître artificiellement l'objet virtuel en tant diversité de la réalité des objets qui se prêtent à notre investigation. La diversalité nous fait dire que le virtuel est un niveau de réalité certes, mais il est manifestement l'expérience de pensée, et un univers de savoir au méta-niveau qui articule le symbolique et la philosophie de l'esprit. Déjà en son temps et sous un autre angle, Jacques Monod articulait « le naturel et l'artificiel »[276] à la faveur de l'avènement « d'étranges objets »[277].

Conclusion

C'est donc une mise en question du « rationalisme clos »[278]. Son éclatement conduit par ailleurs à lancer à la raison le grand défi de l'incertitude et de la difficulté à laquelle la rationalité scientifique s'expose. Voilà pourquoi, l'intelligence d'ensemble de cette rationalité comme « ouverture » au sens poppérien revient à cerner les contours épistémologiques de la tradition rationaliste comme quelque chose de dynamique favorisant ainsi le progrès non seulement du savoir scientifique mais aussi surtout le progrès de l'esprit humain radicalisé par Condorcet, que Popper attache au critère de « falsifiabilité »[279]. Plus même, c'est à l'idée du choc des rationalités

---

[275] *Ibid.*, p. 358.

[276] Jacques Monod, *Le hasard et la nécessité. Essai sur la philosophie naturelle de la biologie moderne*, Paris, Seuil, coll. « Essais », 1973, p. 17.

[277] *Ibid.*

[278] Jean Fourastié, *Les conditions de l'esprit scientifiques*, Paris, Gallimard, 1996, 3ème Partie : « Les limites de la science », p. 180.

[279] L'on a l'habitude de dire de la « falsifiabilité » qu'elle est un critère de la vérité. Or Popper évoque le critère du progrès de la connaissance scientifique. La vérité aura donc le statut d'idée régulatrice.

doublées de leur recomposition dont les enjeux transversaux sont de nature à révéler les conditions de possibilité d'une « rationalité étendue ». Précisément, nous voulons, à l'avenir, montrer que l'unité dans la diversité des sciences ou des connaissances est une approche complémentaire aux « dialogues sur la connaissance »[280] dont Feyerabend fait état dans son œuvre.

A tout prendre, l'accent sera mis sur la diversité et la « reliance » des savoirs comme voie d'accès à l'éducation scientifique dans l'axe de la pensée complexe. En somme, nous retenons que le principe de prolifération ou la quête des multiplicités[281] en question sont fondamentalement au cœur de l'épistémologie de Feyerabend. N'en déplaise à celui qui pense que Feyerabend est absolument contre les principes ou que son épistémologie n'a jamais fait grand cas ni des principes, ni de la « diversalité ».

C'est contre une telle lecture que nous avions été conduit à relever les contre sens qui jalonnent la démarche contre inductive de ce dernier. Chemin faisant, nous nous proposons, maintenant, d'approfondir cette question à la lumière de l'épistémologie de la complexité en perspective, et ce, en ayant pour angle de vue de l'unité et de la diversité des choses[282]. Ce sera l'objet de la partie qui va suivre. Le questionnement porte sur la simplification comme démarche méthodologique qui n'a jamais pu éclipser « le complexe » sous le paradigme de la simplicité[283].

---

[280] Paul Feyerabend, *Dialogues sur la connaissance*, trad. franç., par Baudouin Jurdant, Paris, Seuil, 1996, p. 31.

[281] Jean Clet Martin, *Multiplicités*, *op. cit.*

[282] Boa Thimélé Ramsès, *L'Ivoirité et l'unité de la côte d'Ivoire*, Abidjan, Les Editions du CERAP, coll. « Questions controversées », 2014, p. 63.

[283] Auguste Nsonsissa, « Le simple et le complexe », in *Les Cahiers de l'IGRAC*, Publication annuelle de l'Interdisciplinarité Groupe de Recherche sur l'Afrique Contemporaine, n°03, Juin 2008, Brazzaville, pp. 81-94.

CHAPITRE DEUXIEME : La simplification est-elle du simple plus complexifié ?

Le chapitre précédent s'est efforcé d'examiner le principe de prolifération pour autant qu'il sous-tende la diversalité. L'idée de la complexité du réel a dominé notre méditation sur la réalité et ses niveaux. La diversité fait corps avec l'unité du monde[284]. Maintenant, nous essayons d'étudier comment la simplification n'arrive pas à disqualifier la complexité, malgré le fait qu'elle tend à aboutir au « simple ».

Il se trouve que dans une Préface lumineuse du livre de Fausto Fraisopi, effectivement Jocelyn Besnoit avertit : « Que le complexe n'est pas du simple plus compliqué »[285]. A la lumière de cette déclaration, il appert que l'un des traits les plus visibles de la logique classique est la façon dont le paradigme de la simplicité et ses fondements méthodologiques sont si largement soutenus.

Par contre, le paradigme de la complexité est considéré comme inadmissible au cœur de la philosophie contemporaine des sciences. La monadologie leibnizienne peut en être la parfaite illustration. Pourtant, les idées simples et les idées complexes constituent les principales composantes de la « monadologie » de Leibniz mise en question par les tenants de la pensée complexe[286].

Dans l'optique de Morin et de Bachelard qui ont revendiqué le paradigme de la complexité sur fond d'un négativisme épistémologique, l'articulation des phénomènes et la complexité constitue l'axe programmatique du nouvel esprit philosophique. Nous essayons de le promouvoir en distinguant les principes d'intelligibilité de la science classique et ceux de la science non classique[287]. Il se trouve que les substances créées ne sont rien moins que des expressions diverses et simples. Cela paraît être la manifestation de « l'in-complexité » paradoxalement étudiée en rapport avec la position de Leibniz dans le débat contemporain sur la signification du « composé ». La nature des relations qui existent entre le simple et le complexe semble renvoyer à un même et unique univers composé :

[284] Basarab Nicolescu, *Nous, la particule et le monde*, Paris, Le Mail, coll. « Science et conscience », 1985, p. 104.

[285] Jocelyn Benoist, « Que le complexe n'est pas du simple plus compliqué », Cf. Préface, Faisi Fausto, *La complexité et les phénomènes, op. cit.*, p. 9.

[286] Auguste Nsonsissa, « Penser la complexité chez Edgar Morin », in *Le Cahier philosophique d'Afrique. Revue internationale de Philosophie*, 2009, n°007, PUO, pp. 167-185.

[287] Pareille distinction a clairement faite par Edgar Morin dans *Science avec conscience.*

l'univers du sens logico-métaphysique. Le problème fondamental qui se pose ici est donc la difficulté de tout simplifier méthodologiquement pour prétendre atteindre le simple.

Or il n'y a rien de simple, il n'y a que du simplifié ; qui plus est, c'est le savant qui simplifie. Pareille difficulté relative à la compréhension combinatoire du simple, de l'incomplexe et du complexe à la lumière de l'analyse leibnizienne et au-delà des termes combinés installe l'esprit scientifique dans la logique de la conception des propositions hypercomplexes. Cette idée conduit à la dialogique du simple et le complexe, c'est-à-dire les « différentes facettes de la complexité »[288] du réel.

L'un des traits les plus visibles de la logique classique est la façon dont le paradigme de la simplicité et ses fondements méthodologiques sont si largement soutenus et le paradigme de la complexité considéré comme inadmissible au cœur de la méthodologie leibnizienne. Pourtant les idées simples et les idées complexes constituent les principales composantes de la « monadologie » mise en question. Il se trouve que les substances créées ne sont rien moins que des expressions diverses et simples.

Cela paraît être la manifestation de « l'in-complexité » paradoxalement étudiée en rapport avec la position de Leibniz dans le débat contemporain sur la signification du « composé ». La nature des relations qui existent entre le simple et le complexe en logique renvoient toutes à un même et unique univers composé : l'univers du sens logico-métaphysique dont Leibniz vise l'instauration. Le problème fondamental qui s'y pose est donc la difficulté relative à la compréhension combinatoire du simple, de l'incomplexe et du complexe à la lumière de l'analyse leibnizienne des termes et de la logique de la conception des propositions aujourd'hui.

Nous avons choisi de recourir à Leibniz pour justifier le sens de l'expression « science du complexe ». Pour lui, aussi curieux que cela paraisse, la pensée logique rentre dans une nouvelle filiation, reliant simple et complexe, qui risque de se muer en « composé ». En changeant ainsi de paradigme cosmique de la pensée, la science logique moderne prend, avec lui, un nouvel élan « vers une science du

[288] Basarab Nicolescu, *op. cit.*

complexe »[289] pour ainsi dire. Elle tend à connaître « la connaissance » non seulement dans ses conditions de possibilités, c'est-à-dire ses limites, mais aussi et surtout elle reconnaît « l'aveuglante proximité du réel ».[290]

Cela étant posé, l'inachèvement épistémologique qu'elle postule tient de « la connaissance des limites de la connaissance »[291]. Une fois établie « l'inachèvement de toute connaissance »[292] est l'expression par excellence de l'exploration de la pensée par la pensée comme « œuvre inachevable ».[293]L'un des traits les plus visibles de la logique classique est la façon dont le paradigme de la simplicité et ses fondements méthodologiques sont si largement soutenus et le paradigme de la complexité considéré comme inadmissible au cœur de la méthodologie leibnizienne.

Les idées simples et les idées complexes constituent les principales composantes de la « monadologie » en question. Les substances créées ne sont que des expressions diverses et simples. Cela est donc la manifestation de « l'in-complexité ». Nous nous proposons d'analyser la nature des relations qui existent entre le simple et le complexe. Elles renvoient toutes à un même et unique univers composé : l'univers du sens logico-métaphysique, c'est-à-dire celui qui articule le simple et le complexe. Le problème que vise à résoudre cet article est l'impossibilité de la compréhension mutuelle entre le simple, l'incomplexe et le complexe à la lumière de l'analyse leibnizienne des termes et l'analyse logique des propositions.

La difficulté épistémologique est d'ordre conceptuel. S'il est admis que les concepts de simple et de complexe ne sont pas absents du corpus leibnizien tant du point de vue logique que métaphysique, reste à savoir si le simple est toujours le simplifié. « Le surgissement du complexe » n'est pas simple non plus. Une mise au point s'impose de toute nécessité à ce niveau d'analyse. Morin apporte la nuance que voici : « La même notion de simplicité, avait remarqué Popper, est

---

[289] Edgar Morin, *La complexité humaine*, textes rassemblés avec Edgar Morin et présentés par Heinz Weinman, Paris Flammarion, coll. « Champs/L'Essentiel », 1994, p. 69.

[290] Michel Bitbol, *L'aveuglante proximité du réel,* Paris, Flammarion, coll. « Champs », 1998, p. 187.

[291] Edgar Morin, *La Méthode 3. La connaissance de la connaissance*, Paris, Seuil, 1985, p. 222.

[292] *Ibid.,* p. 230.

[293] *Ibid.*, p. 30.

complexe, et même, selon Schlick, « un concept tout fait relatif et imprécis ». La pensée simplifiante confond le simplifié et le simple. Le simplifié est le produit de disjonction, réduction, extraction. Mais ce n'est pas le simple. La simplification fabrique le simplifié et croit trouver le simple. Le simple, c'est-à-dire l'évidence immédiate globale, comme un appel, un regard, une caresse, un désir, une tendresse, est l'émergence d'une fabuleuse complexité... ».[294]

Mais ce n'est pas tout. Il importe, de plus, d'indiquer, soit dit en passant, que l'expression « science du complexe » employée par Morin se trouve relayée par une autre : « le paradigme des sciences de la complexité », et ce, depuis 1977. Elle a été radicalisée par Jean-Louis Le Moigne[295] dans la cadre théoriques des épistémologies constructivistes. Ce paradigme est particulier en ce qu'il articule non seulement les catégories du simple et du complexe, mais aussi et surtout les « nouvelles extensions dites disciplinaires ».

On peut évoquer l'interaction entre « l'empirie et l'*épistémê* » ou « entre action et réflexion qui rend compte de la diversité des disciplines par lesquelles s'organise la connaissance : non plus par l'affectation a priori d'un objet positif et d'une méthode déductive, mais par les formes et les styles des processus de transformations réciproques d'expérience en science ; à la lettre des « prises de conscience » ».[296] Cette idée nous conduit à mettre le doigt sur l approche holistique des idées complexes.

La catégorie du simple que nous examinons chez Leibniz a déjà fait l'objet d'une réflexion critique. En témoigne le titre évocateur de l'ouvrage suivant : *Du simple selon G. W. Leibniz. Discours de métaphysique et monadologie. Etude comparative critique des propriétés de la substance appuyée sur l'opération informatique*.[297]Le fond de l'argument se décline en trois occurrences : « l'extériorité du simple : du simple, des parties et des composés ».[298]La composition se révèle être la figure du simple et non du complexe. Le simple

---

[294] Edgar Morin, *La complexité humaine, op. cit.*, p. 315-316.
[295] Jean-Louis Le Moigne, *Les épistémologies constructivistes*, Paris, PUF, 1988, Chapitre V.
[296] *Ibid.*
[297] Yvon Belaval, Préface, *Du simple selon G. W. Leibniz. Discours de métaphysique et monadologie. Etude comparative critique des propriétés de la substance appuyée sur l'opération informatique* « Monado 74 »), Paris, Editions de CNRS, Vrin, 1975, Chap. 3, p. 99.
[298] *Ibid.*

l'emporte sur le complexe dans la mesure où Leibniz s'attache à « l'intériorité du simple : du simple, et des unités ».[299] Cette approche simplifiante concerne à la fois la métaphysique et la logique, c'est-à-dire la théorie leibnizienne de la connaissance : « La connaissance du simple : doctrine logique de la notion du simple ».[300] Se pose alors la version leibnizienne de la théorie épistémologique de l'holisme.

Partant des *Nouveaux essais sur l'entendement humain* de Leibniz,[301] nous prétendons que derrière ce problème git « la complexité méthodo-logique simplifiée ». Dans cet ouvrage apparaît à grands traits la notion du « simple » doublée du « complexe ». Cette double considération nous permet d'expliquer et de critiquer ce rationalisme procédural. Comme toute hypothèse plausible, cette théorie épistémologique du simple et du complexe mérite d'être testée.[302]

Pour ce faire, nous partons des fondements méthodologiques de la simplicité, en vue d'analyser également les arguments relatifs au principe hologrammatique. Plutôt, Yvon Belaval estime que la relative relation entre le simple et le complexe tient de ce qui vient des premières lignes de la *Monadologie* dont il suit les quelques variations épistémologiques allant tantôt vers le simple, tantôt vers le complexe. On y trouve non seulement la distinction entre plusieurs sens du « simple et du composé »,[303]mais aussi les quelques interrogations sur la primauté du simple par rapport au complexe.[304]

---

299 *Ibid.*, chap. 4. p. 101.

300 *Ibid.*, p. 119.

301 Gottfried Wilhelm Leibniz, *Nouveaux essais sur l'entendement humain,* trad. franç., Jacques Brunchwig, Paris, Garnier-Flammarion, 1966, p. 91.

302 Dans le prolongement contemporain des théories scientifiques, il se révèle des phénomènes qui finissent par mettre en branle la totalité du processus et qui finissent par provoquer des cassures. Comme dit Popper « nous pouvons analyser ce processus, mais non le calculer en détail ». Cf. « La distinction opérée par F. Hayek entre « explication du principe » et « explication en détail » ; voir en particulier son article (offert à Popper) sur la « théorie des phénomènes complexes », trad. franç., Alain Boyer, *Cahier du C.R.E.A.,* n°13/1980, pp. 246.

303 Yvon Belaval, *Etudes leibniziennes de Leibniz à Hegel*, Paris, Gallimard, coll. « Tel », 1976, p. 173.

304 Sous le conseil de Karl Popper il est certes imprudent d'hypostasier les règles méthodologiques. En revanche, ce que Popper a dit du problème fondamental de la théorie épistémologique du simple et du complexe est révélateur ce que l'idée que nous défendons ici : « On remarquera l'allusion faite dans *Un Univers de Propensions* aux « théories du chaos ». En un sens, ces théories paraissent apporter

De notre point de vue, la démarche leibnizienne se situe à l'interface du simple, de l'incomplexe et le complexe. De là, se déchiffrera le sens de la métaphysique de la connaissance qui en découle ; non sans relativiser l'appartenance du système de Leibniz et ses modèles mathématiques,[305] malgré tout, à la logique classique[306]des termes et des propositions. Les considérations métaphysiques vont de pair avec les aspects logico-mathématiques de la pensée leibnizienne.[307] Il s'agit de faire valoir la « systémique »[308] à la lumière des systèmes complexes nés de la référence de pensée leibnizienne au modèle mathématique, à l'univers monadologique dont désignation de « l'unité » soit sous la figure du « point métaphysique », soit sous l'angle de « partie de la ligne composée en contiguïté » , nous semble caractéristique de la complexité.

Ce n'est donc pas une question quelconque. Elle est d'importance. Yves Michaud en souligne la portée en consacrant un développement à la nature de la relation entre « le simple et le complexe ».[309]Si nous avons choisi de méditer sur la place du complexe dans la monadologie leibnizienne[310] c'est en raison de l'idée émise par Edgar Morin lorsqu'il écrit : « La pensée complexe n'est pas neuve. Elle a été pratiquée par la pensée philosophique (…) la monade de Leibniz ».[311]

Cette approche monado-logique du complexe s'articule avec la catégorie du simple. Le composé est donc un indice théorique et

---

de l'eau au moulin déterministe, dès lors qu'elles montrent comment des comportements complexes apparemment aléatoires peuvent être engendrés par des systèmes déterministes simples ». Cf. *Un Univers de propensions. Deux études sur la causalité et l'évolution,* trad. de l'anglais par Alain Boyer, Paris, Editions de l'éclat, 1992, p. 10.

[305] Michel Serres, *Le système de Leibniz et ses modèles mathématiques*, tome II, Schémas-point, Paris, PUF, coll. « Epiméthée » 1968, p. 714.

[306] Même Gorges Boole s'est référé à Leibniz en citant les *Nouveaux Essais sur l'entendement humain*, Livre IV, chap. 2, Théodicée Ière Partie, sect. 44. Cf. *Les Lois de la pensée*, trad. de l'anglais par Souleymane Bachir Diagne, Paris, Vrin, coll. « Mathesis », 1992, p. 238.

[307] Yvon Belaval, *op. cit.,* p. 173.

[308] Daniel Durand, *La systémique*, Paris, PUF, coll. « Que sais-je »,

[309] Yves Michaud, *Hume et la fin de la philosophie*, Paris, PUF, coll. « Quadrige », 1983, p. 77. Voir en particulier le chapitre 2 : « Le simple et le complexe ».

[310] George W. Leibniz, *La monadologie,* édition annotée et précédée d'une exposition du système de Leibniz par E. Boutroux, Paris, Librairie Delagrave, 1956, p. 252.

[311] Edgar Morin, *La complexité humaine*, Paris, Garnier-Flammarion, 1994, p. 317.

métaphysique de la naissance de la pensée complexe. Ce n'est pas une problématique quelconque. Elle a un poids historique et théorique certains qui ne remonte pas uniquement à Aristote. Le philosophe congolais Marcel Nguimbi en indique les éléments : « Les logiciens stoïciens ont produit le « *modus ponens* » et le « *modus tollens* » comme des formes les plus courantes des raisonnements avec énoncés complexes.

Donc, dans l'approche syllogistique aristotélicienne considérée comme logique élémentaire il est possible de déterminer les quatre possibilités des relations entre les propositions simples. Les moyens d'une telle logique ne permettant pas de passer des propositions aux propositions complexes. Ils ne permettent pas d'analyser les propositions complexes, autant au niveau de la logique mathématico-symbolique, il est impossible d'exprimer les quatre relations pour les atomes. On ne peut les exprimer que pour les molécules. C'est ici le lieu d'entrecroisement entre la logique ancienne (d'inspiration aristotélicienne) et la logique moderne (d'orientation logistique) ».[312]

De plus, du point de vue logique, Jacques Bouveresse constate plus des choses. Pour lui, au-delà de l'analyse des termes et des propositions logiques, Leibniz s'est attaché à l'analytique du simple et du complexe. Il affirme : « Pour lui, la proposition est simplement une espèce particulière de terme, un terme que l'on peut appeler « complexe », par opposition à ses constituants non propositionnels, qui sont des termes incomplexes. Un terme ou un concept complexe est « ce qui implique en soi une énonciation ou encore une affirmation ou une négation, le vrai ou la faux ».[313] Se trouve alors fixé le sens de la logique bivalente qui admet le vrai et le faux. Cela n'est pas si simple comme système logique.

En logique des termes simples et des propositions complexes, le XVIIe siècle est marqué par Leibniz.[314]Les considérations « sur le simple et le composé »[315]ont été déterminantes dans l'élucidation du sens des « substances simples » et « composées », ainsi que dans

---

[312] Marcel Nguimbi, *Robert Boyce Brandom. Penser le pragmatisme analytique*, Paris, L'Harmattan, coll. « Ouverture philosophique », 2015, note 95, p. 104.

[313] Jacques Bouveresse, *Essais V. Descartes, Leibniz, Kant*, Paris, Agone, coll. « Banc d'essais », 2011, p. 79.

[314] Yvon Belaval, *Etudes leibniziennes de Leibniz à Hegel*, Paris, Gallimard, coll. « Te », 1976, p. 172-205.

[315] *Ibid.*

l'analyse de la relation entre le tout et la partie. L'étude leibnizienne du composé en est la parfaite indication. Nous partirons également de là pour défier en quelque manière les frontières historiographiques habituelles parce qu'elles tendent à montrer que certains paradigmes seraient propres à telle ou telle période, et que d'autres n'auraient aucun sens à pouvoir se manifester à nouveau. Cela permet également de sortir de l'obsession d'une « modernité » absolue, ou constituée en valeur en soi. La naissance des sciences du complexe au cœur de la théorie moderne des sciences fait qu'on en oublie les concepts en usage courant, tantôt vagues, tantôt dogmatiques ou subjectifs.

La période du XVIIe au XVIIIe siècle[316] élargit certes la question méthodologique de la connaissance vraie, mais il pose également le problème des idées complexes, pour la recherche de la pensée claire et de la pensée confuse. Mais, à préciser les rapports entre métaphysique et logique du langage, tout se passe comme si le primat était accordé à la philosophie de la connaissance. Contre cela, Louis Couturat argumente : « La logique de Leibniz est assurément la partie de son système qui a été le plus négligée par les historiens de la philosophie et des mathématiques. Les philosophes n'ont accordé que peu d'attention à ses doctrines purement logiques ».[317]

Les éléments de logique classique que Leibniz met en avant sont la « vérité » et « la démontrabilité ». Cela fait dire à Jacques Bouveresse qu'« un des éléments poursuivis par Leibniz dans les *Recherches générales sur l'analyse des notions et des vérités* (1986) est de rapprocher le plus possible l'une de l'autre l'analyse des termes et l'analyse des propositions, ou encore celle des notions et celle des vérités, qui, à ses yeux, sont exactement de la même nature et doivent être expliquées par la même théorie ».[318]

La question épistémologique se pose à l'intérieur de la philosophie de Leibniz[319] opposée à celles de Descartes, et partant à celle d'Aristote.[320]

---

[316] Denis Kambouchner, *Le vocabulaire des philosophes. La philosophie classique et moderne (XVIIè-XVIIIè siècle)*, (dir.) par Jean-Pierre Zarader, Paris, Ellipses-Edition Maketing S. A., 2016, p. 327. Voire particulièrement Leibniz.

[317] Louis Couturat, *La logique de Leibniz*, OMLS D'après des documents inédits, Paris, Felix Alcar, 1985 (1990), p. 608.

[318] Jacques Bouveresse, *op. cit.*, p. 79.

[319] Herbert H. Knecht, *La logique chez Leibniz. Essai sur le rationalisme baroque*, Paris, L'Age d'homme, coll. « Dialectica », 1981, p. 197.

Mais, l'invention d'un nouveau système complexe par Leibniz moyennant la communication des substances est révélatrice de sa théorie du « composé ». Elle vérifie l'hypothèse de « l'holisme épistémologique ». Que signifie alors « la relation entre le simple, l'incomplexe et le complexe dans la monadologie leibnizienne » ?

On serait en passe de prendre au sérieux « la querelle des causes occultes ».[321]Car celles-ci font signe vers les recherches philosophiques sur les théories des formes complexes.[322] Précisions à toutes fins utiles qu'un ouvrage philosophique de Leibniz s'attache bien à dire le langage du simple et du complexe. En effet, à la lumière de la logique des propositions Leibniz écrit : *Recherches générales sur l'analyse de notions et des vérités, 24 thèses métaphysiques et autres.* Il y élabore une doctrine de l'universel qui s'inscrit en droite ligne de la question des relations possibles d'interconnexion entre les théories scientifiques en réseaux et partant des substances simples.[323] Peut-on dire que la théorie leibnizienne du simple a oublié le complexe ?

Nous nous proposons de mettre en exergue l'interaction entre la partie et le tout, en vue de justifier l'holisme épistémologique. Du point de vue étymologique « holisme » vient du terme *grec* qui signifie tout.[324] Par-delà cette approche élémentaire, l'acceptation

---

320 Michel Crubellier et Pierre Pellegrin, *Aristote. Le philosophe et les savoirs*, Paris, Seuil, 2002, p. 117.

321 Pierre Duhem, *La théorie physique. Son objet-sa structure*, deuxième édition revue et augmentée, Paris, Vrin, 1997, p. 13.

322 Auguste Nsonsissa, *Recherches philosophiques sur les théories des formes complexes*, Paris, L'Harmattan, coll. « Ouverture philosophique », 2015, p. 35.

323 Il convient de souligner que la notion même de « simple » ne va pas de soi pour tous les philosophes des sciences. Edgar Morin en particulier révèle en référence à Gaston Bachelard que « la notion même de simplicité, avait remarqué Popper, est complexe, et même, selon Schlick, « un concept tout à fait relatif et imprécis ». La pensée simplifiante confond le simplifier et le simple. Le simplifié est le produit de disjonction, réduction, extraction. Mais ce n'est pas le simple. La simplification fabrique le simplifier et croit trouver le simple. Le simple, c'est-à-dire l'évidence immédiate globale, comme un appel, un regard, une caresse, un désir, une tendresse, est l'émergence d'une fabuleuse complexité ». Cf. Edgar Morin, *La complexité humaine*, Paris, Garnier Flammarion, 1994, p. 315-316.

324 D'après Georges Canguilhem, c'est Aristote, entre autres, qui inaugure cette vision horoscopique des êtres et des choses : « Un tout, dit Aristote, s'entend de ce à quoi ne manque aucune des parties qui sont dites constituer naturellement un tout. C'est aussi ce qui contient les composants de telle sorte qu'ils forment une unité ». Cf. Canguilhem, « Unité et totalité en biologie », *Les Etudes philosophiques*, n°1, 1966, janvier-mars, Paris, PUF, p. 4.

générale de cette doctrine renvoie à la thèse selon laquelle ce n'est jamais une hypothèse isolée, mais toujours ensemble d'hypothèses interdépendantes que l'on peut tester empiriquement. Cette théorie met en jeu la relation entre le « tout » et non l'une ou l'autre de ses « parties » qui sont soumises à l'épreuve de l'expérience globale.

Pareille doctrine holisme de type épistémologique peut s'appliquer aussi[2] à la logique mathématique leibnizienne. Elle se donne à comprendre historiquement et théoriquement par la relation entre le tout et la partie qui renvoie entre autres à l'holisme épistémologique de Pierre Duhem.[325]Ce dernier est considéré comme un de ceux qui ont introduit la thèse holistique en épistémologie contemporaine dont l'application s'est faite en physique.[326]C'est proprement dans sa théorie physique qu'il en est venu à souligner, par exemple, que si un physicien désire de vérifier la validité de l'hypothèse corpusculaire H1, il lui faut nécessairement déduire de celle-ci des conséquences qui soient mesurables en faisant toujours appel à d'autres hypothèses que la première.[327]

Cela induit donc une différence d'approche entre l'holisme de Duhem et celui de Quine. Mais, le plus important est d'indiquer la convergence entre les deux approches. Elle consiste à penser la possibilité de lier les énoncés soumis au test empirique. On parlera alors de la thèse Duhem-Quine.[328] L'idée qui domine à ce niveau est la combinaison entre le tout et la partie. Elle sera relativisée par les émergences qui rendent possible l'avènement du méta-niveau. C'est-

---

[325] Il est admis que Quine et Duhem ont en partage la mise en œuvre de cette approche holistique de la connaissance moyennant quelques nuances hypothétiques, dans la mesure où Quine va pouvoir l'appliquer à la théorie de la signification.

[326] Pierre Duhem, *op. cit.*

[327] Léna Soler, *Introduction à l'épistémologie*, Préface de Bernard d'Espagnat, Paris, Editions ellipses, 2000, p. 281.

[328] Denis Bonnay analyse les « avatars quiniens de l'analyticité » comme point de départ de l'ouverture de ce débat Quine-Duhem » pour en arriver à la relation logique entre le simple et le complexe : « De même, la signification des connecteurs logiques a été apprise en inférant des tables de vérité à partir de l'observation du lien entre les dispositions des locuteurs à accepter ou au contraire à refuser les énoncés complexes formés à partir d'eux et d'énoncés plus simples d'une part et, d'autre part, leurs dispositions, à l'égard de ces énoncés plus simples ». Cf. « Avatars quiniens de l'analyticité », *Archives de Philosophie*, tome 71, octobre-décembre 2008, Cahier 4, p. 555.

à-dire que le tout ne se réduit pas à la partie, *vice versa.*[329] On perlerait donc d'un « universel décloisonné ».

Cela dit, on ne peut, à nouveaux frais, qu'être frappé par le fait que cette hypothèse a été reprise par Pierre Jacob[330] quand il essaie de répondre à la question : « comment peut-on ne pas être empiriste ? ». Il souligne « en tout cas, que Quine verse dans l'holisme ; cela implique que chaque fois qu'on soumet une hypothèse scientifique au verdict de l'expérience, on met conjointement à l'épreuve la logique (et une bonne partie de mathématiques ». Cela veut dire que les hypothèses ne se prêtent pas scientifiquement de façon isolée. Quine et Duhem élaborent un holisme qui met sur la pente de la complexité épistémologique ou théorique. Plus explicitement, elle tend à accréditer l'impossibilité pour un théoricien de tester indépendamment les uns des autres, les énoncés d'un certain ensemble assimilé à un tout indécomposable.

Conséquemment, la vision holoscopique est de dire qu'autant le tout et la partie sont inséparables, autant le tout l'emporte sur la partie. Dans tous les cas, c'est la physique comme paradigme d'un organisme indécomposable qui est mise en avant. Par ailleurs, dans cette combinaison, la naturalisation de l'épistémologie[331]comme voie d'accès à la complexité de la connaissance devient évidente. Ce dévoilement est d'ordre cosmologique. En témoigne l'épistémologie whiteheadienne pour autant qu'elle fait droit à la démarche holistique du tout et de partie. La relation que l'on découvre chez lui de la sorte comme une exigence épistémologique présente des éléments de logique et de physique.

Comme on peut s'y attendre, la pensée logique de Whitehead sur le problème de la relation de « tout à partie » peut être considéré de plusieurs façons : d'abord « lorsque le *tout* est l'ensemble des membres d'une classe et que la *partie* constitue une fraction prélevée sur celle-ci, c'est-à-dire un sous-ensemble, alors coïncident point par

[329] Auguste Nsonsissa, Transdisciplinarité et transversalité épistémo-logiques chez Edgar Morin, Paris, L'Harmattan, coll. « Ouverture philosophique », 2010, p. 200.

[330] Pierre Jacob, (dir.) « Comment peut-on ne pas être empiriste ? », *De Vienne à Cambridge. L'héritage du positivisme logique de 1950 à nos jours*, Paris, Gallimard, 1989, p. 23-33.

[331] Willard, van Orman, Quine, *Relativité de l'ontologie et autres essais*, trad. de l'anglais (Etats-Unis) par Jean Largeault, Paris, Aubier, 1977, p. 83-105.

point, d'une part les concepts de *tout* et de *partie* et, d'autre part les concepts *tous* et *quelques* de la logique ».[332]

Se pose alors l'exigence logique de la pensée complexe, dans la mesure où c'est l'union du tout et de la partie qui est en jeu. La pensée holistique est principalement une mise en connexion entre le tout et la partie. Elle n'est pas d'accorder le primat au tout, mais de faire avec la partie. Ce serait alors le chemin qui mènerait au dogmatisme ébranlé par Quine : « le dogme consiste-t-il à croire qu'il existe de distinction analytique-synthétique ou consiste-t-il plutôt à croire qu'une telle distinction peut-être tracée (précisément) ».[333]La fonction épistémologique et sémantique du dépassement de l'analyticité est la mise en valeur de « l'holisme de significations ». Le synthétique ne va pas sans l'analytique. La totalité des deux est toujours visée par-delà les dogmes de l'empirisme.[334]

Ensuite, « le tout peut également s'entendre comme un complexe, composé de parties simples, en connexion les unes avec les autres, mais chacune de nature hétérogène en comparaison de leur rôle dans l'ensemble qu'elles forment ».[335] Cette approche de l'ensemble montre combien le tout et la partie sont interdépendants. Elle permet de surmonter la disjonction stricte que la pensée simplifiante instaure entre les deux entités. La pensée complexe réévalue les échanges entre l'une et l'autre. « En ce sens, *écrit Philippe Devaux*, la partie est contenue dans le tout exactement comme la classe qui est le tout contient ou inclut celle qui figure une de ses parties quand on traite les classes en extension. Ce point de vue est précisément celui de la logique mathématique ».[336]

On peut convenir qu'est réducteur de penser la relation entre le tout et la partie à partir de sa portée monadologique ou métaphysique. Elle occupe une place choix dans l'histoire et la logique de la

---

[332] Philippe Devaux, *La cosmologie de Whitehead.* Tome I. L'Epistémologie whiteheadienne, Préface de Paul Gochet, Les Editions Chromatika, 2007, p. 309-310.

[333] Martin Montminy, « La critique de l'analyticité », *Lire Quine. Logique et ontologie*, (dir.), Paris, Editions de l'éclat, 2006, p. 66.

[334] Paul Feyerabend, *Problèmes de l'empirisme. Ecrits philosophiques*, vol. 2., trad. de l'anglais et présentation de E. Malolo Dissakè, Paris, Dianoia, coll. « Fondements de la philosophie contemporaine des sciences », p. 128.

[335] Philippe Devaux, *op. cit.,* p. 310.

[336] *Ibid.*, p. 310.

quantification moderne.[337] Le problème qui resurgit en tout état de cause est alors de savoir si cette dernière n'est qu'un cas particulier de la manifestation de la pensée complexe en science.[338]

La remarque de Paul Gochet est assez révélatrice de sens : « On n'épuise pas la signification des quantificateurs « quelques » et « tous » en observant que, par exemple, « quelques-uns sont étudiants » signifie « une partie du domaine du discours est faite d'étudiants » et que « tous sont étudiants » signifie « la totalité du domaine du discours est faite d'étudiants ». Pour rendre compte de la signification des quantificateurs, il faut plus que la relation méréologique de la partie au tout ou que la relation d'inclusion entre classes ».[339]La relation logico-mathématique entre le tout et la partie sous l'angle de vue l'inclusion entre les classes est synonyme de la dialogique du simple et du complexe. La pensée complexe peut donc épouser la signification univoque de « tous » et « quelque » dans la logique moderne.

En revanche, l'illusion serait de croire que l'analyse logique constituerait l'unique considération sur l'inclusion du simple et du complexe. En fait, le monde physique peut également aider à dégager l'intérêt philosophique des notions du « tout » et « la partie ». A la faveur de l'explication de « la géométrie physique (…) enfin, tout et partie peut signifier tout spatial et partie spatiale ».[340]Ces éléments d'interdisciplinarité sont de nature à révéler que l'approche holistique est transversale. Elle s'applique aussi bien en physique qu'en logique. C'est en cela qu'elle rend possible l'ouverture entre les sciences.

De la théorie des ensembles, on peut en arriver à l'étude physique de la catégorie de l'espace. Philippe Devaux en donne la signification : « S'il en était ainsi, « tout » spatial et « partie » spatiale constitueraient deux classes dont la plus petite serait formée d'une partie des membres de la plus grande. Mais si un corps est une collection d'éléments, ses composantes ne peuvent être données comme parties spatiales, puisque aussi bien la partie spatiale

---

[337] On peut s'en référer à l'ouvrage *La quantification dans la logique moderne*, (dir.) Pierre Joray, Paris, L'Harmattan, 2005.

[338] Nous estimons que la critique quinienne des deux dogmes de l'empirisme rentre dans la perspective de la science non classique en vue d'articuler le synthétique et l'analytique. Cf. Quine, *Du point de vue logique. Neuf essais logico-philosophiques*, trad. de l'anglais (USA)., S. Laugier, Paris, Vrin, 2003, p. 48-81.

[339] Note de Paul Gochet extraite de Philippe Devaux, *op. cit* p. 310.

[340] *Ibid.,* p. 311.

homogène est précisément ce qu'il faut expliquer par l'idée de corps constitué par une collection d'entités (à déterminer) mais dépourvues de caractère extensif ».[341]

La reliance[342] des connaissances physiques et logiques sont en droit de s'ouvrir aux considérations métaphysiques sur le réel. Qui plus est, Philippe Devaux souligne que « si nous tenons à ce que « tout » et « partie » s'identifient à « tous » et « quelques » de la logique, nous devons considérer toute portion d'étendue comme une collection de « points ». Les corps seront des collections de choses occupant ces points. Dans ces conditions, des choses-points » formeraient les composantes des corps ».[343] Sur ces entrefaites, Yvon Belaval, reprend cette approche physico-logique sous l'angle de la composition du simple et du complexe.

Au final, c'est vers la complexification de l'holisme que cette réflexion nous conduit. S'il peut se révéler simple, c'est en raison du manque de qualité émergeantes compte non tenu de que la relation holistique renferme comme richesse. Il a donc appartenu à Edgar Morin, Karl Popper et bien d'autres penseurs de la complexité de montrer que la relation holistique devrait être relativisée et enrichie par la théorie rationnelle de l'émergence. Celui là déclare que « *les émergences sont des propriétés ou qualités issues de l'organisation d'éléments ou constituants divers associés en un tout non déductible à partir des qualités ou propriétés des constituants isolés, et irréductibles à ces constituants. Les émergences ne sont ni des épiphénomènes, ni des superstructures, mais les qualités supérieures issues de la complexité organisatrice. Elles peuvent rétroagir sur les constituants en leur conférant les qualités du tout* ».[344] Le relation entre le tout et la partie devient insuffisante, en raison des émergences globales et partielles qui suggèrent la discontinuité réelle et apparente.

En fait, les qualités émergentes viennent accroitre la complexité des systèmes holistiques : « *l'objet émergent est continu mais sa partie*

---

341 *Ibid.*, p. 312.

342 Ce mot a une signification particulière chez Edgar Morin : « la notion de reliance, inventée par le Sociologue Marcel Bolle de Bal, comble un vide conceptuel en donnant une nature substantive à ce qui n'était conçu qu'adjectivement, et en donnant un caractère actif à ce substantif. « Relié » est passif, « reliant » est participant, « reliance » est activant. On peut parler de « déliance » pour l'opposé de « reliance ».

343 Paul Gochet, *op. cit.*, p. 312.

344 Edgar Morin, *La Méthode 6. L'Ethique*, Paris, Seuil, 2004, p. 263.

visible qui émerge est celle qui passe un seuil délimité par le contexte ».[345] Daniel Andler éclaire davantage la portée de la pensée complexe relative aux émergences « globales » et « partielles »[346]dont nous venons de faire état.

De plus, dans ses écrits, du moins en référence à la *Connaissance objective* et *Un Univers de propensions*, Karl Popper fait grand cas de la théorie d'« émergence »[347]appliquée à la physique et à la biologie pour réfuter le principe de « causalité stricte »/ Ce rejet mène droit à la théorie de l'évolution dont l'apport dans l'élucidation du sens du progrès de notre savoir scientifique est déterminant. Pareille « émergentologie »[348] suscite une vague d'enthousiasme philosophique. Elle « *professe que le tout est plus que la somme de ses parties (...) que le processus évolutif est un processus d'émergence continuelle des totalités dont la complexité va croissant et dont l'apparition n'est pas prédictible, même si elle peut s'expliquer après coup* ».[349]Dans cette recherche théorique des formes complexes, comment peut-on situer la conception leibnizienne monado-logique? Répondre à cette question revient à comprendre les raisons qui ont poussé Leibniz à s'attacher à la dialogique du simple et du complexe monado-logique.

Mais, elle a des implications métaphysiques.[350] Michel Serres en dit plus : « *Le postulat dernier de la philosophie leibnizienne pourrait être que Dieu, nomade des nomades, est la seule substance absolument et infiniment simple : parce que acte pur, sans matière (...) parce que tout se rapporte nécessairement à lui et qu'il ne se rapporte nécessairement à lui et qu'il ne se rapporte nécessairement qu'à lui-même ; parce que transcendant à toute multiplicité créée, sa puissance, qu'elle s'exerce (...) comme volonté créatrice, garde*

---

345 Daniel Andler, (dir.), *Philosophie des sciences,* Paris, Gallimard, 2002, 942.

346 Pour une approche plus approfondie de la théorie rationnelle de l'émergence. Cf. Auguste Nsonsissa, « Esquisse d'une bio-épistémologie poppérienne : racines et pistes », *Cahiers épistémo-logiques 2/2107, Karl Raimund Popper. Une épistémologie sans visage et sans rivage* (dir.) Vol. I : Critique(s), Controverse(s) et Confrontation(s), Paris, L'Harmattan, Juillet, 2016, p. 194.

347 *Ibid.*

348 *Ibid.*, p. 195.

349 Cf. Anne Fagot Largeault, « émergence », *Philosophie des sciences II.* (dir.), Paris, Gallimard, 2002, pp. 982-983.

350 Marcel Silvère Blé Kouaho, « Descartes et Leibniz à propos du principe du meilleur », *Revue Internationale de Philosophie. Cahier philosophique d'Afrique,* année 2013, n°0011, Ouagadougou, PUO, p. 112.

toujours l'indivisibilité d'un acte ; parce qu'il est, enfin, l'unique infini véritable et le suprême individu ».[351] Le lieu commun de cette universalité latérale d'application est la « totalité » de la connaissance testée en bloc, c'est-à-dire mettre au jour la procédure de mise à l'épreuve d' hypothèses qui s'attachent à la combinaison d'un grand nombre d'hypothèses ou de théories. Cette procédure combinatoire, au-delà des hypothèses physiques interconnectées se poursuit jusqu'au dispositif logico-métaphysique de la connaissance appliqué aux « monades » simples et complexes.[352]

S'agit-il alors des substances simples ou complexes[353]? Cette interrogation permet d'analyser la simplicité des termes et des propositions logiques et celle de l'univers monadologique où il s'agit beaucoup plus de la simplicité de la complexité.[354]La monade[355] fait partie intégrante de la table des entrées de Leibniz dans la dynamique de la théorie moderne des sciences du complexe. En effet, généralement « Une monade, du grec *monas*, unité, est une unité par soi, analysable en un principe actif appelé âme, forme substantielle ou entéléchie, et en un principe passif, dit masse ou matière première ; soit un principe actif et un principe passif. La monade renferme une sorte de perception et d'appétition. C'est une substance simple, sans parties, ayant des actions propres qui changent continuellement leur rapport. Chaque monade est un miroir vivant, représentatif de l'univers, suivant un point de vue.

Puisque tout être est soit une monade, soit un composé de monades, une monade est une sorte d'atome de substance. C'est une monade dominante qui fait le principe de l'unicité d'une substance composée »[356]. L'approche leibnizienne du composé ne va pas sans recours à la monade. Elle sur l'unité qui donne à voir, d'entrée, non pas le complexe, mais le simple. Cela veut dire que le composé n'est pas toujours synonyme de complexité. De ce fait, le simple renvoie à la monade pour autant qu'elle est principielle et unique.

---

[351] Michel Serres, *op. cit.*, p. 204-205.

[352] Julien Gargani, *Poincaré, le hasard et l'étude des systèmes complexes*, Paris, L'Harmattan, coll. « Ouverture philosophique », 2012, p. 68.

[353] Michel Bitbol, *L'aveuglante proximité du réel,* Paris, Flammarion, 1998, p. 77.

[354] Jean Pierre Dupuis, « La simplicité de la complexité », *Esprit,* n°9, 1981, p. 126-147.

[355] Martine de Gaudemar, « Leibniz », *Le vocabulaire des philosophes, op. cit.*, p.361.

[356] *Ibid.*

Par ailleurs, il est permis de penser le complexe au niveau de la pluralité de la monade et du changement qu'elle instaure. La question qui resurgit en tout état de cause est celle de l'approche logique de la monade : « dans cette philosophie, la logique, précisément est le centre et le lien de ses spéculations métaphysiques et ses inventions mathématiques »[357]. Nous accordons plus d'attention à la dimension purement logique, c'est-à-dire justifier logiquement l'univers monadique dont la simplicité est le caractère épistémologique classique. Cette approche épistémologique du simple a tout son sens dans la mesure où la pensée scientifique se trouve confronté à « la crise contemporaine des pensées (...) scientifiques qui pose le problème d'une pensée consciente de sa propre complexité et de la complexité de ce qu'on appelle le réel »[358].

Devrait-on penser que Leibniz, ou bien Hume auraient pris conscience de ce qui mutile la connaissance à la lumière de la monade ? Peut-on affirmer que la monade est l'expression métaphysique par excellence de la carence de la pensée qui nous est nécessaire pour philosopher ? S'agissant de Hume en particulier Yves Michaud dit qu'il est de ceux qui s'attachent à l'étude du « simple et du complexe »[359]. Là où il y a différence ou clarté l'on serait donc confondre les deux entités. L'esprit philosophique peut donc produire ou penser ce qui est simple et ce qui est complexe. Michaud renchérit en ces termes : « Le simple est indivisible et inanalysable, c'est une nature n'admettant ni séparation ni distinction. (...) Inversement les complexes sont divisibles, peuvent être définis et n en distinguer les éléments constituants »[360].

C'est au cœur de l'atomisme humien que l'on peut envisager le déchiffrement du sens de cette diversalité. Sa théorie empiriste de la connaissance le montre clairement. Elle se fonde sur la liaison des termes simples et complexes. C'est dire qu'elle fait droit à la diversité du réel, à la condition de possibilité de la « contingence » au cœur de la nécessité et surtout au « caractère fictif de la plupart des entités complexes »[361].

---

[357] Louis Couturat, *op. cit.*

[358] Edgar Morin, *op. cit.,* p. 317.

[359] Yves Michaud, « Le simple et le complexe ». Cf. *Hume et la fin de la philosophie*, Paris, PUF, coll. « Quadrige », 1983, p. 77.

[360] *Ibid.*

[361] Yves Michaud, *op. cit.*, p. 77.

A partir de ces éléments du paradigme de la complexité il y a encore lieu de relativiser la portée heuristique du principe d'intelligibilité qui régit « l'atomisme humien ».[362] Il nous a donc paru nécessaire d'indiquer comment la combinaison du simple et du complexe a suscité autant d'intérêt épistémologique chez Hume. Il ne passe donc pas d'ailleurs sous silence « les idées complexes en reprenant les catégories lockéennes de relations, de modes et des substances »[363]. Si la notion de diversité n'est pas exclue dans cette thématisation de « l'atomisme, nominalisme et imagination », celle d'idée complexe rend compte du rattachement de l'esprit à la pensée de ce qui clair, distinct, séparé, combiné ou associé, simple et complexe. Pour le dire autrement, Hume combine le simple et le complexe ; non sans les dissocier : « Les perceptions simples, impressions et idées, sont celles qui n'admettent ni division, ni séparation. Les complexes sont leurs contraires, elles peuvent se diviser en parties »[364].

Mais, du point de vue leibnizien une question se pose d'abord : qu'est-ce que la monade ? Leibniz affirme : « C'est le même principe substantiel qui dans les vivants s'appelle âme, dans les autres êtres, formes substantielles et qui, en tant qu'il constitue avec la matière une substance véritablement une, ou une unité par soi, est ce que j'appelle Monade ». [5] Selon Leibniz, la monade est un principe d'intelligibilité. Aussi est-elle métaphysiquement identifiée à ce qui anime les êtres vivants et donne ontologiquement forme et corps à la matière à laquelle elle est intimement liée. Elle est à la fois une substance formelle et une substance matérielle. Elle ne souffre d'aucune limite en raison de son caractère « uni- total ». C'est pourquoi elle fait droit à la logique du simple.

Accorder le primat au paradigme de la simplicité monadologique est caractéristique des « principes d'explication « classiques » postulant que l'apparente complexité des phénomènes pouvait s'expliquer à partir de quelques principes simples, que l'étonnante diversité des êtres et des choses pouvait s'expliquer à partir de quelques éléments simples ».[365]Comme nous l'avons montré

---

[362] L'auteur apporte une nuance : « tout le problème est néanmoins de savoir si, par principe, une telle reconstitution a beaucoup d'intérêt ».
[363] *Ibid.*, p. 75.
[364] *Ibid.*
[365] *Ibid.*

ailleurs,[366] la monade leibnizienne n'est pas que simple ; qui plus est, elle est l'indice de complexité par ailleurs.[367]

Comment peut-on alors comprendre la simplicité logique en question ? Leibniz répond : « Toute substance simple (...) a une véritable unité »[6] La notion logico métaphysique à laquelle il s'attache, renvoie irrésistiblement à une substance simplifiante, c'est-à-dire celle qui, du point de vue de sa nature et de sa communication avec d'autres substances travaille à l'unité indivisible. Qui plus est, Leibniz inscrit la monade dans la perspective épistémologique classique dont les présupposées sont les catégories du simple, de l'évidence, de l'unité et de la certitude. Il précise : « La monade dont nous parlons ici, n'est autre chose qu'une substance simple, qui entre dans les composés : simple, c'est-à-dire parties ».[7]On peut alors fixer la simplicité logique de la monade ; en tant que substance unique et indivisible.

Quoi qu'il en soit, la monade est plus simple que complexe, c'est-à-dire même le mouvement interne qu'elle suggère s'annule et se réduit à la totalité. Donc, elle exclut sur toute la ligne toute modification, toute modulation et toute transposition possible venant de l'extérieur. Sa logique se veut essentiellement « internaliste et non « externaliste ». Voilà pourquoi la monade a valeur d'âme et constitue ontologiquement l'âme même du changement non altéré, c'est-à-dire celui qui tient absolument de l'intérieur du système de pensée. Pareille procédure rend possible l'intelligibilité de la monade comme principe rationnel ou universel.

La simplicité monadologique tient également de la question relative à l'avènement et la disparition des monades qui se donnent à entendre véritablement comme des substances dont la moralité ne se conçoit nullement à la faveur d'un processus souple et quantifiable, mais brutalement. C'est encore une fois la logique de l'individuation qui fait autorité ici dans la pleine mesure où apparition et disparition sont des phénomènes brusques et, à la limite, inintelligibles. Cela fait écrire à Leibniz que « toute substance simple qui a une véritable unité ne pouvant avoir son commencement ni sa fin que par miracle, il s'ensuit qu'elle ne saurait commencer que par la création ni finir que par

[366] Auguste Nsonsissa, *Transdisciplinarité et transversalité épistémo-logiques chez Edgar Morin*, Paris, L'Harmattan, coll. « Ouverture philosophique », 2010, p. 146.
[367] Fraisopi Fausto, *La complexité et les phénomènes. Nouvelles ouvertures entre science et philosophie*, Paris, Hermann, 2012, p. 78.

annihilation ».[8]Le caractère monadique du principe hologrammatique s'éclaire bien au moyen de son image puissante qui exprime la totalité de l'univers, non sans sacrifier sur l'autel de l'unité sa dimension particulière.

Cette simplification tend vers un « éclectisme épistémologique » par rapport à la connaissance de l'univers tout entier. La thèse selon laquelle la monade est une substance simple, sans étendue, indivisible, dépourvue d'origine et de fin naturelle trouve appui sur le manque d'ouverture à l'extérieur du monde monadique. En tout état de cause, elle est fondamentalement fermée, puisqu'elle n'est pas en relation avec le monde extérieur duquel elle devrait subir l'influence. Leibniz affirme : « Les monades n'ont point de fenêtres, par lesquelles quelque chose y puisse entrer ou sortir ».[9] Cette clôture n'exclut pas le droit à la multiplicité. C'est dans cette approche logico-métaphysique totalisante, qui pourtant relativise radicalement à la perspective simplifiante la connaissance des êtres et des choses, que l'on a tout lieu d'inscrire la monadologie leibnizienne dans le paradigme classique. Leibniz procède, ce faisant, à une homogénéisation logique, et finalement méthodologique qui stabilise épistémologiquement la connaissance des substances faisant ainsi de la monade le paradigme, tout au plus, simple que complexe.

Par ailleurs, nous avons tout lieu de relativiser cette affirmation. Parce que, de l'intérieur même de son système logico-métaphysique, Leibniz s'attache aux perspectives interactionnistes entre les « idées simples » et les « idées complexes », et ce, pour des raisons diverses. Pour les élucider, il nous paraît opportun de focaliser sur la convergence des points de vues de Hume[368]et Leibniz.[369] On ne peut donc pas nier le fait que chez ce dernier se trouve la logique de la conception des termes simples et des propositions complexes. Qui plus est, la convergence des thèses humiennes et leibniziennes consiste à inscrire les idées simples dans les idées complexes, *vice versa.* La démarche est désormais complexifiante. Les idées philosophiques ne sont pas ce lieu où l'on chasse la complexité. C'est une activité intégrative de ce qui est simple et de ce qui est composé.

---

[368] Yves Michaud, *Hume et La fin de la philosophie*, Paris, PUF, coll. « Quadrige »1983, p. 77-81. Voire particulièrement le chapitre 2 : « Le simple et le complexe ».

[369] Par ailleurs, le dialogue Hume-Leibniz peut se construire sous l'angle éthique. En témoigne la réflexion amorcée par Paul Rateau, *La question du mal chez Leibniz. Fondements et élaboration de la Théodicée*, Paris, Honoré Champion, 2008, p. 28.

Du coup, la philosophie de la connaissance va à la rencontre des paramètres cachées et en faire son propre objet. Une question se pose à nouveaux frais : la méthodologie leibnizienne est-elle une science sans complexe ?

Située au cœur des développements modernes en logique et en philosophie du langage[370] et éthique la théorie leibnizienne du complexe a longtemps souffert de visions simples. Parmi celles-ci, il en est une, centrale et influente, dont la présence, pour ainsi dire en négatif, dans des larges parties de la *Monadologie* justifie son explication. Dans sa théorie monadologique Leibniz affirme effectivement que la monade est simple et unitaire. Il présente la monade dans une forme achevée.

Si l'histoire des sciences modernes donne ainsi à Leibniz la position historique méritée d'inventeur de la logique moderne, il contribue pour ainsi à obscurcir par certains côtés et ce, pour de nombreuses années de réflexion, l'influente pourtant prépondérante sur les conceptions contemporaines[371] des sciences du complexe qu'eurent des philosophes des sciences tels que David Hume, Gaston Bachelard, ou encore Karl Popper, et Edgar Morin, etc. A trop vouloir clarifier les étapes historiques qui marquent l'avènement de la logique moderne, on en vient à perdre de vue que nos conceptions contemporaines de la pensée et de l'espace[372] sont sans conteste le fruit d'une maturation progressive et multiple, dont les motivations profondes prennent leurs racines épistémologiques dans les domaines extrêmement divers de la connaissance.[373]

La réflexion philosophique travaille à la fois à distinguer, opérer, évaluer, analyser, unifier. Elle-même se prête chemin faisant, et ce, paradoxalement, à cette complexification, parce qu'elle est régie également par des mécanismes émergeants et qu'elle découvre au-delà de son espace de déploiement cognitif critique. Leibniz entreprend

---

370 Daniel Rabouin, « Husserl et le projet leibnizien d'une *mathesis universalis* », *Philosophie. Lecture de Leibniz : Husserl,* Paris, Minuit, n°92, hiver 2006, pp.13-362.

371 Babette Babich, *La fin de la pensée ? Philosophie analytique contre philosophie continentale*, Paris, L'Harmattan, 2012, pp. 7-65.

372 Marcel Nguimbi, *La catégorie de l'espace chez Descartes. Pour épistémologie non classique de la physique,* Préface de Charles Z. Bowao, Paris, L'Harmattan, coll. « Logique, sciences et philosophie des sciences », 2011, p. 73.

373 Pierre Joray, (dir.), *La quantification dans la logique moderne,* Paris, L'Harmattan, 2005, Avant-propos, p. 7.

cela sous l'angle de vue de la question de la méthode doublée de la recherche de la langue parfaite au XVIIe siècle.[374] En effet, la méthode leibnizienne est formaliste.[375]Elle se veut méthodo-logique cherchant ainsi à montrer les limites de l'évidence qu'elle considère comme « la porte ouverte à des considérations purement subjectives ».[376]

Cela étant, relevant la technicité et le caractère laborieux de la méthode leibnizienne, Ramatoulaye Diagne situe la pensée logique de Leibniz à l'interface du simple et du complexe. S'agissant de la complexité Diagne évoque les types de connaissance qui font que l'évidence cartésienne soit relativisée. Parce qu'une connaissance chez Leibniz est à la fois obscure, claire, confuse, distincte, adéquate et inadéquate.[377]Pour s'acheminer vers une connaissance complexe, un certain nombre de considérations sont de mise.

Un long texte de Diagne en porte le témoignage : « Une notion est obscure (a) lorsqu'elle ne suffit pas pour reconnaître la chose, tandis qu'une connaissance est claire (b) lorsqu'elle suffit pour me faire reconnaître la chose représente. Une connaissance claire est soit confuse, soit distincte. Elle est confuse (c) lorsque je ne peux pas énumérer une à une les marques suffisantes pour distinguer la chose d'entre les autres, bien que cette chose présente de telles marques. Par exemple, nous reconnaissons un beau tableau, sans pour autant être capable d'expliquer pourquoi est-il beau. Une notion est distincte (d) lorsqu'elle permet de distinguer l'objet de tous les autres par des signes distinctifs et des moyens de contrôle suffisants. Elle est adéquate (e) quand tout ce qui entre dans une notion distincte est à son tour distinctement connu, ou bien quand l'analyse en est menée jusqu'au bout ».[378]

Dans le dispositif leibnizien et à la lumière de ce qui précède, le complexe et le simple sont ici caractéristiques de la connaissance claire et confuse. Sans confondre les deux catégories, Leibniz affirme,

---

[374] Blaise Pascal, *De l'esprit géométrique. Essais sur la Grace et autres textes*, Paris, GF-Flammarion, 1985, p. 68.
[375] Robert Blanché, *La logique et son histoire d'Aristote à Russell,* Paris, Arnaud Colin, 1970, pp. 23-24.
[376] Ramatoulaye Diagne, « Méthode et langue universelle au XVIIè siècle », *Autour de la méthode (De Descartes à Feyerabend),* (dir.) Souleymane Bachir Diagne, éd. Charles Z. Bowao, Papa Amadou Ndiaye, Dakar, PUD, coll. « Episteme », 1995, , p.54.
[377] *Ibid.*, p. 55.
[378] *Ibid.*

néanmoins que la connaissance complexe est difficile d'accès par l'esprit humain. L'idée de la composition n'échappe pas, non plus, à la justification procédurale des limitations internes à la connaissance logique et mathématique. Cela fait dire à Diagne que « selon Leibniz, les hommes atteignent difficilement ce type de connaissance. Cependant, les notions de nombres s'en approchent beaucoup. (f) Lorsque dans une notion composée, les notions singulières qui la composent sont elles mêmes connues clairement mais confusément, la notion est inadéquate(f).

Généralement, les hommes ont une connaissance aveugle ou symbolique. Le plus souvent, nous n'embrassons pas toute la nature de la chose à la fois ».[379] A ce niveau d'analyse, nous pouvons par là préciser ce qu'il convient d'entendre par l'expression de « complexité conceptuelle » pour autant qu'elle spécifique à la théorie des ensembles à laquelle Leibniz est également redevable dans l'élaboration moderne des « principes de méthodes ».[380] La logique combinatoire qui ressortit à la lecture d'un ensemble donné est l'idée d'une complexité théorique.

Il est évident que la langue universelle travaille à la simplification pour autant qu'elle a pour visée la langue parfaite. Par ailleurs, il n'est donc pas étonnant que Hume et Leibniz ne puissent pas négliger les idées complexes. Elles émergent entre les différents degrés de validité des opérations de l'entendement humain. La logique de la conception du simple et du complexe voudrait supposer quelque lieu inquestionnable par la pensée philosophique ou scientifique.

A cet égard, la complexité et son émergence sont inscrites dans la pensée elle-même. Nous essayons de le montrer dans le dispositif logico-mathématique leibnizien. Mais avant d'y arriver, nous allons pouvoir procéder à une épistémologie comparative entre les approches leibniziennes et cartésiennes d'une part, et entre les études leibniziennes et humiennes du simple et du complexe, d'autre part. Le fond de l'argument est de l'ordre des convergences et des divergences entre les différentes positions.

Ce problème tente d'accréditer l'idée, fort simple et très embarrassante tout à la fois, que l'on pourrait bien évidemment

---

[379] *Ibid.*, p. 55.

[380] Jean-Toussaint Desanti, *Les idéalités mathématiques. Recherches épistémologiques sur le développement de la théorie des fonctions variables réelles*, Paris, Seuil, coll. « L'ordre philosophique », 1968, p. 26.

reconstituer l'histoire de la logique autour du sujet d'une conjonction non univoque entre le simple et le complexe. Il est à géométrie variable. Pour ce faire, quelques protagonistes de ce lien séminal entre les deux champs cognitifs l'admettent, du moins tout *de go*, simplement parce que c'est une évidence ; mais Leibniz est de ceux des historiens de la logique moderne qui retrouvent cette idée chemin faisant, et ce, entre les lectures métaphysiques et logiques.

Par ailleurs, ce qui est fort étrange quand on traite de la nature dialogique de la relation entre les termes simples et les propositions complexes, c'est qu'à peu près tous les logiciens paraissent y assentir, et qu'en même temps de très nombreux tenants des sciences du simple, à l'instar de Descartes refusent d'admettre que l'hypothèse du complexe du simple et celle du simple du complexe soient considérées de concert. Cela tient principalement des conséquences métathéoriques qu'une telle logique de la conception du complexe qu'on lui accorde tant. Qui plus est, c'est en raison inverse de ce qu'il advient conséquemment du statut méthodo-logique de la monade mise en exergue.

Tenter d'élucider cette difficulté épistémologique qui surgit en tout état de cause, lorsqu'on assume le lien dialogique qui s'instaure entre termes simples et propositions complexes. Qu'est-ce alors que complexifier au cœur du paradigme leibnizien ? Si l'on ne devrait s'intéresser qu'à la structure générale de l'unité du simple et du complexe, l'on devait s'en tenir qu'à la pure logique combinatoire.

Or on peut même soutenir que le complexe défie le simple lorsqu'il épouse la forme de la pluralité, de relativiser l'autonomie, de la possibilité, et de principe logique ou métaphysique. Sur ce point d'importance, Leibniz parmi les penseurs modernes qui tentent de lutter contre les abus de la considération du « simple » comme étant le « simplifié ». Qui plus est, nous sommes supposés savoir que dans la philosophie moderne, qu'elle est apparue chez Kant[381]en particulier, et s'est développée en France, s'est fondé le simple sur le complexe et sur une « tension essentielle » entre les deux entités.

La combinaison envisagée qui procède de l'interaction des termes simples ou des propositions complexes est de nature à remettre en cause la conception « simplifiante » des connecteurs logiques et la

[381] Emmanuel Kant, *Critique de la raison pure*, trad. de l'allemand, par Alain Renaut, Paris, GF-Flammarion, 2006, « La simplicité de l'âme », p.318. « Simplicité de l'être suprême », p. 522-523.

dimension dichotomique de quelques uns que les logiciens classiques comme Scheffer ont élaborés. Nous croyons donc y déceler, même bien avant la systématisation leibnizienne de l'invention de la « proposition logique », en tant que projection des paradigmes aristotéliciens et leibniziens de la combinaison des propositions et de l'élaboration des principes logiques.

Poser dès le départ l'exigence dialogique ou articulatoire des termes simples et des propositions complexes revient alors à veiller sur la complexification des définitions des connecteurs logiques et des principes qui les soutiennent. Dans le fond, cette idée travaille à renforcer la stabilité visée des définitions des termes comme critères de scientificité. Mais cela n'exclut pas le fait de sceller tant soit peu un accord parfait entre les termes simples et les propositions complexes sur les lois de la pensée.

Il s'agit tant s'en faut de les énoncer et des les justifier dans la dynamique du langage scientifique et philosophique. Quelle est alors la nature de la relation entre le simple et le complexe chez Leibniz ? Est-elle dialectique ou dialogique ? Sous de dehors simples, cette approche est plutôt complexe et peut se donner à entendre au moins de façon métaphysique et logique. Peut-on associer logiquement le simple et le complexe ? Pourquoi ce lien présupposé métaphysiquement peut-il apparaître comme l'évidence même que cette association bissectrice est, justement, par principe et par nature paradigmatique ?

Pareil questionnement nous transporte de plain pied dans la difficulté que soulève Leibniz lui-même. Tantôt il prône l'unité de la monade, tantôt il plaide pour la pluralité des monades. Cela veut dire qu'il ne faut pas se contenter de réduire le simple à la posture d'expression de la situation des propositions complexes ; encore moins ce complexe propositionnel à la catégorie des termes simples. Car « le défi de la complexité, avertit Morin, est que l'idéal de simplicité a été fécond dans les sciences naturelles, dans le sens où il a animé les découvertes unificatrices des lois physiques, des molécules, atomes, particules. Il y a été stérilisant sur le plan intellectuel en nourrissant le mythe abstrait d'un univers mécanique, doté de toutes les perfections auparavant attribuées à Dieu ».[382]

[382] Edgar Morin, *op. cit.*, p. 316.

Par-delà le point de vue défendu par Leibniz qui tend à réduire le complexe au simple à la lumière de la monade, nous voulons accréditer le défi de la complexité qui s'impose relativement à ce dernier lorsqu'il affirme certaines considérations de sa philosophie comme pensée du mal et de l'inquiétude.

Le simple et le complexe, le clair et le flou, le terme et la proposition, le bien et le mal peuvent donc aller de pair. La pensée complexe commence avec la pensée simple. La pensée leibnizienne, malgré ses difficultés méthodo-logiques, touche à ces deux aspects ambivalents, complémentaires, antagonistes et associés. Faut-il alors se taire là où penser la pensée n'est pas ne pas manquer de renvoyer, au moins systématiquement, ce qu'elle est ?

La simplification monadologique aboutit finalement à sa propre ruine, dans les découvertes inattendues des aspects complexes relatifs à la « différence » entre les monades, aux conditions de possibilité des « mondes » ou à la recherche d'un monde meilleur. Tout se passe comme si la pensée complexe au cœur de la démarche leibnizienne entre la logique des propositions et la portée métaphysique des monades a toujours été « spontanée », inconsciente de sa propre problématique de la complexité en devenir.

Ces indications de la pensée complexe viennent de « la crise contemporaine des pensées politiques et scientifiques qui pose le problème d'une pensée consciente de sa propre complexité et de la complexité de ce qu'on appelle le réel. C'est la conscience de ce qui mutile la connaissance et carence la pensée qui nous est nécessaire pour réformer notre pensée ».[383] Cela étant, du dedans on trouve la crise du principe classique d'explication des êtres et des choses et ce, pour un principe de complexité. C'est l'expression imparfaite des systèmes formels à la faveur de la naissance de la « logique vicariante »[384] qui serait donc à l'œuvre dans le développement méta-systématique. Ce point de vue nous installe fondamentalement au cœur du paysage des théories modernes des sciences du complexe : l'héritage leibnizien et ses controverses.

---

[383] Edgar Morin, *La complexité humaine, op. cit.*, p. 317.

[384] Pierre Nzinzi, « Les imperfections des systèmes simples », *Echorésis. Revue Africaine de Philsophie*, n°1, vol. I, juillet 2002, « La Métaphysique », Editions Raponda Walker, p. 102.

D'une science à l'autre,[385]d'un paradigme à l'autre, d'une période à l'autre, le complexe prend des figures. L'on est en passe de se demander si la relation entre le simple et le complexe constitue « une clé universelle »[386]ou un « effet de mode »[387]dans le monde moderne. De Leibniz à nos jours et bien avant la systématisation moderne de la question, le complexe se donne déjà à voir comme l'idée de « l'écart différentiel ». Il fait partie intégrante des grandes énigmes de l'évolution » de la pensée scientifique. En témoigne le propos de S. Jay Gould sur ce sujet d'importance : « Le tambour qui ne s'accorde pas avec les autres joues souvent sur un rythme nouveau ». On le voit, tout se passe comme si le complexe était en discontinuité épistémologique avec le simple. Qui plus est, le nouveau émerge de l'ancien sans jamais lui être réductible absolument. De la sorte, l'héritage leibnizien du complexe ne peut renvoyer tantôt à une sorte de continuité de la modernité, tantôt à des controverses.

Les visées de la méthodologie leibnizienne et la théorie moderne des sciences du complexe sont d'ordre perspectiviste. Du fait des multiples interactions et rétroactions au sein des systèmes de pensée ou elles se déroulent, nous sommes parvenus à l'idée dialogique. S'inspirant de la pensée orientale, elle plaide pour une unité qui génère la multiplicité des phénomènes qui régénèrent à nouveau d'autres types d'unités. Elles sont synonymes d'unité complexe ou unité multiple, parce que le tout et la partie sont reliés. Dans la pensée chinoise, l'unité complexe à laquelle notre approche aboutit désigne l'uni-dualité des principes simples et complexes. Ils s'opposent certes, mais ils se complètent et en se nourrissant les unes des autres. Cela veut dire que le tout est inclus dans la partie, *vice versa.*

Au total, Leibniz a été quelque étranger au paradigme de la complexité tel qu'on le promeut aujourd'hui. Sa démarche métaphysique et logique de la simplicité conduit à la catégorie du simple, c'est-à-dire de la totalité du réel. C'est en cela que nous avons soupçonné chez Leibniz la naissance du « principe hologrammatique ». Autrement dit, la monade peut révéler l'image d'un « hologramme ». En fait « un hologramme est une image où

---

[385] Isabelle Stengers (dir.), *D'une science à l'autre. Des concepts nomades*, Paris, Seuil, 1987, p. 10.

[386] Daniel Andler, « Problème. Une clé universelle ? », *D'une science à l'autre, op. cit.*, p. 119-159.

[387] Isabelle Stengers, « Complexité. Effet de mode ou problème ? », *op. cit.,* p. 331-351.

chaque point contient la presque totalité de l'information sur l'objet représenté. Le principe hologrammatique signifie que non seulement la partie est dans un tout, mais que le tout est inscrit d'une certaine façon dans la partie ».[388] Ainsi le phénomène monadique est tantôt complexe, tantôt simple. Mais, la mise ensemble des deux catégories vise à la totalité.

Encore faut-il rappeler, historiquement, que la catégorie de la totalité a eu droit de cité dans la pensée kantienne et dans la philosophie en général depuis Aristote jusqu'à Hegel. Cette dernière donne à entendre plusieurs figures de la totalité : totalité absolue, totalité essentielle de phénomènes, totalité extérieure à soi, totalité réelle du tout, totalité réfléchie, totalité achevée de la réflexion.

Toutes ces acceptions de la totalité ne sont rien moins que tournées vers la relation entre le tout et la partie. Autrement dit, elles sont l'actualité de la monade de Leibniz. Ici la totalité est la finalité dernière de tout processus allant de la partie au tout. La monade aura donc été la forme parfaite de la réalité métaphysique fixée à l'extrême. Elle se révèle être l'extrême de l'extrême. Le caractère complexe de la monade en question nous a paru au final une tendance vers la « complexité simplifiée ».

La monadologie leibnizienne, inconsciente de sa propre problématique se trouve donc confrontée au « défi de la complexité ».[389] C'est-à-dire que l'universel dont nous visons l'instauration est un « Universel sans totalité ». Il est indéterminé parce qu'il constitue une des tentatives de la pensée philosophique et scientifique la moins mutilée ; qui plus est, rationnellement possible pour la fabrication du réel, et ce, entre « le chaos et l'harmonie »[390] non préétablie. En fait, est-il besoin de le souligner, l'universel avec totalité est fondé sur la démarche réductionniste[391].

Il se montre au plan éthique totalitaire. L'universel sans totalité est ouverture. Il fait signe vers le monde de l'incertitude où l'on est dans

---

[388] Edgar Morin *La méthode 6. L'éthique, op. cit.*, p. 264.

[389] Edgar Morin, *La complexité humaine, op. cit.*, p. 316.

[390] Trinh Xuan Thuan, *Le chaos et l'harmonie. La fabrication du Réel,* Paris, Fayard, coll. « Folio/essais », 1998, p. 536.

[391] On peut se référer à l'analyse de Karl Popper : « La réduction scientifique et la nature essentielle incomplète de toute science », *L'Univers irrésolu. Plaidoyer pour l'indéterminisme,* Paris, Hermann, trad. de l'anglais par Renée Bouveresse, 1984, p.109.

l'incapacité d'être certain de tout et du tout. Tant il est vrai que « l'idéal de simplicité a été fécond dans les sciences naturelles, dans le sens où il a animé les découvertes unificatrices des lois physiques, des molécules, atomes, particules. Il y a été stérilisant sur le plan sur le plan intellectuel en nourrissant le mythe abstrait d'un Univers mécanique, doté de toutes les perfections auparavant attribuées à Dieu ».[392] L'approche leibnizienne du simple et du complexe doit être dépassée et annexée à la nouvelle logique de la complexité : la dialogique.

Cela dit, on ne saurait dire non plus *tout de go* de Leibniz qu'il ne l'a pas fait. Dans tous les cas, désormais, à la suite des intuitions leibniziennes que nous venons d'étudier la quête des fondements de la philosophie contemporaine des sciences fait droit aux combinaisons dialogiques entre le simple et le complexe. Elles sont complémentaires, concurrentes et antagonistes. Elles substituent à l'emploi des monades closes et séparées la mise en œuvre des constellations des êtres et des choses. Ces nouvelles combinaisons établissent d'elles-mêmes les limitations internes aux systèmes formels, et les possibilités de la connaissance de la complexité par les monades.

Il se trouve que même l'histoire de la logique[393] nous en livre désormais le secret. Cela nous fait dire que qu'il existe beaucoup de trous d'intelligibilité entre la logique ancienne et la logique moderne.[394]La pensée dialogique signifie qu'il sera désormais impossible à des principes logiques uniques, des termes totalement simples et des propositions fondamentalement atomiques qu'elles soient de type logique ou empirique. « La conceptualisation du complexe » est le lieu où les monades devraient « naturellement » « se décomposer, se dissocier, se désintégrer, se disperser, et effectivement, tout se décompose, se dissocie, se disperse dans et par la mort ».[395]

La nouvelle conceptualisation du réel fait place à la découverte d'un univers exubérant de créativité. Ici le réel n'est plus déterminité

---

[392] Edgar Morin, *op. cit.*.

[393] Henrich Schloz, *Esquisse d'une histoire de la logique*, trad. de l'allemand par E. Coumet, Paris, Aubier-Montaigne, 1968, p. 80.

[394] Marcel Nguimbi, « Boole critique d'Aristote : la logique de l'élimination du moyen-terme », *Philosophia scientae,* 14 (1), 2010, 83-125, Paris, Editions Kimé.

[395] Edgar Morin, *op. cit.,* p. 235.

métaphysiquement. Il est plutôt moulé et façonné par une série d'évènements contingents et historiques. Ce faisant, ils viennent bouleverser l'univers monadique à son niveau de réalité le plus profond. Débarrassé des monades uniques et fermées, l'espace plus que monadique peut enfin innover et créer. La dialogique du simple et du complexe fonctionne au moyen des « jonctions » ou des « associations antinomiques ». Pour ce faire, elle rend donc possible la naissance des ontologies sans commune mesure qui restent encore à sonder. Conséquemment[396] : « relativité de la connaissance », « relativité de l'ontologie », « relativité de la vérité », relativisation finale du problème de Socrate ».

Bien avant la systématisation du complexe par la science moderne, la philosophie ancienne avait déjà soupçonné l'idée complexe du simple à travers l'image de « l'*exchorésis* »[397]. Pour ce complexe moment, nous avons choisi de mener quelques enquêtes conceptuelles sur les programmes pan-problématiques du complexe. Au cœur de la pensée scientifique est également l'incapacité de résoudre des problèmes complexes. Autour de cette idée classique à l'époque moderne des sciences s'édifie un programme pan-problématique du complexe. Ce programme a tout son sens. Du côté des phénomènes, il semble s'en tenir au sens propre du mot « problème », des « théories des formes complexes »,[398]etc.

Enfin, le rappel de ces paradigmes « structurants » et « déstructurants » de la pensée scientifique moderne et contemporaine a pour enjeu épistémologique ici d'asseoir l'idée que penser le complexe revient à travailler davantage à « la propagation des concepts », au « champ des opérations », à « une question de choix » et d'« approche » et non de « propagande » des concepts scientifiques.

Conclusion

Nous avons essayé de montrer que Leibniz n'est pas étranger à la naissance de la pensée complexe partant de la catégorie du simple et des idées simples qu'il examine tant dans *Les Nouveaux Essais* que dans la *Monadologie*. L'enjeu aura été de trouver ici quelques indices

---

[396] Pierre Nzinzi, Le devenir logo-théorique de la rationalité occidentale », pp. 85-108.

[397] *Echorésis*, (dir.), *Revue Africaine de Philosophie*, « La Métaphysique », n°1, vol. 1, juillet 2002, p. 5.

[398] Auguste Nsonsissa, *op. cit.*

de la systémique pour autant qu'elle fait droit à l'articulation du simple et du complexe. L'approche systémique de la monade en métaphysique, des termes et des propositions en contexte logique conduit à l'émergence de nouvelles approches de la substance. Son travail est loin d'être simple.

Plutôt en son temps, Leibniz apporte la nouvelle vision du monde, celle qui prend conscience de l'avènement de l'ère du « monde fini » annoncé par Alexandre Koyré à travers le passage du monde clos à l'univers infini, c'est-à-dire « choses que personne n'a jamais vues et pensées que personne n'a jamais eues ».[399]Ces pensées ne sont rien moins que celles qui font droit aux interdépendances et des interactions entre partie et tout, et donc à la complexité, mais aussi à la dialogique.

Nous sommes supposés savoir que Leibniz s'attache aux idées complexes lorsqu'il relativise l'importance absolue de l'évidence cartésienne ; pourrait-on dire. Parce qu'il admet dans son système les différents types de connaissance obscure, claire, confuse, distincte, adéquate et inadéquate.[400] En ce sens, la montée du paradigme de la complexité moyennant l'association, la complémentarité et l'antagonisme du simple et du complexe a semblé anéantir l'espoir du XIXè siècle d'un monde qui allait être de mieux en mieux analysé, compris et maîtrisé. Dans le fond et dans le ton, nous ne cherchons jamais les choses simples, mais la recherche des choses complexes. Le simple étant toujours le simplifié, rien n'est donc simple, pour ainsi dire.

[399] Alexandre Koyré, *Du monde clos à l'univers infini*, Paris, Gallimard, coll. « Tel », chapitre IV, pp. 115-137.
[400] Ramatoulaye Diagne, « Méthode et langue universelle au XVIIè siècle », *Autour de la méthode, op. cit.*, p. 55.

CHAPITRE TROISIEME : Quand la diversité se révèle à l'unité

Cette réflexion vise à montrer que la conscience et la connaissance de l'unité et la diversité humaines, par-delà l'éloge de la différence permettent ainsi de lutter contre le développement du sous-développement de l'être humain, en contexte d'éducation à l'ère planétaire. Elle doit veiller à l'idée d'unité de l'espèce humaine qui n'efface pas celle de la diversité. La culture du pluriel dans la pensée scientifique donne à penser qu'il y a non seulement une unité humaine, mais aussi une diversité humaine.

L'unité n'est donc pas que dans les traits caractéristiques de l'espèce humaine. Elle est dans la diversité de la science, de la culture, etc., qui ne se réduit pas, non plus, aux traits psychologiques culturels sociaux de l'être humain. Une dialogique de l'unité dans la diversité s'impose donc, aujourd'hui, comme une nécessité impérieuse au cœur de la didactique des disciplines scientifiques. La diversité proprement biologique se trouve inscrite à l'interface de l'unité humaine et de la pluralité des humains.

1. Les mêmes sont différents

Il existe une unité à la fois cérébrale, mentale, psychique, affective, intellectuelle. Nous devons nous rendre à l'évidence du fait que la culture, les cultures et les sociétés les plus diverses ont des principes éthiques génératifs ou organisateurs communs. Tous les êtres humains sont identiques et unis par un lien d'amour sans visages et sans rivage. L'unité humaine porte en elle les principes fondamentaux de ses multiples diversités. L'esprit de notre temps conduit à comprendre l'humain dans son unité au cœur de la diversité et la diversité dans l'unité.

Mais il n'est pas suffisant de concevoir l'unité du multiple, encore moins la multiplicité de l'un sans tenir compte du paradigme de la complexité dont la science contemporaine nous livre le secret. De plus, il importe d'enseigner la condition humaine qui devient à la fois une contrainte pédagogique et un défi épistémologique du XXI^{è} siècle. En fait, l'éducation postmoderne devra intégrer et illustrer le principe d'unité-diversité dans tous les domaines de la connaissance. Tout développement vraiment humain en dépend. Pour ce faire, il faut conjoindre les autonomies individuelles, les participations communautaires et le sentiment d'appartenance à l'espèce humaine élevée au rang positif de l'universel.

Le développement intégral et viable de l'homme n'est envisageable que si l'éducation transversale se fonde sur un principe pertinent : *l'Unitas multiplex*, c'est-à-dire la reliance du domaine individuel et du domaine collectif ou social. Mais la diversité se veut culturelle pour autant qu'elle donne droit à la pluralité d'individus. Ainsi, il y a toujours la culture dans les cultures, mais la culture n'existe qu'à travers les cultures. Conséquemment, l'éducation de l'être humain doit montrer le lien indissoluble entre l'unité et la diversité de tout ce qui est humain dans l'homme. Elle doit donc être pluridisciplinaire, interdisciplinaire et transdisciplinaire.

Depuis 1973, si non bien avant, Edgar Morin (1921-) développe une approche extrêmement distinctive et très influente des problèmes d'épistémologie de la complexité. Les plus importants et séminaux de ses questions de philosophie contemporaine des sciences sont maintenant orientées vers « la reliance des connaissances » (Morin 1999, p. 45), avec de nouvelles introductions relatives aux concepts transversaux en matière d'éducation pour l'ère planétaire, notamment l'unité dans la diversité.

Ces concepts fournissent une vue d'ensemble, sinon global et mettent historiquement en perspectives les discussions engagées par Platon à la suite de Parménide et Héraclite sur la dynamique de l'être. En dehors des philosophes occidentaux, plus près de nous il y a Boa Thiémélé Ramsès (2014 p. 131), qui soulève le même questionnement philosophique appliqué à « l'ivoirité et l'unité de la Côte d'Ivoire ». Le fait qu'il demande à l'élite africaine ce qu'il y a lieu de faire de « nos multiples identités » le nœud avec la vocation originelle de la philosophie de l'être. A preuve, il revisite en quelque sorte la mythologie des origines grecques des problématiques de la diversité de l'être. Dans tous les cas, on ne fait pas abstraction s'agissant de l'identité et la pluralité de l'être d'un « retour aux Grecs ou retour au Grec » (Boa, 2012, p. 112).

Cette approche de la diversité de l'identité présente quelques unes sur l'interprétation philosophique de la dialogique de l'unité et la diversité humaine et ce, dans la même veine que Paul Feyerabend (2005, p. 157-158) qui plaide avec grande force et imagination féconde pour un « pluralisme ontologique ». En témoigne le chapitre six (6) de *Réalisme, rationalisme et méthode scientifique* où il fait grand cas de la « prolifération ». Résumant des arguments à la fois antérieurs, controversés et partant problématiques en faveur de la diversité Feyerabend rapporte que les « proliférations » tout comme les « alternatives » divisent les philosophes en deux camps[401].

Il constate tout bonnement que « de nombreux penseurs trouvent de telles considérations étranges et pas à leur goût (…) ». A l'en croire tout se passe comme si « la prolifération des points de vue a été considérée avec suspicion en religion, en philosophie et, en fin de compte, dans les sciences. Cette tendance vers le monisme semble être un héritage fort tenace de notre passé sauvage. Le débat philosophique entre monisme et pluralisme a une histoire longue et intéressante. Il commença quand Platon, se reposant fortement sur le préjugé commun, ridiculisa les présocratiques à cause de la variété des théories qu'ils produisaient » (2005, p. 160.).

Cela étant dit, penser la diversité dans le climat philosophique contemporain n'est pas une entreprise cognitive critique de tout repos. Qui plus est, l'un des traits les plus marquants et même les plus inquiétants de la vie intellectuelle du temps contemporain est la façon dont l'unité se donne à penser dans la diversité. Cette problématique qui est d'une singulière actualité épistémologique est si largement répandue dans tous les continents du savoir. Le paradigme de la complexité, son corollaire est considéré comme admis sous une tension essentielle entre problèmes et controverses. De mon point de vue, l'une des composantes structurales du monde présent est la diversité.

A y regarder de très près, la philosophie de la diversité que j'entends mettre en avant dans cette communication est en adéquation avec le relativisme, c'est-à-dire « (la doctrine selon laquelle la vérité est relative à notre arrière-plan intellectuel ou cadre de référence : elle peut changer d'un cadre de référence à un autre), et, en particulier, la doctrine de l'impossibilité de la compréhension mutuelle entre différentes cultures, différentes générations ou périodes historiques ». Il y a là identité et pluralité de visions relatives aux êtres et aux choses. Cela étant posé, dans cette communication, j'essaie de discuter du problème de « l'unité de la diversité » tel qu'il se pose théoriquement chez Edgar Morin dans *Le paradigme perdu. La nature humaine* (1973, p. 220).

---

[401] Feyerabend ne manque de pointer Putnam au nombre de ceux des philosophes contemporains qui s'y opposent farouchement.

Je prétends que derrière ce problème git ce que j'ai cru pouvoir appeler en guise sous titre : « *Un plaidoyer pour une éducation à la psychologie du pluriel* ». Il s'agit dans le fond et dans le ton de quelques réflexions sur les visées épistémo-pédagogiques du développement du savoir humain ». J'essaie d'expliquer et critiquer la vision unitaire de la réalité de l'être humain voué au développement. Ce faisant, je tente de commenter aussi des arguments de Morin qu'il utilise pour penser la multi-référencialité et la multi-dimensionnalité de la nature humaine.

Je retrouve par là ce que Morin appelle « le vieux problème posé en une alternative aussi fermée que l'alternative nature/culture : celui de l'unité et de la diversité humaines ». Les partisans du paradigme de simplification méthodologique proposent une opposition exhaustive entre unité et diversité de l'homme. Il n'y aurait donc pas compréhension mutuelle entre nature et culture qui aiderait à penser de façon dialogique la nature humaine. Contre ceci, j'argumente que le lien de réciprocité, complémentarité et association est d'importance. A tout prendre : « l'homme est un être culturel par nature parce qu'il est un être naturel par culture ». Ce qui est en jeu, c'est une compréhension de plus grande portée rendue possible par l'hyper-complexité de la nature humaine. Cette communication se propose donc de mettre au défi le principe d'unité posé par Parménide d'Elée, au sens philosophique ou ontologique le plus large. Il me paraît important de présenter un tel défi de la difficulté et de l'incertitude de la connaissance de la nature humaine au cœur d'une éthique focalisée sur la reliance de la diversité et du développement.

En fait, aujourd'hui, Morin (*Ibid.*, p. 100) met le doigt sur le « nœud gordien », si profond et si fondamental véhiculant ainsi la coexistence de ces deux entités mises en avant par moi dans l'intitulé de ma communication. La dynamique qui les régule est couplée à un processus complexe qui ne trahit pas leur union qu'il trouve en une double nature de l'être humain : le naturel et culturel en l'homme « ne peuvent s'opérationnaliser qu'à partir de l'éducation socioculturelle, et que dans un social complexifié par la culture. Ici se résout un des paradoxes qui opposait de façon stérile le rôle de l'inné et de l'acquis chez l'homme.

Ce qui s'élabore au cours de la période d'hominisation, c'est l'aptitude innée à acquérir et c'est le dispositif culturel d'intégration de l'acquis. Plus encore : c'est l'aptitude naturelle à la culture et l'aptitude culturelle à développer la nature humaine ». Dans son application au problème de la compréhension de la marche de notre monde, et ainsi à la perspective du développement humain, Morin étudie la nature humaine à partir des deux composantes qui sont à peu près d'égale importance : le naturel et le culturel.

Au-delà de cette dialogique, c'est à leur émergence que je m'attache. Elle se veut à la fois non seulement variable, mais aussi dynamique. Je peux oser dire aussi qu'il y a chez Morin une forme très spéciale de l'uni-dualité de l'unité dans la diversité, *vice versa.* C'est la conception de l'éducation à l'ère planétaire selon laquelle, avant de penser l'humain, il importe de prendre à bras le corps la démarche complexifiante, particulière, combinatoire et performative de la nature des systèmes mis en jeu et des entités mises en œuvre pour éduquer à partir des savoirs nécessaires.

La dialogique de la nature et la culture a ceci de particulier qu'aucune entité n'annule véritablement l'autre. Tout se passe comme si chaque système était un stimulateur sincère à l'égard de l'autre et à lui-même. Ce faisant, cette systémicité rend capable chaque élément du système, en relation éco-systémique, de transformer en symptômes objectifs ce qui procède de sa perturbation subjective et partant interne. Morin appelle cette logique : « *complexus* »[402]. Dans cet élan de problématisation de l'approche unitaire du développement de l'homme, il s'agit effectivement de voir large et grand. « *Si le monde est si grand. C'est pour nous voir tous en lui dispersés* ».

Ainsi parlait Goethe lorsqu'il s'agissait de voir grand et large ce qui paraît être les éclats de la diversité et non pas de la dispersion. Justement le monde tel qu'il se donne à voir aux yeux de l'esprit dans sa phénoménalité est soit diversité, soit dispersé. Prendre au sérieux la vision complexe c'est, d'abord, une manière de poursuivre la discussion, à propos d'une problématique qui apparaît sous différents traits à travers l'ouvrage de Morin (1994, p. 301) intitulé *: la complexité humaine*.

C'est donc, le moyen par lequel on peut essayer d'expliquer la nécessité de penser ensemble, dans leur complémentarité, dans leur concurrence et dans leur antagonisme, les notions de diversité et de développement. Elles « nous posent très exactement le problème de

[402] Edgar Morin avertit ailleurs : la complexité n'est un trousseau de clés ; encore moins un mot valise.

penser la complexité de la réalité physique, biologique et humaine » (*Ibid.*, p. 301.) Mais pour cela, il est nécessaire de concevoir un nouveau regard de la diversité appliquée à l'éducation de l'homme ; non sans évoquer les aspects épistémologiques de cette même diversité organisationnelle dont il scrute la signification et la valeur à partir de l'analyse de la nature entre « complémentarités et antagonismes ». (Morin 1977, p.115).

Ainsi ce problème d'analyse de la nature de la relation entre unité et diversité, en vue de penser épistémo-pédagogiquement le développement humain se pose-t-il de façon à la fois ambivalente et tragique au niveau des sociétés, et singulièrement des sociétés humaines. L'humain peut s'exposer à des situations de crises, de déviances, d'émergences globales et partielles, de balancement permanent de son comportement à l'égard d'autrui.

Cela étant, c'est une formulation du problème qui ramène la conscience universitaire aux multiples variations sur l'étude du rapport entre la diversité et le développement de l'esprit humain. A cet effet, il a appartenu, entre autres, à Abdoulaye Elimane Kane (2015, p. 10.) de déclarer en plus que : « Nous sommes une seule et même espèce humaine mais nous avons, parfois, les mêmes manières et, parfois, des manières différentes, de la manifester, de la vivre, de l'illustrer, de la promouvoir ». Alors, la thèse que j'aimerais donc promouvoir est celle de savoir si la diversité humaine peut aider à mieux cerner les contours pédagogiques de l'unité des visées éducatives et la diversité des perspectives méthodologiques chez Edgar Morin.

Pareille unité et diversité sont dans les rapports identiques à ceux qui lient la simplicité et la complexité, l'unité et la diversité, l'un et le multiple dont Aristote se fait l'écho dans *La Métaphysique* au grand matin de la naissance de la philosophie comme « science de l'Universel », (c'est-à-dire qui inclut tous les cas particuliers). Avec Morin (1994), les diverses expressions philosophiques et ontologiques de l'humain sont les indices du « *complexus* », c'est-à-dire « ce qui est tissé ensemble ».

L'unité de la recherche en philosophie de Morin est dans le souci majeur d'élaborer une connaissance diverse de l'humain, et donc ni mutilée ni cloisonnée respectant *ipso facto* « l'individuel et le singulier »[403], la diversité et le développement; non sans les intégrer dans leur contexte global, et leur ensemble particulier des sciences anthropo-sociales (Yves Michaud, 2004, pp. 12-23). Cela étant dit, le sujet que j'essaie de décrypter est multisectoriel en ce qu'il laisse entrevoir d'abord l'effectuation des recherches en philosophie de la culture.

Ensuite, il s'efforce de concevoir la complexité anthropo-sociale en y intégrant la dimension biologique et même l'aspect imaginaire du développement. Qui plus est, il énonce un diagnostic et une éthique de la reliance des connaissances pour les problèmes fondamentaux de notre temps, c'est-à-dire ceux dont les tentatives de solutions devraient aider l'esprit humain à sortir du XX è siècle, à penser global et à entrer dans le XXIè siècle. Enfin, ma réflexion se consacre depuis peu à l'élaboration morinéenne d'une méthode de la complexité qui permettrait de rendre possible une « réforme de la pensée ». Pareille réforme, au-delà de la simple reconnaissance de la diversité de la pensée et la diversité de la réalité, conduit à une série de constat d'inachèvement : « l'inachèvement anthropologique », « la connaissance des limites de la connaissance », « l'inachèvement de toute connaissance », « l'œuvre inachevable », l'itinérance », etc. (Morin, 1994, p. 340-345).

C'est la raison pour laquelle j'ai choisi d'examiner la diversité pour autant qu'elle génère le développement du savoir humain rendu possible par le paradigme de la complexité qui émerge de l'étude des systèmes complexes, (Julien Gargani, 2012, p. 6.) sous nos yeux. Cela n'est envisagé qu'au contraire de la dispersion des savoirs qui ne fait que développer le sous développement de l'esprit humain à cause du manque d'unité, d'unicité et même de vision unitaire du développement.

En fait j'estime à la suite d'Elimane Kane (2015, p. 10) que le moment est venu de « dire l'humain dans ce qu'il a de plus irréductible ; dire perpétuellement le rapport obsessionnel de l'homme à lui-même, y compris lorsqu'il passe par la médiation des ses autres. La grande difficulté d'une telle entreprise est, précisément, de savoir comment exprimer » cette part de radicalité éthique ou retour à l'humain dont souffre l'humanité depuis la nuit des temps et des circonstances.

---

403 En 2002, se tint à Douala (Cameroun), un colloque international de philosophie sur le thème : « *L'individuel et le collectif* ». Cf, Paris, Dianoia, 2004, pp. 3-10.

En fait, devant le phénomène de la diversité comme généricité, deux axes majeurs se construisent : d'abord la dimension philosophique de la diversité comme multiplicité, et l'ancrage épistémo-didactique qu'Edgar Morin (1999, p. 84) lui confère. Le retour à l'appel de la voix grecque est, à notre humble avis, incontournable. Celle-ci suppose de renoncer au dogmatisme ou à « l'identisme » de la science unitaire pour faire droit au pluralisme (Dissakè, 1999, p. 37), et partant à l'unité dans la diversité des sciences. A juste titre, historiquement, l'on a l'habitude d'opposer Parménide à Héraclite dans la mise au jour inédite de la multiplicité comme exigence épistémologique de développement ou du progrès de l'esprit humain.

Le pari d'Alain Badiou, restitué ici par Antonia Soulez fait dire que « cette multiplicité qui n'est pas seulement « nommable », demeure catégorisable ». En effet, au-delà de cette difficulté d'ordre métaphysique, il est possible de penser au principe de généricité. Qui plus est, une pensée est dite générique, lorsqu'elle est prête à reconnaitre qu'il y' a des « trous » dans le savoir. L'esprit scientifique assume « l'errance de l'excès ». Alain Badiou dans son Dictionnaire à la fin de *l'Etre et l'évènement* le tient pour « le réel » de l'être » (Soulez, 2016, p. 134) ; quoique l'être depuis Platon se donne à penser complexement, c'est-à-dire entre l'Un et le Multiple, soit l'Un, soit le Multiple, ou au-delà de l'Un et le Multiple.

Cela étant posé, je me propose de montrer que le pari de l'action de la connaissance, en est également un qui espère une réalité complète, et partant fondamentalement complexe. S'agissant très exactement de la « multiplicité », les philosophes depuis Platon nourrissent eux aussi, dans le cadre de la philosophie classique et son histoire, un certain « principe de généricité » justifiant une recherche en philosophie toujours ouverte, et une éthique de « la science sans dogme ». Cette perspective philosophique de la diversité est couplée à « une psychologie du pluriel » repérable chez quelques anarchistes au rang desquels serait Feyerabend, la valeur de l'anti-dogmatisme, voir même de la critique de l'autoritarisme épistémologique dont parle Popper.

Il serait alors intéressant pour moi de voir en quoi Morin diffère de ses devanciers selon qui « la multiplicité se dit-elle de l'Un selon la loi de l'Etre » (*Ibid.*). Le sous titre de l'ouvrage de (Akenda, 2012, p. 23.) : « L'Unité dans la diversité » est d'importance parce qu'il révèle ainsi « l'épistémologie structuraliste et comparée » qui a pour tâche de « décrire l'histoire de la diversité à partir des structures du monde vécu, objet des sciences de la culture, sur lesquelles » se fonde la quête de la philosophie de la complexité, c'est-à-dire elle cherche à dégager la diversité sous le label de la conceptualité scientifique de manière à y opérer la logique dialogique du simple et du complexe comme approche combinatoire des degrés du savoir et des niveaux de la réalité.

Pour Akenda (*Ibid.*, p. 23.) « Il s'agit avant tout de l'histoire de notre savoir comprise comme processus de généralisation dialectique dont il faut rendre l'unité et la diversité. Avec l'unité et la diversité du savoir cette épistémologie structuraliste n'a de pertinence que lorsqu'elle s'accompagne d'une perspective comparée. » Ce point de vue me donne l'occasion de pointer vers une construction évidente de l'aspect éducatif du mouvement de la diversité dans l'unité suivant la perspective morinéenne de la pensée de la complexité que nous avons retenue comme angle de vue, et ce à la suite de « la théorie de l'éducation formelle » déjà élaborée, entre autres, par Whitehead (2011, p. 22), en particulier.

Dans le fond, Morin force le barrage du paradigme de la simplicité, voire même de la « simplexité » (Berthoz, 2009, p. 7.) pour étendre au « multiple en trop », selon l'expression de Soulez, auquel s'attache l'hyper-complexité ainsi que dans l'histoire de la philosophie, ce qui ressortit au sujet de la diversité, les approches parménidéennes et héraclitéennes, et autres considérations sur le paradigme de la complexité du genre « les mêmes sont différents » qui dérèglent le dogmatisation des possibilités, les filets d'une logique combinatoire faisant place à des entités débordant le cadré étriqué des seuls concepts et énoncés dont la pensée vraie serait unique selon Parménide.

Ces approches complémentaires, antagoniques et associées sont également de nature à justifier le couplage épistémique qui pourra s'instaure entre Morin (1999, p. 179) d'une part, et Wittgenstein, de l'autre, allant jusqu'à faire valoir la « cérémonie moderne de la relation » entre langage et ontologie, à la lumière de ce que Soulez a cru pouvoir nommer « la multiplicité variationnelle chez Badiou et Wittgenstein » (*Ibid.,* p. 137.) Cet angle de vision me servira d'hypothèse mesurée dans ce travail consacré à cette réflexion sur la psychologie du pluriel. Pour le dire autrement, ces éléments de la philosophie de la diversité pourraient être considérés comme les grandes lignes de force du paysage philosophique de la diversité et le mode de pensée de la complexité éducative chez Edgar Morin. La question directrice qui se pose ici et à laquelle ce travail tente de répondre se résume à ceci : l'analyse de la nature de la relation entre unité et diversité chez Morin implique-t-elle la complexité épistémologique ? En d'autres termes, y'a-t-il critique, parallélisme, confrontations et controverses entre unité et diversité ?

Cette communication suivra deux mouvements respectifs. Le premier s'attachera à montrer que la diversité qui rend possible l'émergence de la pensée de la complexité n'est pas nécessairement comprise comme intrinsèquement unitaire. Le deuxième mouvement sera consacré à l'éducation comme actualisation de la philosophie de la diversité. Il sera donc question de placer la diversité dans la perspective d'une épistémo-didactique des disciplines visant à établir une relation entre les savoirs, en essayant d'appréhender l'être humain, en tant qu'objet de plusieurs points de vue, la diversité des regards à propos de son développement cognitif, qui plus est vise à « faire un travail transdisciplinaire ».

Avec l'hétérogénéité, le nouvel esprit scientifique contemporain essaie de dégager des sources d'altération, passer d'un univers du savoir « à trous » d'intelligibilité vers la découverte et l'acceptation de la « pensée interstitielle ». Celle-ci « ne demande pas de repousser la distinction, l'analyse, l'isolement, il demande de les inclure, non seulement dans un méta-système, mais dans un processus actif et générateur. En effet, relier et isoler doivent s'inscrire dans un circuit de connaissance qui ne s'arrête ni ne se réduit jamais à l'un de ces deux termes : isoler et relier », vice versa ». (Morin, 1994, p. 337.)

La diversité est ce qui donne vie aux nouvelles ouvertures entre philosophie et science (Fausto Fraisopi, 2012, p. 183) d'une part, puis entre complexité et les phénomènes d'autre part. Pour le dire autrement, la considération de la complexité a contraint l'esprit humain à reconnaître les liens très étroits justement fondamentaux entre diversité et développement des connaissances. Morin (2012, p. 29.), après tant de philosophes contemporains des sciences, d'un point de vue philosophiques, éprouve la nécessité de cette ouverture à la complexité et partant à la diversité. Dans le fond, cette complexité dialogique se caractérise entre autres par « l'amour des dialogues », ou « les osmoses culturelles », fondées sur une éthique de la tolérance prônant ainsi l'ouverture, l'inclusion, la controverse, l'enrichissement des influences diverses.

Aucun système ne peut se développer en vase clos. L'unité et la diversité ne peuvent plus s'abstraire l'une de l'autre. Morin (2003, p. 11.) invite le nouvel esprit scientifique à développer les osmoses entre la diversité et le développement dans l'axe de la pensée complexe comme « méthode d'apprentissage dans l'erreur et l'incertitude humaines ». C'est dans une telle perspective épistémologique et éducative qu'il faut en saisir l'élaboration. Le tissu des rapports entre l'éducation et le développement compose cette idée de diversité au cœur de « la systémique »[404] (Daniel Durand, 1979, p. 124).

Cette dialogique permet de comprendre explicitement l'intérêt du paradigme de la complexité et ce pourquoi le nouvel esprit scientifique se doit de craindre la pensée scientifique incapable de concevoir la diversité « des réalités vivantes, sociales, humaines et la complexité des problèmes posés par la crise contemporaine de l'humanité » (Morin, 1994, p. 340.) Diversité et complexité sont constitutives de la « béance de l'esprit humain ». Elle prend conscience de « l'inachèvement de la connaissance, à se vouer à la recherche errante de la vérité ». L'enjeu épistémologique qu'elle suggère, d'entrée, est multiple.

D'abord, ce couplet épistémique tient à dégager la portée et la spécificité[405] singulière du paradigme de la complexité par rapport au paradigme réducteur de l'unité à la diversité ou de l'unité sans la diversité. Morin (*Ibi*d., p. 336-337.) déclare : « C'est au niveau du paradigme que changent la vision de la réalité, la réalité de la vision, le visage de l'action, que change en somme la réalité. Nous découvrons donc que la complexité se situe, non seulement au niveau de l'observation des phénomènes et de l'élaboration de la théorie, mais aussi à celui du principe ou paradigme ». Puis, il est lié justement

---

[404] Un des traits caractéristiques de la systémique est ainsi souligné par Daniel Durand : « Mais la prise de conscience de plus en plus profonde de la complexité et de l'incertitude de notre monde contemporain conduit à l'émergence lente mais inéluctable du paradigme (ou modèle) systémique (...) admettre que le monde n'est pas objectivement connaissable dans sa totalité. Si l'on adopte ce point de vue, on ne peut qu'être optimiste sur le développement de cette vision ou de cette démarche qui seule permettent de prendre en considération et traiter de façon adéquate, non seulement complexité et incertitude, mais aussi ambigüité, flou, hasard, ... ».

[405] Elle se situe au plan méthodologique, parce que le paradigme de complexité intègre là où le paradigme de la simplification/réduction désintègre.

à la « l'unité des sciences et la pluralité des théories » (Michael Esfeld, 2017, p. 105) au sein de la philosophie contemporaine des sciences.

L'objectif étant de dénoncer le « réductionnisme ontologique » et le « réductionnisme épistémologique » ; la déréalisation de « l'éliminativisme opérationnel » des concepts scientifiques. En effet, c'est proprement penser la méthode de la complexité que d'analyser la nature de la relation de type dialogique et non pas simplement dialectique entre organisation et diversité. L'organisation à laquelle on s'attache ici se veut « active ». C'est « l'organisaction ». Nous sommes au niveau de « l'hyper-complexité » où l'activité est au centre de toute organisation. Pour ce faire la complexité surdéterminée implique nécessairement la réorganisation épistémologique des systèmes. Morin articule « hyper-complexité et évolution » parce que les deux moments de l'organisation sont de nature à favoriser « la nouveau » et « la créativité ».

C'est aussi le moment où « l'innovation » apparaît comme un élément clé de l'organisation active. Pour innover il faut non seulement de la nouveauté, mais aussi et surtout de l'invention. Ces différentes opérations de l'esprit vont pouvoir contribuer au développement d'une société même par la « virtualité novatrice ». Ce couplet épistémique est d'autant plus déterminant qu'il rend explicite la culture de la complexité qui rend possible le développement des potentialités de l'esprit humain et leur actualisation, et ce au cœur d'une organisation socio-humaine. Morin (1977, p. 115) donne à penser la diversité à partir de la complexité organisationnelle. Celle-ci prend évidemment des figures au rang duquel se situe « l'organisation de la différence » couplée à la dialogique « des complémentarités » et des « antagonismes ».

Plus révélatrice est l'articulation qu'il établit entre « la différence et la diversité ». Enfin, le paradigme de la complexité a ceci de particulier qu'il « ne créé pas seulement de nouvelles alternatives et de nouvelles jonctions. Il crée un nouveau type d'unité, qui n'est pas de réduction, mais de circuit ». En d'autres mots, le principe de complexité permet de comprendre cette évidence de la diversité. Cela dit, la diversité, dans ce sens, exhumes-en quelque sorte, les questions apparemment innocentes que l'esprit scientifique classique a cru pouvoir « oublier et mépriser » sous le prétexte théorique qu'elles n'étaient que l'apparence[406] de la réalité.

Cela montre également que les organisations « se différencient, non seulement leurs constituants physiques ou leur classe d'organisation, mais aussi par le type de production de contraintes et d'émergences ». A l'intérieur même d'une société humaine, il peut y avoir une différence de nature ou de degré entre les systèmes, les types de productions et d'approches ; ainsi que les idéologies ou les convictions. Il s'agit bien de différenciation et de diversification de modes d'existence des individus vivant en communauté. Il se trouve que « l'organisation transforme une diversité discontinue d'éléments en une forme globale » (Morin, *Ibid.*, p. 115). Le global et le partiel ou le tout et la partie sont de nature à révéler la manière dont la diversité prend des formes au sein d'un même système. Il ne confond pas l'approche systématique, c'est-à-dire dogmatique et circulaire de la connaissance et l'approche systémique ou spirale de la diversité du réel. Parce que « tout système comporte donc une relation, très variable selon les classes et types de systèmes, entre différence et identité » (*Ibid.*, p. 117.) Quand une approche de la diversité se révèle systémique, elle laisse entrevoir des relations souples et complémentaires, différentes et multiples ; non sans intégrer les paramètres d'identité.

Par contre, l'identité est toujours identité de la différence et la différence de l'identité. Morin prend pour illustration le point de vue linguistique défendu par Ferdinand de Saussure qui déclare : « Le mécanisme linguistique roule tout entier sur des identités et des différences, celles-ci n'étant que la contrepartie de celles-là ». Identités et différences ne suffisent donc pas pour exprimer le sens de la diversité. Encore faut-il, tout à nouveau analyser la relation trinitaire qui s'instaure entre l'unité, la diversité et l'organisation. Cette triangulation est de nature à identifier diversité et multiplicité. Selon Morin (*Ibid.*, p. 115.), « tout système est un et multiple. La multiplicité peut ne concerner que des constituants semblables et distincts ».

---

406 Aux creux des apparences comme disait Michel Maffesoli, se trouve une réalité beaucoup plus profonde : un « principe selon lequel un accident aléatoire peut contribuer à la formation d'un ordre nouveau, d'une forme nouvelle, d'une complexité nouvelle parce qu'il met en mouvement les forces systémiques de désorganisation ». Cf ; Morin, *Sociologie, op. cit.*, p. 202.

Il est donc difficile de penser la diversité sans renvoyer à aux différentes figures de l'innovation au sein d'une société ou d'un système physique : la dissipation, l'attraction, l'irrégularité, le système, l'unité, la multiplicité, l'association, la complémentarité, l'individualité, la collectivité, l'organisation active. Un texte de Morin (*Ibid.*, p. 116) rend témoignage : « Ces systèmes ne sont donc pas seulement un/multiples, ils sont aussi un/divers. Leur diversité est nécessaire à leur unité et leur unité est nécessaire à leur diversité. Un des traits les plus fondamentaux de l'organisation est l'aptitude à transformer de la diversité en unité, sans annuler la diversité (association, de protons, neutrons, électrons dans l'atome, associations d'atomes divers dans la molécule, de molécules diverses dans la macromolécule), et aussi à créer de la diversité dans et par l'unité ».

Cela dit, l'indivisibilité de l'atome[407] que l'on a cru être la petite partie de la matière devient une simple illusion de l'esprit. Plutôt l'atome se révèle un et divers, et partant sécable. La constitution d'un atome produit et entretient naturellement la diversité de ses constituants théoriques. Ces éléments sont non seulement différenciés, mais aussi et surtout diversifiés et individualisés. Chacun d'eux est doté donc d'une autonomie relative, c'est-à-dire le rend dépendant des autres. D'un système physique à l'autre, d'une matière à l'autre, d'une théorie à l'autre, les choses changent. (Michel Paty, 1981, pp. 32-51.) Les aspects structurels de la matière se métamorphosent également. Il s'agit, entre autres, des particules, des noyaux, des atomes et des molécules, venant des origines diverses de la matière et de l'antimatière. Les formes macroscopiques de la matière se trouvent confrontées à la difficulté des formes microscopiques. On aura donc à l'actif de la dynamique de la science physique les trois états de la matière, les états intermédiaires, les plasmas, la turbulence de la matière, etc. Autant d'illustrations de la diversité physique que Morin (*op. cit.*, p. 116) met en évidence pour montrer les implications

[407] Emile Noël dans une collection donne à entendre l'éclatement de l'atome en plusieurs composants en ces termes : « Où est donc l'atome insécable ? Le modèle du microsystème planétaire ne convient plus depuis longtemps. Le noyau fait place aux nucléons … constitués de quarks, On rencontre des particules par dizaines, certaines d'entre elles ont une durée d'existence de l'ordre du milliardième de seconde. On parle d'interactions faibles et fortes. On ne parle plus guère de matière. Au fur et à mesure que la science avance, il semble que la matière recule ». Cf. *La matière aujourd'hui* (dir.), Paris, Seuil, 1981, p. 9.

historiques et épistémologiques de cette révolution scientifique au début du XXe siècle[408].

Pourtant bien avant la systématisation morinéenne de la diversité, on voit déjà chez Yvon Belaval l'exigence épistémologique d'analyse des « fondements de la physique » et « les principes physiques » (Yvon Belaval, 1960, p. 369). L'idée la plus importante de cette interrogation tient dans la révolution scientifique que la théorie moderne des sciences suscite par l'avènement de la diversité d'approche de la physique moderne. Le constat est éloquent : « A le définir par son caractère le plus manifeste, le XVIIe siècle apparaît bien celui de la méthode, et plus particulièrement de croissance, la science, pour réfléchir sur elle-même, s'examine sur ses méthodes. Au XVIIe siècle, cette crise prend pour nous une importance exceptionnelle, puisque, par la mathématisation progressive de la Physique, elle nous fait passer de la science aristotélicienne et médiévale à la science « moderne » (*Ibid.*, p. 23).

Conséquemment, de la théorie moderne des sciences à la physique non classique, on assiste à une remise en cause de l'unité de la matière. La diversité de la matière implique le développement de la science physique moderne. Cela étant, pour Emile Noël (1981, p. 8.) : « la notion de matière a pu naître claire et intelligible à certaines époques. Elle a pu être posée comme évidence, comme donnée fondamentale de l'expérience sensorielle. (…) L'avènement de la physique corpusculaire, le triomphe de la théorie quantique ont bousculé ces tranquilles certitudes. La physique contemporaine vogue même au-delà des « relations d'incertitudes » d'Heisenberg. Pareille affirmation est de nature à situer la physique contemporaine dans l'horizon épistémologique de la complexité, où la théorie des quanta travaille à la dématérialisation de la matière. En d'autres termes, à la question de savoir si une connaissance complète et parfaite est possible par la science contemporaine, on ne pourrait que répondre par la négative. Elle fait place à la science physique du complexe, une autre voie par laquelle des chemins philosophiques conduisent à un travail critique aussi rigoureux que celui accompli par la théorie quantique (Franco Selleri, 1986, p. 52)[409], elle-même ouverte à d'autres univers du savoir en physique quantique où « ondes et

---

[408] Henri Laborit, *Dieu ne joue pas aux dés*, Paris, Grasset, 1987, p. 62.

[409] Voir notamment le chapitre 2 : « La théorie quantique est-elle une théorie complète ? » *Op. cit.* , p. 53.

particules » sont en interactions (Max Born, 1971, p. 79). Cette approche épistémologique de la diversité dans l'axe de la pensée complexe nous conduit vers une philosophie contemporaine de la diversité. Il est donc judicieux d'en dégager les enjeux historiques et perspectifs méthodologiques. En effet, la diversité a été, comme on peut le supposer, proclamée plusieurs fois par les philosophes antiques et modernes, voire contemporains[410]en tant qu'idée régulatrice du développement de l'esprit humain, de la société, et de la culture.

En effet, quand une idée régulièrement est portée au gout du jour, de manière récurrente, comme source de changement scientifique et de transformation d'une société, c'est qu'en réalité elle devient le signe de la vie qui dure. Une telle vitalité indique une « métaphysique du processus » qui mobilise l'intelligence de l'ensemble de « l'ontologie des relations » sollicitée. Permanence et dynamique permettent donc de retrouver la thèse selon laquelle « tout s'écoule » attribuée à Héraclite. Elle est défendue par ce dernier en opposition à celle de l'identité. L'esprit humain se situe au contraire de la mobilité et plaide pour la stabilité de l'être. Celle-ci est symbolisée par la sphère immobile de Parménide. L'être est indétrônable.

On le voit, le pré-socratisme, en résonance avec les thèmes dominants de la pensée post-socratique auxquels Whitehead[411], croit pouvoir conférer une sorte de constance et d'insistance éternelle de la dynamique de la nature qui laisse entendre évidemment une variation sur la place de la diversité dans la philosophie et son histoire. Pour le

---

[410] Prendre au sérieux une philosophie de la diversité revient à noter au passage ce que North Alfred Whitehead appelle « relation de situation », et plus précisément ce qu'il dit « de la pluralité des relations de situations ». Même s'il tend à accréditer la logique des « interconnexions » des objets, il apparaît que « le pluralisme des objets, est le premier réquisit immanent au problème de Whitehead ». Il fait allusion aux « objets scientifiques », « objets perceptifs », « objets sensibles ». Le fait de l'affirmer dit-il, c'est « refuser tout principe de tri ». C'est dire donc que le souci majeur qui l'anime est reconnaître la complexité au cœur de la nature, c'est-à-dire « la pluralité comme « fait ultime » de la nature, de ce dont nous avons l'expérience dans la perception, pourrait donc communiquer avec une hiérarchie, (...) à condition que cette hiérarchie soit de type « logique », qui plus est, « pragmatique ». Cf. Isabelle Stengers, *Penser avec Whitehead. Une libre et sauvage création de concepts*, Paris, Seuil, coll. « L'ordre philosophique », 2002, p. 102-103.

[411] Dans *Procès et réalité*, la rétrospective semble être avérée à la lumière de l'idée devenue célèbre de Whitehead : « la caractérisation la plus sage de la tradition philosophique européenne est qu'elle consiste en une série de notes de bas de pages de Platon ».

dire autrement, chez les Présocratiques, en fait, il est permis de soupçonner un rapport dialogique, ou un immense dialogue avec l'histoire de la dynamique de l'être. Dans le fond, il importe de désigner rétrospectivement « le couple présocratique » formé par Héraclite et Parménide comme un moment précis et précieux d'élucidation de la diversité en philosophie.

En fait, l'hypothèse directrice qui se prête à la vérification est ainsi formulée : les racines présocratiques de la « tension essentielle » entre unité et diversité en philosophie. Riche de la problématique que soulèvent les racines présocratiques de la diversité en philosophie est le modèle de l'éclectisme face aux contemporains, nous avons tout lieu de penser la diversité au cœur de la philosophique antique. Parce qu'elle est, d'entrée de jeu de la connaissance de la nature, ce qui rend possible le dialogue serré avec l'histoire de l'ontologie dont les cimes sont repérables chez Platon et Aristote, par ailleurs.

La philosophie moderne et plus précisément celle dite analytique ne feront pas abstraction de cette question qui pourrait s'achever sur un point culminant, celui du paradigme de la complexité. A tout prendre les historiens de la philosophie semblent dire le même lorsqu'il s'agit de prendre Héraclite et Parménide non seulement comme des « géants de la pensée » pour reprendre l'expression de Jankélévitch, mais aussi les devanciers de ceux qui thématisent la diversité au cœur de la philosophie classique. Ce qui est en débat, est-il besoin de le rappeler, c'est la valeur de la doctrine de l'être ou des permanences, d'une part, et la mise en perspective d'une doctrine du devenir, du flux permanent ou de la métaphysique du processus. La discussion qui oppose les deux penseurs, donnerait à croire que la diversité quand elle est prise unilatéralement n'est pas vraie. Tout se passe comme si en voyant les post-socratiques la répéter à l'oreille des dogmatistes, ils en venaient à procéder au « détrônement »[412] de l'être avec une insistance qui ne saurait être que celle de la mort de la métaphysique elle-même.

Dans tous les cas, il s'agit d'une unité problématique. A cette question d'unité fortement complexe de l'être s'ajoute la dimension riche et abondante du non être constitué du principe dialogique pour les uns et du principe dialectique pour les autres. Il s'agit alors d'une véritable tension essentielle entre l'unité et la diversité n'ayant pas, à

---

[412] Pareil mot vient de l'ouvrage d'Antonia Soulez : « *Détrôner l'être. Wittgenstein antiphilosophe* ? (en réponse à Alain Badiou).

strictement parler, qu'une valeur historique. Martin Heidegger (2017, p. 34) n'a pas manqué à l'essentiel lorsqu'il écrit : « le commencement de la philosophie. Interprétation d'Anaximandre et de Parménide ».

En revanche, un anarchiste comme Paul Feyerabend a montré combien les racines présocratiques incarnées par Thalès en dialectique avec Parménide sont révélatrices de la culture de la diversité aux conséquences philosophiques intéressantes. A la faveur de la diversité la science ne saurait s'organiser ni au moyen des normes ordonnées et établies, ni à partir du monde vécu et de l'histoire. L'attitude critique ou rationaliste de Thalès permet de rendre raison de « l'anarchisme épistémologique » (Dissakè, 2001, p. 90) de Feyerabend. Il signifie une posture intellectuelle marquée par l'insubordination systématique à tout ordre absolu et par son rejet de toute méthodologie scientifique et historique stricte. Conséquemment, la diversité donne lieu à la culture de la liberté de théoriser telle qu'elle a été inventée par les Ioniens. Qui plus est, la conscience de la diversité est source du rejet de toute attitude dogmatique au profit de l'attitude critique. C'est l'avènement de la science sans dogmes pour ainsi dire. Cela permet de prendre la mesure universelle du sens et de la validité de la philosophie comme école de la liberté de penser qui est née du conflit entre les écoles de philosophie, en particulier l'école de Thales contre l'école de Parménide.

La diversité devient comme une modalité du fonctionnement de la philosophie traditionnelle. La pensée présocratique fondée sur la diversité d'opinions et de positions enseigne la recherche des lumières de l'esprit contrairement à la fidélité aveugle qui enveloppe parfois l'initiation à la recherche en philosophie suivant certaines époques médiévalistes. Ici l'on a l'habitude de répéter la pensée du maître sans jamais introduire du nouveau ou du changement à l'orthodoxie envisagée. La diversité est au principe de l'esprit de créativité et de distance critique vis-à-vis du monde vécu. C'est à partir de « l'attitude critique » (1999, p. 92) que la science se révèle dynamique, dont l'incarnation philosophique en Thalès de Milet est avérée. Le plus important est justement la « *tension essentielle* » qui s'entretient savamment entre l'unicité et la multiplicité de la science. Dans *Dialogue sur la connaissance* Feyerabend (1996, p. 32.) trouve en plus de « l'attitude critique » ou « rationaliste » la démarche anarchiste et historique liée à la « psychologie du pluriel », c'est-à-dire celle qui donne à penser la philosophie classique comme étant

« une » et « plurielle ». Là est l'exemple d'un esprit au gout douteux de penser en rond. L'école de Thalès pour autant qu'elle fait grand cas de la diversité des idées et des positions sur la signification de l'être développe en quelque manière « *la dynamique de la science* » pour reprendre la formule de Larry Laudan. Plus explicitement, l'image plurielle de la science et celle de la variation du multiple du sens de l'être pourraient être mises en relief[413].

Quoi qu'il en coûte, la conséquence qui en découle nous conduit à examiner à présent le point de vue de Morin développé amplement dans *Les sept savoirs* (1999, p. 11) sur la valeur didactique du principe de l'unité et la diversité. La connaissance de la diversité coïncide avec la diversité de la connaissance. (Morin, 1986, p. 232). Il n'y a donc pas de diversité qui ne puisse pas être couplée aux enjeux. On le voit, la question épistémologique entraine l'idée d'un concept nomade, c'est-à-dire la diversité passe d'une science à l'autre. Le nomadisme conceptuel veut dire que la diversité jouit d'une élasticité qui ne permet en rien de faire l'économie de la disjonction entre l'unité et la pluralité de sens d'une entité ou d'une catégorie donnée. Elle marque d'une emprunte singulière la théorie épistémologique de la complexité qui émerge sous le doigté d'Edgar Morin. Comment peut-on comprendre la diversité et ses éclats ? Derrière cette interrogation gît le destin de la notion même de la diversité que de jouer sur des registres transversaux, multiples et contradictoires, et d'être particulièrement au cœur des controverses philosophiques à propos de l'unification possible des multiples acceptions de l'être : l'être comme relation, l'être comme essence, l'être comme quantité, l'être comme qualité, etc. Qui plus est, cette notion, riche de sa transversalité, n'appartient à aucune discipline scientifique unique. Elle n'est pas exclusive au champ biologique qui tend à en montrer les éclats à partir du vivant.

Plutôt, elle est multidisciplinaire, interdisciplinaire et transdisciplinaire (Nsonsissa, 2010, p. 56). Cette nouvelle approche qui advient de la philosophie de la diversité apparaît ici selon un double éclairage : « comme révélateur de la diversité des disciplines

---

[413] Cet aspect du langage de la multiplicité comme actualisation de la pensée diverse chez Ludwig Wittgenstein et Alain Badiou fera l'objet de nos investigations philosophiques futures. Cf. *Détrôner l'être. Wittgenstein antiphilosophe* ? (en réponse à Alain Badiou), Paris, Lambert-Lucas Editions, coll. « Le discours philosophique », 2016, p. 9-22.

où elle se donne à penser comme le noyau ontologique de l'expression la plus achevée de la philosophie depuis Platon et la pointe avancée du grand de défi de l'éducation à l'ère planétaire. Pourtant, la question épistémologique de la diversité sur laquelle Morin insiste ainsi que le problème méthodologique qui persiste à l'heure où quelques philosophes contemporains étudient avec soin « les niveaux de réalité » (Mourélos, 1967, p. 15). Ce que l'auteur a en propre c'est l'étude de l'être de la réalité et l'étude de la réalité de l'être. Il a quelque chose d'ambivalent. « La réalité se précise et s'enrichit de significations nouvelles au fur et à mesure que l'on passe d'un niveau de réalité à l'autre.

La multiplication des significations » (*Ibid.,* p. 43) et les approches possibles aux sollicitations des orientations ne désignent pas nécessairement une ambiguïté de la réalité, mais un élargissement non conservateur de la démarche, qui « s'étale à la fois sur plusieurs niveaux de réalité, au lieu de s'enfermer dans un seul. Nous avons plutôt affaire ici à un processus d'organisation qui se développe en profondeur et qui s'étend simultanément sur plusieurs plans de réalité » (*Ibid.*). S'il en est ainsi, il faut reconnaître à la diversité des vertus cardinales de la notion d'intégration, pierre de touche de la psychologie du pluriel et de la logique dialogique. C'est là aussi que la notion de régulation s'ouvre à l'autorégulation des phénomènes complexes qui seraient sur le plan épistémologique l'expression par excellence de la rétrospective des idées passées et présentes. Mourélos renchérit son propos en ces termes : « La pluralité des significations possibles que peut revêtir une situation et par rapport à laquelle l'organisme fonctionne, pouvant remanier de fond en comble son attitude selon les exigences et le sens de chaque situation, ne doit pas être interprété comme une sorte d'oscillation de la conduite conduisant à une philosophie de l'ambiguïté, mais plutôt comme la conquête d'une activité polyvalente, laquelle, par sa richesse même, au lieur de placer l'organisme dans l'ambiguïté, lui permet de faire face à une pluralité de situations de sens tout à fait différent ». (*Ibid.*)

Au lieu de recourir, pour interpréter la notion de diversité, exclusivement, à l'ancien paradigme simpliste et de la rejeter avec elle au nom de la logique de l'identité, il faudrait plutôt élargir son sens en le rattachant à une interprétation métaphysique de la notion de l'être. Mourélos ajoute : « la multiplicité des significations que l'être vivant est en état d'attribuer au réel, précise l'attitude de l'être lui-même, en lui permettant d'avoir prise sur la polymorphie du réel ». Cela veut dire que la notion de niveau, tout comme celle d'être aident à comprendre davantage les interprétations possibles à donner aux êtres et aux choses du point de vue de la complexité ontologique. Ce faisant l'idée d'intégration et celle de « niveaux hiérarchisés » des êtres se trouve couplée à celle de « nivaux qualitativement hétérogènes » dont chacun aurait une signification à la fois globale et partielle.

Mais, au-delà se donne à penser également le sens horizontal et vertical de la réalité à étudier. Dans ces conditions la diversité ne donne pas seulement lieu à un procédé de subordination de sens allant de l'inférieur au supérieur, par une hiérarchisation des fonctions des organes mis en jeu, mais surtout l'idée de « multifonctionnalité » des aspects divers et émergents. Diversité et émergence de l'être vont donc de pair. C'est ce qui fait dire, une fois de plus, à Mourélos que « la notion de niveau de réalité serait à notre avis apte à rendre compte des équilibres réalisés que toute autre notion qui est en usage » par exemple la notion de l'être doublée de celle du néant. (Jean Paul Sartre, 1943, p. 56). Cette philosophie de la diversité pour autant qu'elle s'origine dans la pensée grecque présocratique tient à s'exposer au « défi de la complexité » (Morin, 1994, p. 9).

Il s'agit d'affronter la difficulté et l'incertitude de ce que l'homme tend à connaître. C'est dire que la diversité n'est pas un « concept-solution », mais un « concept-problème »[414]. La diversité a été forgée par Morin sous le paradigme de la complexité dialogique pour exprimer la fusion et non la confusion des termes en une « unité complexe » dont il faut pouvoir dire la signification épistémologique, méthodologique et philosophique. Cela se fera à partir du principe de l'unité et la diversité humaine. En fait, il est de bon ton d'inférer que le destin ontologico-phénoménologique de l'unité et la diversité humaine peut traduire on ne peut plus la résistance conceptuelle de ce que Morin cherche à constituer en un objet d'investigation transversale comme critique du développement de l'idée du sous développement » de l'esprit de l'homme.

---

[414] Parmi les concepts problématiques et controversés dans le corpus morinéen on peut compter « la reliance ». : La notion de reliance, inventée par le sociologue Marcel Bolle de Bal, comble un vide conceptuel en donnant une nature substantive à ce qui n'était conçu qu'adjectivement, et en donnant un caractère actif à ce substantif. « Relié » est passif, « reliant » est participant, « reliance » est activant. On peut parler de « déliance » pour l'opposé de « reliance ». Cf. *Méthode 6. Ethique*, Paris, Seuil, 2004, p. 269.

La philosophie de la diversité telle qu'elle se donne à comprendre théoriquement chez Morin implique *de facto* l'idée du développement intégral. Cela va de soi d'autant que de la pluralité des points de vue peut jaillir la lumière, et la discussion critique[415]. (Popper, 1989, p. 40). A y regarder de plus près, le développement procède du rejet de ce que Popper combat et réfute en termes de « mythe du cadre de référence ». (*Ibid.*, pp. 13-44.) La fécondité théorique de cette perspective critique tend à nous récompenser « souvent de nos efforts non seulement en élargissant notre horizon intellectuelle » mais aussi à nous sortir des sortes de « prison intellectuelle » partant à rejeter « l'absolutisme philosophique qui proclame posséder la vérité absolue, ou au moins un critère de la vérité absolue, tel que le critère intuitif » et ce, au profit « d'une doctrine de la faillibilité »[416].

Cela conduit à supposer que le manque de diversité culturelle ou de points de vue réduit l'esprit humain à s'enfermer dans les « cadres de références » caractéristiques de pensée unique, voire unitaire. La diversité se donnera à penser ici comme un des moyens rationnels dont on dispose pour transcender « notre prison » pour reprendre la formule de Popper (*Ibid.*, p. 31.). Plus explicitement, il évoque « la prison intellectuelle, prison formée par les règles structurales de notre langage » unitaire. La critique est la voie royale moyennant laquelle on parvient à en sortir, parce qu'elle rend possible « la confrontation des cultures ». Il déclare : « Mais, alors, cette même conscience nous permet de faire irruption hors de la prison si nous le souhaitons ; nous pouvons transcender notre prison en étudiant le nouveau langage et en le comparant avec le nôtre » (Popper, *op. cit.*, p. 31). Sur le fond du sujet se trouve l'idée de la diversité d'approches certes, mais aussi celle de la différence des cultures au-delà de leur identité commune.

Effectivement la critique poppérienne du cadre du mythe de référence s'inscrit en droite ligne de cette tension essentielle entre identité et différence culturelle. Popper renchérit : « Il est évident que cette situation doit rendre la discussion rationnelle très difficile si les

---

[415] Selon Popper, lorsqu'on tente de franchir un cadre de référence on est obligé ainsi de « distinguer logiquement entre une méthode de critique erronée et une méthode de critique correcte ». Cf. « Le mythe du cadre de référence ».

[416] Popper apporte une précision et de taille : « Cette doctrine de la faillibilité a joué un rôle important dans l'histoire de la philosophie depuis ses premiers jours-de Xénophane et Socrate à Charles Sanders Peirce, -je pense qu'elle est de la plus grande importance. Mais, je ne crois pas qu'elle puisse être utilisée pour étayer le relativisme à l'égard de la vérité ». Cf. *Op. cit.*, p. 27.

participants ont été élevés dans des parties différentes du monde, et parlent des langues différentes ». Ce qu'il récuse c'est l'enseignement dogmatique ou la systématicité dogmatique ainsi que les préjugés qui font obstacle « à la discussion rationnelle ».

Dans ce cas, la relativité culturelle est d'importance, à l'opposé de l'endoctrinement par les idées figées et imposées à autrui. La diversité des cultures nourrie par la discussion critique peut être le résultat d'une « telle libération ». Elle stimule le « conflit des cultures » et conduit à accréditer la sobriété philosophique. Popper en donne les vertus cardinales : « Mes expériences me suggèrent que le conflit des cultures peut perdre une part de sa valeur si l'une des cultures entrant en conflit se considère elle-même comme supérieure, et même davantage si elle est considérée ainsi par l'autre : ceci détruit la valeur majeure du conflit de cultures, car la plus grande valeur de celui-ci consiste dans le fait qu'il peut susciter une attitude critique ». Mais cela peut conduire au « panlogisme » ou à « l'autoritarisme épistémologique ». Ceux-ci sont d'autres formes de prisons intellectuelles ou « une nouvelle prison » qui nous empêche de nous développer.

Dans l'étude comparative des cadres de référence Popper (*Ibid.*, p. 31) écrit : « Les prisons sont les cadres de référence. Et ceux qui n'aiment pas les prisons seront opposés au mythe du cadre de référence. Ils accueilleront avec plaisir une discussion avec un partenaire venant d'un nouveau monde, d'un autre cadre de référence, car cela leur donne une opportunité de découvrir leurs chaines jusqu'alors non perçues, de les briser, et ainsi de se transcender eux-mêmes. Cette façon de faire irruption de sa prison n'est bien sûr pas un sujet de routine ; elle ne peut qu'être le résultat d'un effort critique-d'un effort créateur ». Une thèse analogue est exposée par le même Popper (1990, p. 36-37) au sujet de sa critique du langage couplée aux imperfections de l'induction, du langage ordinaire, de la grammaire logique issue d'Aristote ; du moins à partir de la logique propositionnelle. A propos précisément de l'influence des prisons sur le développement de l'esprit humain, il est de bon aloi de recourir à l'argumentation poppérienne d'une certaine pratique du langage scientifique. Son propos est le suivant : « De cette dépendance vis-à-vis du langage, on tire parfois des conclusions extrêmes. Nous sommes, affirme-ton, intellectuellement prisonniers de notre langage (…) et nous ne pouvons-nous évader de notre prison par nos propres moyens, par exemple la discussion critique ».

Le souci majeur qui anime Popper à ce niveau d'analyse est de voir l'esprit humain se libérer de toutes sortes de langage unitaire, qui est une « autre prison (peut-être, il est vrai, plus vaste ». La brisure qu'il souhaite voir se réaliser concerne à bien des égards « cette théorie de l'enfermement ». Les présupposés logico-linguistiques du problème de l'induction lui servent donc de prétexte théorique pour élaborer la critique de la théorie de l'enfermement dans « les enceintes mentales » : les systèmes ou les approches des doctrines de l'universel classique à savoir l'inductivisme, le positivisme, l'intuitionnisme. Pour Popper en particulier (*Ibid.*, p. 37) l'exemple de Russell est très évocateur : « C'est ce que fit Russell, quand il découvrit ou prit conscience de l'existence de l'un de ces murs, à l'occasion de son étude critique de la philosophie de Leibniz. Prendre conscience de l'une ou de l'autre de ces enceintes mentales, c'est du même coup la détruire, puisque l'enfermement est de nature intellectuelle : il résulte surtout de notre incapacité à voir les murs qui nous enferment ». Le développement signifie se départir de toutes les murailles et leurs figures[417].

Plaider pour leur effondrement par la prise de conscience de la diversité n'est pas rien. On le voit, Popper ne peut s'inscrire en faux contre toute forme d'unité de points de vue au détriment de leur diversité. (*Ibid.*, p. 37.) Là est tout le sens de la créativité par-delà tous les « cadres de pensée » déjà existant en nous dont il récuse les présupposés dans « *Le mythe du cadre de référence* » (*op. cit.*). L'approche critique ou la mise en question de l'unité de pensée sans diversité d'opinions ne fait que l'attester. (Popper, *op. cit.,* p. 38.) C'est de cette manière que Popper élabore une nouvelle conception développementiste de l'esprit et ses rapports avec la problématique philosophique actuelle de la diversité culturelle.

Il l'a en partage avec Feyerabend (1989, p. 311) lorsqu'il évoque « le pluralisme culturel ou le meilleur (et le plus monotone des mondes ?) ». C'est-à-dire que la question de la diversité culturelle trouve son répondant chez ce dernier à partir de la thèse de « tout est bon » (Feyerabend, p. 244.) et partant son anarchisme

---

[417] Popper ajoute que les murailles prennent plusieurs formes : « Il existe plusieurs modes, en tous points analogues, d'enfermement intellectuel. Nous pouvons être prisonniers non seulement d'un langage, mais aussi de divers systèmes de présupposés, théories ou points de vue (ce qu'on a appelé des « idéologies totales », immanentes au langage, dont nous pouvons ne pas être conscients et que, pour cette raison, nous sommes incapables de critiquer ou de transcender ». Cf. *Op.cit.*, p. 31.

épistémologique. Justement, l'approche feyerabendienne de cette « formule » controversée et problématique résume en quelque manière l'anarchisme et sa psychologie du pluriel. Tantôt pris pour un principe qui scande le progrès de la science, tantôt un constat historique pour la recherche de la vérité, le « tout est bon » se prête à de multiples acceptions chez Feyerabend lui-même. Aussi paradoxal que cela puisse paraître, « le tout est bon ne peut alors être reçu en un sens absolu, parce que pour Feyerabend tout n'est pas toujours bon ». Cette précision de taille amène, malgré tout, à savoir que les tactiques que les philosophes et les scientifiques mettent en œuvre pour faire avancer la science « sont plurielles et le scientifique utilisera chaque fois celle ou celles qui sont susceptibles de l'amener là où il le souhaite » (Dissakè, 2001, p. 96.)

Au-delà de toute équivocité du sens de cette formule, il y a un enjeu épistémologique de premier ordre. A défaut d'être au principe d'un quelconque « opportunisme épistémologique » de Feyerabend, le tout est bon n'est rien moins que l'expression par excellence d'un enseignement tel que « toutes les méthodes sont les bienvenues, qu'elles puissent être dites rationnelles, ou irrationnelles, toutes les ficelles sont légitimes, et l'exploitation du contexte social comme l'intervention du politique ne sont pas à exclure ». On peut donc dire que l'une des motivations qui président à cette formule est en « rapport étroit avec le pluralisme méthodologique », « du fait qu'il n'y a pas qu'une manière d'interpréter les faits, le théoricien peut s'amener à passer d'une lecture à une autre de ceux-ci, (…) ». C'est aussi « la manière dont il compte utiliser la situation dans laquelle il se trouve pour résoudre son problème ». Plutôt que de déboucher uniquement sur un relativisme épistémologique ou pratique, la pensée du pluriel selon Feyerabend a pour enjeu, entre autres, la promotion d'une pratique libérale de la science, et surtout la reliance de l'unité dans la diversité au moyen d'un principe de complexité humaine. C'est l'objet de la partie qui va suivre.

2. Unitas *multiplex* en perspective

Malgré l'intérêt philosophique de la diversité telle qu'elle s'invente dans la pensée grecque nous venons d'évoquer, nous avons tout lieu de faire droit à la pensée complexe son corollaire. C'est là où la notion de « structures dissipatives » proposée par I. Prigogine pourrait nous servir aussi d'angle de vue. Ce qui caractérise « ces systèmes dissipatifs »[418] c'est non seulement leur diversité, mais aussi leur complexité irréductible. Il déclare : « Le pôle d'attraction peut être infiniment plus complexe, et des variations infinitésimales dans les conditions initiales pourront intervenir sur les trajectoires sur les trajectoires et les faire diverger. Le concept de trajectoire se brise. A proximité du point où les trajectoires divergent, bifurquent, le système devient sensible à des champs très faibles. On parvient alors à cette notion qu'il n'y a plus, dans une structure dissipative, un antagonisme foncier entre hasard, irrégularité et déterminisme. On constate que l'irrégularité est le résultat d'un jeu déterministe, non linéaire, à plusieurs variables. Ce n'est donc plus un système aléatoire classique. La réalité se trouverait entre irrégularité et déterminisme »[419].

Ainsi, pour comprendre diversalité en tant qu'inclusion de l'unité dans la diversité selon Morin (2013, p. 19) il faut s'adosser, en plus de la diversité, au principe de complexité : *« complexus »*, c'est-à-dire « ce qui est tissé ensemble ». Rendue beaucoup plus explicite par Morin, (2003, p. 53), à la lumière de l'acte « d'éduquer pour l'ère planétaire », « la complexité de la pensée complexe », ou « la pensée complexe de la complexité », il en résulte qu'elle est différente de la complication ». Cela a même fait dire à Jocelyn Benoist que « le complexe n'est pas du simple plus compliqué »[420] (Préface, 2012, p. 9.) En effet, ce qu'on appelle philosophie de la complexité aujourd'hui, pourvu que cette expression ait encore ou ait jamais eu un sens univoque, paraît avoir perdu tout sens d'ouverture du simple au complexe, du simple dans le complexe, ou retrouver le complexe dans le simple[421]. Justement la physique non classique lui donne ses lettres de noblesse. Tous les niveaux d'organisation font droit à la réalité qui se trouverait entre simplicité et complexité, connu et inconnu.

---

[418] Ilya Prigogine, « Nouvelles perspectives de la complexité », in Sciences et pratique de la complexité, Actes du Colloque de Montpellier, 1984, La Documentation française, 1986, p. 129-141.

[419] *Ibid.*, p. 62-63.

[420] Et pourtant il peut se faire que complication et complexité participent de la même racine, et s'appliquer à un problème renvoyant à de nombreux aspects, difficiles à comprendre ou à résoudre. De nombreuses études associent et rapprochent parfois les deux notions.

[421] La remarque de Jacques Ardoino est de taille : « Selon les usages triviaux, l'adjectif « complexe » (du latin *plecto*, *plexi, complector, plexus* : « tissé », « tressé », « entortillé », mais aussi « embrassé » « enlacé », « saisi par la pensée » ...) n'est pas toujours valorisant ». Cf. « La complexité », *Relier les connaissances*, op. cit., p. 442.

Pareille philosophie de la simplicité méthodologique se serait renfermée dans le spécialisme le plus métaphysique de type analytique renvoyant tout naturellement à Descartes ou « le simple » découle du « complexe ». Il se trouve que rien n'est simple, il n'y a que du simplifié (Gaston Bachelard[422], 1934, chap. VI : « *l'épistémologie non cartésienne* », p. 139). En dehors de ce dernier, Morin compte et revendique Niels Bohr au nombre des « pionniers essentiels à la construction d'une épistémologie de la complexité ». (Morin, 2003, p. 66). De l'analyse de la complication à la conception de la complexité, Morin (1999, p. 315) s'attache véritablement à l'intelligence de la complexité pour travailler à une « redéfinition du rôle de l'épistémologie ». (Morin, 2003, p. 67).

De la sorte, il essaie de montrer que la pensée complexe entretient des rapports étroits avec la pensée diverse. Dé-complexifier revient donc à pratiquer une sorte de simplification méthodologique à l'extrême. Pour ce faire, Morin (*op. cit.,* p.55) s'emploie à dire le sens étymologique[423]et explicite du concept de « complexité » dont l'objectif n'est pas seulement d'élucider les caractéristiques de la pensée complexe, mais aussi et surtout pour s'engager « dans une épistémologie de deuxième ordre ou de la connaissance ou de la connaissance de la connaissance. Une épistémologie complexe dont le travail lie l'étude des systèmes observés aux dynamiques réflexives ». (*Ibid.*, p. 68).

Qu'à cela ne tienne, à la question de la nature de la complexité, il répond : « à première vue, la complexité est un tissu d'éléments hétérogènes associés de façon inséparable, présentant le rapport paradoxal qui unit l'un au multiple. La complexité est effectivement le tissu d'évènement, d'actions, d'interactions, de rétroactions, de

---

[422] Ce disant Gaston Bachelard dit « la complexité essentielle de la philosophie scientifique », celle qui travaille à « déplier le complexe à montrer le simple dans le composé (…) elle lit le complexe dans le simple ». De plus, Bachelard met en évidence « une sorte de généralisation polémique qui fait passer la raison du *pourquoi* au *pourquoi pas*. Nous ferons place à la paralogie à côté de l'analogie et nous montrerons qu'à l'ancienne philosophie du *comme si* succède, en philosophie scientifique, la philosophie du *pourquoi pas. (..) C'est aussi vrai dans le monde de la pensée que dans le monde de l'action. Toute vérité nouvelle naît malgré l'évidence, toute expérience nouvelle naît malgré l'expérience immédiat* ». Cf., *Le nouvel esprit scientifique*, p. 10.

[423] A la racine du mot complexité : *« complectere »*, « *plectere* », « *com* », « *complexus* », « *complector* », « *complexio* », « *perplexus* ». Au-delà c'est à l'idée de l'irrésolution, doute et confusion, voire fusion que l'on s'attache.

déterminations, de hasards qui constituent notre univers phénoménal. C'est ainsi que la complexité se présente sous l'aspect troublant de la perplexité, c'est-à-dire de ce qui est embrouillé, inextricable, du désordre, de l'ambiguïté et de l'incertitude » (*Ibid.*, p. 57.).

Il en résulte une identité et une pluralité des complexités dues à la « dynamique de la connaissance et de l'entendement ». Ces complexités sont de plusieurs formes : diversité, désordre, contradictions logiques, erreur, hasard organisateur, indétermination, chaos, multi-dépendance, fluctuations. Cela fait dire à Roger Lewin que tous ces objets d'étude identifiés tantôt aux disciplines scientifiques, tantôt aux systèmes complexes, dynamiques, non linéaires, suscitent l'avènement d'une « science de la complexité ». (Lewin cité par Morin *op. cit.*, p. 59.) Elle est d'autant plus incontournable au cœur de la philosophie contemporaine des sciences que même Thomas Kuhn (2016, p. 11) a dû y songer, quoiqu'en des termes quelque peu différents de ceux dans lesquels Morin s'y emploie.

Plutôt les deux penseurs contemporains s'y attachent presque dans la même optique et dans le même but, c'est-à-dire considérer l'articulation des savoirs comme noyau de transformation des sciences. Cette figure de la diversalité a ceci de particulier qu'elle « embrasse des changements d'ordre conceptuel en cosmologie, en physique, en philosophie aussi bien qu'en matière de religion. Ces aspects particuliers de la révolution ont été approfondis à diverses reprises et sans les études qui en résultent », la science de la complexité envisagée n'aurait pas été pensée ainsi. C'est « le caractère multiple de cette révolution » qui dépasse le cadre théorique et paradigmatique de la simplicité. Il nous semble que ce ne peut être qu'à partir d'une complexité dialogique[424] et non l'inverse, comme porterait à le croire le point de vue de certains physiciens contemporains.

A en croire Kuhn, ce sont « les études spécialisées, comme les travaux élémentaires qui s'appuient sur elles, ne peuvent que masquer

424 Le même principe d'articulation des entités qui a mis en question la logique de la séparabilité a été étudiée avec minutie par Henri Laborit dans *Dieu ne joue pas aux dés* ? « Chaque monde est formé selon ce principe, tant le monde d'En-Haut que le monde d'En-bas. Depuis le frémissement du point suprême jusqu'aux confins des choses, cerveau à l'intérieur d'un cerveau, souffle au-dedans d'un autre souffle, ainsi emboités, l'un est l'écorce pour l'autre et ainsi de suite ». *Op. cit.*, p. 37.

l'une des caractéristiques les plus essentielles et les plus fascinantes de cette révolution, celle précisément qui surgit de son caractère multiple ». C'est la philosophie de la diversité qui est en jeu, parce qu'il n'y a qu'elle pour rendre capables les hommes de sciences, de créer une nouvelle physique, une nouvelle conception de l'espace, et une nouvelle relation de l'homme à Dieu ». (*Ibid*., p. 10). On peut donc, à ce stade d'analyse nuancer le point de vue de Morin selon lequel l'épistémologie anglo-saxonne a ignoré la complexité ; quand bien même elle aurait été pensée en termes de combinaison ou d'interaction des concepts ou des sciences. Kuhn y fait droit. Et pour cause ?

Il estime que la diversité des sciences ainsi que les « révolutions scientifiques » impliquent la corrélation des disciplines. Il déclare que « de tels liens interdisciplinaires créateurs jouent des rôles multiples et variés dans la révolution copernicienne ». Sa pensée de la complexité, pour ainsi dire, réside dans l'analyse de « la nature de ces liens et leurs effets sur le développement du savoir humain ». Plus même, Kuhn travaille à la pensée reliante des connaissances dans la mesure où il part de leur caractère multiple. C'est aussi en cela que réside son apport dans la construction d'une philosophie de la diversité. Qui plus est, il est de ceux qui pensent la pratique scientifique dans la relation, dans les frontières établies ou qui séparent la « science », « l'histoire » et la « philosophie ». On ne peut comprendre ni la nature, ni la révolution de la science, ni même ses origines sans saisir pleinement au préalable les concepts et les données relatives à la diversité des sciences.

L'Unité et la diversité des sciences sont donc des composantes structurales scientifiques et essentielles qui dominent la science contemporaine. Kuhn (*Ibid*., p. 11), n'en dit pas moins lorsqu'il estime que l'articulation des sciences ne constitue pas la « totalité ». Cela tient de la relative autonomie dont jouissent quelques sciences dans cette logique combinatoire des disciplines scientifiques. Pour preuve : « l'astronomie planétaire n'a jamais été une recherche totalement indépendante, avec ses propres critères immuables de précision, d'adéquation et de preuve. Les astronomes étaient familiers avec d'autres sciences et ils étaient engagés dans divers systèmes philosophiques ou religieux ». Enrichie par cette complémentarité, l'idée de l'auteur conduit à penser que « les croyances extra-astronomiques » ont partie liée avec « l'histoire intellectuelle ». Kuhn les « développe donc parallèlement à l'histoire de la science » (*Ibid*., chapitre 2, p. 67.) Quoique peu convaincu de la réelle distinction qui existerait entre ces deux composantes de la connaissance humaine, il plaide pour « la combinaison de la science et de l'histoire intellectuelle ». Ce fait paraissant quelque peu inhabituel aux yeux de quelques scientifiques classiques, la diversité y conduit. Parce que « les concepts scientifiques sont des idées et, en tant que tels, ils font partie intégrante de l'histoire intellectuelle ». On peut inférer que la diversité a un sens en tant que théorie, mais également en tant « qu'élément d'information ayant une valeur intrinsèque ». Elle prend évidemment sens dans un cadre historique et philosophique des sciences. Son utilité est éclairée davantage par « la façon dont la science affecte la vie de l'homme ». Il y a un intérêt pratique ou pragmatique de la diversité.[425]

Par ailleurs, la complexité épistémologique ne peut être comprise proprement sans admettre sa diversité constitutive des « imaginaires concurrents de la complexité ». Qui plus est, elle renvoie à « la multi-dimensionnalité et la multi-réfentialité » selon les termes employés par Jacques Ardoino, (1999, p. 446). Se pose alors le problème de la diversité des regards, des lectures plurielles des réalités qui peuvent être conflictuelles, non sans favoriser au sein d'un système complexe de l'interactivité, en tant qu'effet de force et cause d'irréductibilité des éléments, des situations et des phénomènes mis en lumière.

En conséquence, le principe « *d'unitas multiplex* » mis en évidence tient de la complexité épistémologique, en tant que problème fondamental et un nouveau paradigme. Il exige de nous la mise en jeu de nouveaux modes de pensée, parce que les représentations traditionnelles de l'homme ont fait leurs limites. Elles ont travaillé à morceler l'homme, à le fragmenter pour l'étudier ou l'enseigner. De la sorte, elles n'ont fait que le priver de sa richesse multidimensionnelle, c'est-à-dire sa diversité d'ordre biologique, psychologique et social. En fait selon Morin (2010, p. 8) : « l'homme n'est pas seulement homo sapiens (en tant qu'il sait et qu'il sait qu'il sait), « *faber* » (fabricateur) ou « *oeconomicus* (calculateur et mû par le seul intérêt personnel), autant de conceptions réductrices (et narcissiquement valorisantes) qui placent l'homme à part, l'isolant de tout. Il est aussi « *demens* » (en tant qu'il invente, imagine ou tue) et « *ludens* », (il

---

425 Kuhn est conscient de la portée heuristique de la diversité sous l'angle pédagogique quand une théorie se prête à un accueil divers par les étudiants et les scientifiques.

divertit, s'exalte ou se consume) ». Effectivement, après avoir souligné l'étude de la place et de la signification de la diversité au cœur de la philosophie et son histoire le principe de l'unité et la diversité humaine dans l'axe de l'éducation s'impose ici comme une nécessité d'étude.

Morin en fait son miel dans la quasi-totalité des ouvrages qui font signe vers l'acte d'éduquer l'homme à l'ère planétaire, en vue de son développement. L'idée directrice de cette partie est axée sur les visées de l'éducation à la lumière du principe non seulement d'unité/diversité, mais aussi et surtout du principe qui consiste à relier, ou articuler ce que les humanités et les sciences classiques avaient dispersé. En effet, dans *Les Sept savoirs* (1999, p. 60), il exprime l'idée de l'unité et la diversité culturelle en ces termes : « On dit justement **la** Culture, on dit les cultures. La culture est constituée par l'ensemble des savoirs, savoir-faire, règles, normes, interdits, stratégies, croyances, idées, valeurs, mythes, qui se transmet de génération en génération, se reproduit en chaque individu, contrôle l'existence de la société et entretient la complexité psychologique et sociale. (…) Il y a toujours la culture dans les cultures, mais la culture n'existe qu'à travers les cultures ».

Au-delà de la dynamique de la culture et de son caractère pluriel, Edgar Morin insiste sur la logique combinatoire des cultures au moyen du principe dialogique. C'est tout le sens qu'il confère à bon droit à la « diversité culturelle » et à la reliance des cultures. Un des principes de complexité méthodologique qu'il entend promouvoir pour scruter la signification et la valeur philosophique de la diversité semble être « la dialogique ». Globalement Morin (2004, p. 262), affirme que : « ce terme veut dire que deux ou plusieurs logiques, deux principes peuvent être unis sans la dualité se perde ou s'évanouisse dans cette unité. L'approche dialogique est le principe qui permet d'associer deux logiques différentes dans un principe qui n'absorbe pas leurs identités ou leur originalité ».

Cela étant, la dialogique exprime l'idée d'échange, de la communication, du dialogue. Tout au plus, elle nous apprend que « le trois peut être un ». En dehors de la dialogique qui est un principe de complexité rendant intelligible la diversité il y a lieu de penser que les chemins qui mènent à cette même complexité sont multiples ou divers. Cette idée veut dire que le multiple est dans l'un et qui est dans le multiple. Pareille diversité est de nature à faire exister « une brèche dans laquelle peut se manifester la dimension poïétique : ouverte à la création de formes ». La dimension poïétique de la recherche en philosophie est révélatrice de la culture des brèches au sein même de la scientificité[426].

Qu'appelle-t-on d'abord « diversifier » dans l'optique de Morin ? C'est l'art d'organiser sa pensée complexe, de relier et de distinguer à la fois le clair et l'obscur, le bien et le mal, le simple et le complexe, le juste et le vrai, le chaos et l'harmonie, etc. Il s'agit de favoriser l'aptitude de l'esprit humain à contextualiser et à globaliser, c'est-à-dire la capabilité de lier et d'inscrire toute information ou toute connaissance dans son contexte et son ensemble. En fait, raisonner sur la diversité c'est alors user de la faculté à appréhender les problèmes fondamentaux et globaux qui doivent inviter l'esprit humain à la régénération d'une trans-culture, c'est-à-dire non plus seulement limitées aux Pays occidentaux, mais qui serait constitutive des nouveaux Pays dits émergents fondés sur les enrichissements mutuels du principe dialogique.

Pour le dire autrement, il ne suffit donc pas d'énoncer la diversité parmi les défis de la globalité, encore faut-il « relier les aspects » qui concourent à la connaissance multidimensionnelle. C'est dans ce sens que se situe « la pensée interstitielle » dont j'ai osé viser l'instauration ailleurs. (Nsonsissa, 2010, p. 319) et ce, dans le cadre épistémologique de la complexité axée sur le rejet des désunités des sciences, des systèmes et des pensées. Dans le fond, ceux-ci ne sont pas ici juxtaposés. Ils sont tous nécessaires les uns aux autres, non seulement complémentaires, mais aussi concurrents et antagonistes. Morin (1999, p. 60) constate effectivement que « ceux qui voient la diversité des cultures tendent à minimiser ou occulter l'unité humaine, ceux qui voient l'unité humaine tendent à considérer comme secondaire la diversité des cultures. Il est au contraire approprié de concevoir une unité qui assure et favorise la diversité, une diversité qui s'inscrit dans une unité ».

Par contre, s'il est admis que cette perspective articulatoire est contemporaine pour autant qu'elle articule tant s'en faut « pensée

---

[426] Une synthèse *épistémologique de la notion de « scientificité » a été faite par Dominique Lecourt, « La scientificité », in Relier* les connaissances, (dir.), Edgar Morin, *op. cit.*, pp. 420-425.

globale et pensée complexe »[427], par ailleurs elle traverse de part en part, et ce, encore une fois, l'histoire de la philosophie. A preuve, Whitehead (2011, p. 97) dans une récente réflexion consacrée essentiellement aux « visées de l'éducation et autres essais » rappelle à toutes fins utiles « la place des études classiques dans l'éducation ». Il plaide pour une diversité des savoirs non sans unité à partir de « l'éducation technique dans sa relation à la science et à la littérature », « le *curriculum* de mathématiques ».

Du point de vue épistémologique pareille anatomie de quelques idées scientifiques et pédagogiques de l'éducation a été explicitée par Daniel Andler et bien d'autres chercheurs (2002, p. 1129) dans le contexte philosophique des sciences : « Le philosophe des sciences a une obligation supplémentaire, qui est de maintenir une liaison vivante entre les sciences et la philosophie, celle des chercheurs, celles des professeurs, celle des élèves, et des étudiants ». Il s'agit de prendre au sérieux « la richesse et la diversité » (*Ibid.*, p. 1131) de leur articulation constituant ainsi pour l'esprit scientifique contemporain « une source précieuse de questionnements toujours nouveaux ». (*Ibid.*)

Que peut-on alors en penser ? La tentative de dogmatisme et de réductionnisme de la pluralité à l'unité tombe en panne. Une approche beaucoup plus complexe de la recherche en philosophie se pointe sous la plume de Feyerabend (1996, p. 274-275). Il affirme : « Le monde du sens commun grec (…) était assez compliqué quand Parménide a écrit. Cela ne l'a pas empêché de postuler et même de prouver que la réalité était différente, simple et offerte à la conquête de la pensée. La philosophie moderne, bien que plus incertaine sur ce point, contient toujours l'idée qu'il existe des structures claires derrière les évènements complexes (…) Quand la routine tombe en panne, la clarté disparaît et des idées, des perceptions, des sentiments étranges émergent ».

Cette tentative fructueuse dans la mesure où chemin faisant la philosophie et son histoire vont s'exposer à la complexité du réel et la

---

[427] Pour Edgar Morin la diversité ne va pas sans « relier les connaissances ». Sur fond de défi, il estime que cette exigence méthodologique est inscrite au cœur de notre pratique philosophique qui remonte à Platon dont il loue les mérites en ces termes : « T*héétète* : C'est la plus radicale manière d'anéantir toute argumentation que de séparer chaque chose de toutes les autres, car la raison nous vient de la liaison mutuelle entre les figures ». *Relier les connaissances, op. cit.*, p. 5.

pensée contradictoire même sous l'angle de vue pédagogique. Pour Morin, particulièrement l'éducation complexe envisage ainsi l'étude philosophique de l'être humain dans sa totalité de corps : physique et mental, d'âme et d'esprit. Une telle éducation transdisciplinaire et transversale est de nature à la fois holistique, c'est-à-dire elle prend conscience de la relation entre le tout et la partie, et heuristique dans le sens où elle fait progresser positivement la connaissance de l'être humain du point de vue multidimensionnel et multi-référentiel.

Cette perspective globale et complexe est doublée d'une « écologie spirituelle »[428] (Morin, 1994, p. 61). « Ecologiser l'homme » d'après ce dernier signifie tenir compte de la complexité des rapports entre l'homme et son environnement, puis considérer l'homme lui-même comme une totalité des rapports fondés sur ce que Michel Maffesoli a cru pouvoir identifier à « l'écosophie » (2010, p. 62). C'est la raison qui préside à la signification éthique de la diversité.

Morin s'attache à la dimension psycho-sophique de l'éducation de l'homme. Elle ne se contente pas de réduire son étude à l'hypertrophie cérébrale. Elle réévalue l'homme dans toutes ses composantes structurales : les dimensions psychiques, corporelles, et psychosomatiques. Ces composantes sont comme des rapports entre l'homme et Dieu, l'homme et lui-même, l'homme et autrui, l'homme et l'environnement socioculturel. Ces relations rendent à l'homme sa dignité d'être pluriel et divers dans l'approche globale et partielle de l'être humain en situation d'apprentissage. Cela permet à Morin (1999, p. 61) de penser que « l'être humain est lui-même à la fois un et multiple. Nous avons dit que tout être humain, tel le point d'un hologramme, porte le cosmos en lui ». Pareille démarche fait que l'homme soit un être un et différent, c'est-à-dire physique et mental. Le néologisme fécond utilisé par Morin est « l'uni-dualité ». Il explique : « L'humain est un être à la fois pleinement biologique et pleinement culturel, qui porte en lui cette uni-dualité originaire. C'est un super- et un hyper-vivant » (Morin, 1999, p. 55). Pour le dire autrement, prendre en ligne de compte la culture de la diversité ou du pluriel dans l'éducation de l'homme revient à rééquilibrer la personne

---

[428] Cette écologie se fonde sur les grands domaines de la Nature, la vie, la connaissance, les idées, l'humanité et l'éthique. « Sa vertu principale, reconnue volontiers par Morin, est justement, une relation de principe qui fait communiquer, sur le plan scientifique », ce que la science disjoignait impérativement alors : le royaume de la physique et celui de l'esprit ». Cf. *La complexité humaine*, *op. cit.*, p.61.

humaine dans toutes ses dimensions matérielles et spirituelles ; en même temps qu'elles la relieraient au cosmos, et partant à l'énergie fondamentale de son être.

Une telle logique n'est rien moins que non classique, c'est-à-dire la logique du tiers-inclus qui accepte les niveaux subtils de la réalité. Elle est couplée à la didactique transversale des disciplines travaillant à la réhabilitation adaptée d'une anthropologique tria-listique ou tripartite. Elle procède de la valeur de notre « *bios* » dont elle fait partie intégrante. L'éducation transdisciplinaire fait du corps humain un méta-niveau de la connaissance des êtres et des choses. Ce niveau supérieur d'étude tient compte de ses émergences « globales » et « partielles » de l'esprit humain. Tout comme il vise à donner du sens à « la pensée interstitielle » qui met l'homme à l'interface de sa dimension physico-chimique, et sa dimension psycho-sociale. Morin (1999, p. 55) affirme : « L'homme ne s'accomplit en être pleinement humain que par et dans sa culture (…) En même temps, nous trouvons une triade bio-anthropologique autre que celle cerveau-esprit-culture ».

On retrouve par ce biais les vertus cardinales de la « reliance des connaissances », et des entités culturelles, psychiques, et biologiques (Morin, 1999, p. 78), dont l'enjeu est aussi la conquête du sens pratique de la connaissance humaine, une didactique de la reliance pourrait-on dire, intégrer dans la connaissance de l'homme un espace-temps énergétique des êtres et des choses qui nous entourent. Eduquer l'homme aujourd'hui consiste non seulement à mobiliser le tout mais aussi à recomposer le tout, c'est-à-dire l'ensemble de tout ce qui vit, de ce que l'homme vit, et ce qui vit en lui. Cela suppose qu'il faut éduquer l'homme pour le servir et le servir pour l'éduquer davantage.

La métaphysique de la connaissance qui préside à l'éducation intérieure et extérieure de l'homme se veut donc interculturelle, multiculturelle et trans-personnelle, voire transculturelle. Plus même selon Morin : « L'éducation devra veiller à ce que l'idée d'unité de l'espèce humaine n'efface pas celle de sa diversité et que celle de sa diversité n'efface pas celle de l'unité. Il y a une unité humaine. Il y a une diversité humaine. (…) La diversité n'est pas seulement dans les traits psycho-logiques, culturels, sociaux de l'être humain. Il y a aussi une diversité proprement biologique au sein de l'unité humaine ; il y a une unité non seulement cérébrale mais mentale, psychique, affective, intellectuelle ; de plus, les cultures et les sociétés les plus diverses ont des principes génératifs ou organisateurs communs. C'est l'unité humaine qui porte en elle les principes de ses multiples diversités ». Cela suppose que nous révisions nos modèles didactiques qui ont fait preuve de leurs insuffisances qualitatives dans l'appréhension de la « complexité humaine ».

L'homme, qui plus est la société n'est plus « unidimensionnelle » selon la belle expression d'Herbert Marcuse (1968, p. 27). L'étude du « phénomène humain » (Pierre Teilhard de Chardin, 1955, p. 171) nous oblige à s'ouvrir, à aller vers d'autres formes de pensée, d'autres cultures, d'autres rationalités. L'éducation de l'homme, pour autant qu'elle se veut sans frontières, se nourrit désormais de tout ce que l'homme pense, et de tout ce qui peut l'alimenter en permanence, non sans le stimuler dans une sorte de « tension essentielle » entre le bien et le mal, le positif et le négatif, le plein et le vide, la joie et la douleur, le doute et la croyance. Autant de couplets épistémiques allant dans le sens de la libération de la réflexion sur l'homme tendant à « penser ailleurs » au sens où l'entend Montaigne (Montaigne, 1962, p. 812). Il s'agit d'une découverte des paramètres cachés qui rentrent dans le mystère de la connaissance humaine, avec ses déterminismes culturels, institutionnels, générateurs des modes de fonctionnements irréguliers, non linéaires. L'éducation de l'homme doit être ouverte à « l'inénonciable ». (Dissakè, 2001, p. 116.).

Dans ces conditions nous avons tout lieu d'intégrer dans le processus complexe, les habilités intellectuels de chacun, la révolution du bon sens, en vue de comprendre la place et la signification de l'expérience vécue, du monde vécu dans le but de poursuivre la formation de l'esprit humain et de procéder au « solutionnement » des problèmes quotidiens dans une didactisation du vécu et du conçu. Pour ce faire, il faut cultiver davantage la conscience « diversitaire », en allant vers la pluralité des raisons et l'unité de la raison humaine : la raison est une et plurielle, la transcendante du réel humain par la réflexion critique, celle qui met en avant l'autocritique comme processus ouvert et controversé de construction intersubjective de l'objectivité de la connaissance, des objets à étudier.

On peut même envisager par là une perspective trans-subjective, plus ample et plus souple de la « responsabilisation » des hommes face aux défis que la future pensée du monde lance à l'esprit humain au nombre desquels l'acte de savoir choisir rationnellement entre les « alternatives ». (Paul Feyerabend, 2012, p. 32).

En conséquence l'éducation de l'être humain doit montrer le lien indissoluble entre l'unité et la diversité de tout ce qui est humain dans l'homme. Elle doit donc être pluridisciplinaire, interdisciplinaire et transdisciplinaire. Du coup, la thèse principale est que l'unité de visée éducative est couplée à la diversité des perspectives méthodologiques et épistémologiques. C'est une structure didactique de l'éducation de l'être humain et d'un trait essentiel du développement de l'esprit humain en général qui puise ses racines philosophiques et historiques dans la culture de la diversité. En témoigne la procédure adoptée par Feyerabend dans *Une connaissance sans fondements* où il puise l'idée de la diversité « dans la figure mythique de Thalès, philosophe ionien, qui comme ces pionniers grecs, était curieux, cultivé et informé dans à peu près tous les domaines de l'effort humain, qu'on a l'incarnation du philosophe antidogmatique qui réserve une place de choix à l'imagination et à la liberté et opte pour le mode vie critique ». (Paul Feyerabend, 1999).

D'une importance fondamentale pour la compréhension de la philosophie de la diversité, le pré-socratisme en est, en quelque manière, un exposé de l'un des axes programmatiques au développement de l'esprit humain dont le penseur contemporain devrait pouvoir s'inspirer pour s'attacher à réaliser le progrès du savoir. Sur la liaison de la diversité et du développement il importe de reconnaître également que la prise de conscience et la reconnaissance du « multidimensionnel » sont des vertus cardinales de la performance en matière de connaissance. A preuve Morin (1999, p. 61) pense que « la diversité des cultures constitue un de ses plus précieux trésors » de l'humanité. En fait, quand on se réfère particulièrement aux philosophes modernes et leur éthique de la connaissance il est judicieux de penser à Leibniz (1646-1716). En fait entre-lançant sa vie et son œuvre, tout porte à croire qu'il est l'incarnation par excellence de la culture de la diversité au cœur de la théorie moderne des sciences, parce qu'il a toujours travaillé à articuler les savoirs, leurs rationalités.

Pour éclairer l'une par l'autre, il a besoin des parties constitutives de la connaissance humaine. Sa philosophie tisse les harmonies pour ainsi dire qui font d'un système leibnizien foisonnant et souvent difficile, par ailleurs révélateur d'un ensemble éminemment cohérent. Tout travail intellectuel retrace nécessairement le parcours mouvementé de celui qui veut développer et se développer au moyen de la culture de la diversité. Quoi de plus logique si ce n'est de prendre Leibniz pour un exemple exemplaire, pour avoir montré que la vraie pensée est toujours au travail à travers les évènements et les rencontres qui l'enveloppent, et pour avoir été, lui-même juriste, conseiller politique, bibliothécaire, généalogiste, mathématicien, etc. La dynamique de sa pensée a été crédibilisée aussi par la prise en main active des débats d'idées scientifiques et politiques de son siècle. (Yvon Belaval, 2005, p. 6.). La philosophie de la diversité pour ainsi dire donne donc lieu à un rêve d'encyclopédie, celui de parcourir la connaissance en tous sens, de voir tout autant que possible, décrire partout. La diversité exige de nous contemporains un vaste savoir, des points de vue multiples sur la réalité.

Au point où nous avons d'énormes difficultés quant à placer le centre. Qui plus est, il est malaisé de trouver l'intuition centrale d'une entreprise cognitive critique. Loin de tout « panlogisme » selon le mot de Couturat et Russell, sans prétention aucune d'un quelconque « pan-mathématisme » comme dit Brunschvicg, Leibniz donne à entendre la philosophie de la diversité comme étant aux origines de la pensée globale celle qui permet d'élaborer des points de vue qui s'y répondent. Mais, selon Belaval là « nulle doctrine n'impose davantage le sentiment de l'unité ; en nulle le foyer de cette unité n'est plus insaisissable » (*Ibid.*, p. 10). Dans cette configuration à quelque point de vue que l'on se place, les aspects de la connaissance aussi convergent tout autant qu'ils divergent[429].

Dans la formation et la transformation de l'esprit humain, la prise en compte de ce pluralisme cohérent de la recherche en philosophie moderne est d'importance. Elle permet de sauver à la fois l'esprit humain de l'enfermement intellectuel, et la diversité humaine de l'éloge de la différence. Mais la problématique philosophique de la diversité débouche tout naturellement sur ce que Morin appelle « la symbiosophie », c'est-à-dire la sagesse de vivre-ensemble ». Qui plus est, d'après Morin : « L'unité, le métissage et la diversité doivent se

[429] Nous avons tout lieu de préciser que selon Belaval : « Connaître la pensée d'un philosophe n'est pas totaliser ses connaissances, mais en retrouver la méthode, (...) la vision d'ensemble. Or à coup sûr, cette vision est monadologique. Il se peut qu'on ne sache où fixer l'intuition directrice, centrale que l'on dispute sur la part à accorder dans la genèse à telle ou telle discipline ; toute grande philosophie soulève des débats semblables Mais n'es-ce pas beaucoup que d'embrasser en même temps l'unité si systématique qui pousse les commentateurs à invoquer un panlogisme, un pan-mathématisme, un panpsychisme, etc., et la diversité des perspectives qui s'ouvrent de tout point de vue ? », *op. cit.*, p. 12.

développer contre l'homogénéisation et la fermeture. Le métissage n'est pas seulement une création de nouvelles diversités à partir de la rencontre ; il devient, dans le processus planétaire, produit et producteur de reliance et d'unité. Il introduit la complexité au cœur de l'identité métisse (...) cultivé sa poly-identité »[430].

Cela étant, faire droit à la complexité inhérente à cette considération philosophique sur le « métissage » c'est effectivement penser que la diversité est un problème et un défi. Donc, elle n'est pas une réponse à tout. Sans préjudice des nuances hypothétiques qui existent entre les concepts propres, du point de vue de leur synonymie, les concepts de diversité, complexité, « multi-dimensionnalité », et « multi-référentialité » (Jacques Adoirno, 1999, p. 446) n'ont jamais quitté le mode hypothétique de la connaissance. Ils accordent une légitimité beaucoup plus grande à au projet « transdisciplinaire » (Nsonsissa, 2010, p. 191) comme actualisation de la pensée de la diversité en relation avec la pensée complexe qui elle-même renvoie à la pensée de la complexité du réel. Mais la nuance y relative faite par Jacques Ardoino (1999, p. 450) est d'importance : « Vouloir relier les connaissances (...) n'aboutit pas au développement d'une transdisciplinaire « homogénéisante », mais à les situer précisément les unes par rapport aux autres fonctions de leurs altérités historiques, anthropologiques et épistémologiques (sans exclure pour autant leurs possibilités d'altération mutuelle) ».

Cela dit, le problème fondamental auquel on aboutit avec Morin (1999, p. 59), est non seulement « la reliance des connaissances » mais aussi et surtout l'articulation des domaines justifiant ainsi « l'unité et la diversité humaine ». Autrement dit, la culture du pluriel conduit à articuler le « domaine individuel », « le domaine social ». Cela tient aussi bien de la pluralité des entités que du développement humain. Il déclare que « dans le domaine de la société, il y a unité/diversité des langues (...), des organisations sociales et des cultures » (*Ibid.*, p. 60). On est conduit à plusieurs aspects de la diversité.

D'abord Morin (*Ibid.*, p. 58), plaide pour « un développement vraiment humain qui signifie développement conjoint des autonomies

[430] Edgar Morin, (1999, p. 85) La signification de la poly-identité n'est rien moins que la diversité des identités : l'identité familiale, l'identité régionale, l'identité ethnique, l'identité nationale, l'identité religieuse ou philosophique, l'identité continentale, l'identité terrienne, l'identité culturelle, bref, l'identité complexe.

individuelles, des participations communautaires et du sentiment d'appartenance à l'espèce humaine ». Cette affirmation rend explicite le lien séminal entre la diversité et le développement. Chacun des termes mis en relief est à la fois dépendant et autonome. Ensuite, Morin (*Ibid.*, p. 59) estime que le développement que suscite la culture de la diversité est couplé à la problématique de la compréhension. Parce que « comprendre l'humain, c'est comprendre son unité dans la diversité, sa diversité dans l'unité. Il faut concevoir l'unité du multiple, la multiplicité de l'un ». Enfin, cette perspective conduit à la signification morinéenne de l'encyclopédisme persistant. En fait, pour avoir montré dans les lignes qui précèdent comment s'applique à l'éducation le principe d'unité et de diversité, maintenant, les conséquences métathéoriques font signe vers le concept intégrateur qui advient de cet état des choses : « l'encyclopédisme » dont Morin dit la signification en référence à la philosophie des Lumières[431].

Alors, donc, mon propos s'est proposé de montrer que la conscience et la connaissance de l'unité et la diversité humaines, par-delà l'éloge de la différence, permettent de lutter contre le développement du sous-développement de l'être humain, en contexte d'éducation à l'ère planétaire. Elle doit veiller à l'idée d'unité de l'espèce humaine qui n'efface pas celle de l'unité. Il y a non seulement une unité humaine, mais aussi une diversité humaine. L'unité n'est pas que dans les traits caractéristiques de l'espèce humaine. Elle est dans la diversité qui ne se réduit pas, non plus, aux traits psychologiques culturels sociaux de l'être humain, mais tend à la créativité d'approches multiples des entités à l'instar du corps[432] et de l'espace. Il est évident que Carnap n'est pas le seul à avoir montré la catégorie de l'espace comme étant quelque chose qui se prête à diverses acceptions.

Dans l'histoire de la philosophie contemporaine en particulier l'idée de la diversité de l'espace a été également accréditée par plus d'un. Henri Bergson est considéré parmi ceux dont la position du problème de l'espace montre la difficulté de pouvoir diviser l'unité en diversité. A preuve : « comment diviserait-on l'unité (...) comment la

---

[431] Je suis en passe de suivre l'interprétation de Jacques Bouveresse, *Essais V. Les lumières des positivistes*, Paris, Agone, coll. « Banc d'essais », 2011, p. 55.

[432] Cela fait penser à Bernard Andrieu, *Sentir son corps vivant. Emersiologie* 1. Paris, Vrin, coll. « Moments philosophiques », 2016, p. 228. L'auteur plaide pour « la mobilité du corps vivant », et partant d'une épistémologie des savoirs corporels dont l'enjeu est de « renouer le dialogue » entre les sciences « dures » et « molles ».

fractionnerait-on tout en la déclarant une, si on ne la considérait implicitement comme un objet étendu, un dans l'intuition, multiple dans l'espace ? »[433] (Bergson, 1946, p. 59-) Une dialogique de l'unité dans la diversité s'impose donc à l'esprit humain comme une nécessité impérieuse. Bernard Andrieu (2016, p. 227) est plus explicite lorsqu'il indique que même « chez Descartes, comme l'a montré Kambouchner, il n'y a pas que le dualisme puisqu'on trouve aussi, dans plusieurs textes, une communication entre le corps et l'esprit. »

La diversité proprement biologique se trouve inscrite au cœur de l'unité humaine. Il existe une unité à la fois cérébrale, mentale, psychique, affective, intellectuelle. Cela prouve à suffisance que le développement humain ne procède pas uniquement de la « rationalité », mais aussi de ses frontières et ses limites. La diversité de l'humain vient de la complexité de ses conditions d'existence. Morin (1999, p. 62), renchérit : « L'homme de la rationalité est aussi celui de l'affectivité du mythe et du délire. L'homme du travail est aussi l'homme du jeu. L'homme empirique est aussi l'homme imaginaire. L'homme de l'économie est aussi celui de la « consumation ». L'homme prosaïque est aussi celui de la poésie, c'est-à-dire de la ferveur, de la participation, de l'amour, de l'extase ». Cela étant posé, l'évidence du fait est que les cultures et les sociétés les plus diverses ont des principes génératifs ou organisateurs communs. Tous les êtres humains sont identiques et unis par un lien d'amour sans visages et sans rivage. L'unité humaine porte en elle les principes fondamentaux de ses multiples diversités. L'esprit de notre temps conduit à comprendre l'humain dans son unité au cœur de la diversité et la diversité dans l'unité.

Mais il n'est pas suffisant de concevoir l'unité du multiple, encore moins la multiplicité de l'un. Partant de cette complexité, Morin pense qu'il faut enseigner la condition humaine qui devient à la fois une contrainte pédagogique et un défi épistémologique du XXIe siècle. L'éducation postmoderne devra intégrer et illustrer le principe d'unité-diversité dans tous les domaines de la connaissance. Car tout développement vraiment humain en dépend. A suivre Morin (1999, p. 62), tout porte à croire que « l'être humain ne vit pas que de rationalité et de technique ; il se dépense, se donne, se voue dans les danses, transes, mythes, magies, rites ; il croit dans les vertus du sacrifice : il a

---

[433] Bergson cité par François Heidsieck, *Henri Bergson et la notion d'espace*, Paris, L'Harmattan, coll. « Ouverture philosophique », 2011, p. 47.

vécu souvent pour préparer son autre vie au-delà de la mort ». Il faut conjoindre les autonomies individuelles, les participations communautaires et le sentiment d'appartenance à l'espèce humaine élevée au rang positif de l'universel. Le développement intégral et viable n'est envisageable que si l'éducation transversale se fonde sur un principe pertinent : *l'Unitas multiplex*, c'est-à-dire la reliance du domaine individuel et du domaine collectif ou social. Mais la diversité se veut culturelle pour autant qu'elle donne droit à la pluralité d'individus. Ainsi, il y'a toujours la culture dans les cultures, mais la culture n'existe qu'à travers les cultures.

A ce stade nous avons tout lieu de comprendre pourquoi Morin (1999, p. 60) a consacré des moments à « la diversité culturelle et pluralité d'individus ». On peut donc dire que ce « double impératif philosophico-anthropologique » couplée à la radicalité éthique deviennent « l'objectif fondamental et global de toute éducation aspirant non seulement à » un développement de l'humain, mais aussi et surtout à la « reliance » des cultures et des identités. Alors, cela fait penser à l'étude menée depuis peu par le philosophe et sociologue Nsame Mbongo lorsqu'il questionne le « choc des civilisations ou la recomposition des peuples » (2004, p. 3.).

La culture de la diversité paraît évidente dans la « coexistence des communautés ou du choc des civilisations » qu'il promeut au cœur des « réflexions sur les différences, les différends et les développements des communautés ». (*Ibid.*). En définitive, l'intention qui nourrit la philosophie de la diversité permet de souligner à la suite d'Elimane Kane (2015, p. 12) que « si donner un sens à l'existence est le propre de l'homme, et si l'intuition et la traduction des effets de sens engendrés par l'activité humaine constitue la mission que la philosophie s'est assignée », alors la réflexion transversale esquissée ici à titre prolégomènes à une philosophie de la diversité pourra se présenter comme un pluralisme cohérent de la pensée contemporaine.

Tout comme elle a voulu être et montrer au cœur de la philosophie de Morin (1994, p. 302) et ses enjeux épistémologiques et méthodologiques que le développement se fonde aussi sur un principe : « la réintégration du concepteur dans la conception ». Au nombre de ceux-ci on peut dire le principe de complexité, celui qui nous fait dire la connaissance du pluriel sans fondements, en plus, qui est encore loin d'avoir atteint ses objectifs. Néanmoins, l'articulation dialogique de l'unité et la diversité humaine dans sa problématique et ses perspectives méthodologiques ne font que l'attester.

Cependant, d'autres approches sont encore en discussion autour de la même problématique de la diversité et ses difficultés philosophiques relatives à la complétude de l'être qui est un et multiple. Qu'il suffise de signaler, entre autres, la « multiplicité variationnelle chez Badiou et Wittgenstein », analysé avec grand soin par Antonia Soulez « la poétique de la multiplicité » tirée des écrits de Daniel Charles dans *Musiques nomades* (1990, p. 168) ou « la multiplicité selon la relativité conceptuelle ».

On peut donc, parler d'une « philosophie de la diversité » comme point d'élévation de toutes ces nouvelles perspectives individuelles ou collectives qui, procédant à la cérémonie contemporaine, du principe de « généricité », montrent que la réalité se prête à des niveaux et que les points de vue défendus par ici et par là sur le développement se contredisent sur tel ou tel aspect concret ou abstrait de la croissance ou de l'émergence[434] (Carnap, 2017). De la sorte cette éparsité d'idées enrichie la notion de diversité pour autant qu'elle reste, pour ainsi dire, un concept communicationnel « d'une science à l'autre » (Andler, *op. cit*), une catégorie d'intelligibilité de la marche du monde. Que la diversité soit naturelle ou culturelle, c'est que la vision que nous avons du monde est une et diverse. C'est une notion régulatrice et non directrice en raison de ses enjeux épistémologiques et méthodologiques de la complexité du corps. (Bernard Andrieu, 2016, p. 236.) Rapportée à l'épistémologie, la diversité donne lieu d'abord à un « anti-fondationnalisme », c'est-à-dire la critique de la prétention qu'a la raison humaine de fonder la pratique scientifique de la connaissance sur le rationalisme clos. Ensuite, rapportée à la méthodologie classique, elle donne vie à un « anti-autoritarisme », parce qu'elle offre une pratique de la recherche en science sans autorité, ni de l'histoire, ni de la méthode unique, ni de la logique, ni de la raison.

Enfin, rapportée à l'éthique de la connaissance, la diversité débouche sur un « anti-dogmatisme » qui enseigne que tout est ouvert

[434] L'auteur analyse ici les multiples acceptions de l'espace. « Il vise en effet le concept d'espace dans la pluralité de ses significations, ce qui inclut la construction logique du concept d'espace telle que Russell la conçoit etc., (…) ». La diversité signifie également la transversalité de ce que Carnap appelle plusieurs sortes d'espace : l'espace formel, l'espace de l'intuition, l'espace physique.

et par lequel on accède à une rationalité procédurale adossée à un révisionnisme absolu, d'où le pluralisme cohérent de la recherche en sciences humaines et sociales. Plutôt, à travers ces articulations cette esquisse philosophique de la diversité couplée au développement amène à réfléchir davantage sur la philosophie et les préjugés qui l'accompagnent, le simple et le complexe, l'un et le multiple, l'être et le néant, le réel et la fiction, la matière et la manière, le clair et l'obscur, le bien et le mal, etc., « et bien d'autres thèmes cruciaux de culture contemporaine » (Feyerabend, 1996, p. 274.) Riche de cette diversité, Feyerabend « ne sépare pas la philosophie et la vie, car, pour lui, la philosophie est la vie. Comme toute activité vitale, la connaissance, nous montre-t-il, se décompose et se recompose indéfiniment au fil de la communication-des idées, certes, mais aussi des sentiments, des passions, des désirs et des espoirs humains ». (*Ibid.*) Il résulte de ce projet méthodologique de la diversité que la science contemporaine de se nourrit non seulement d'incertitudes, mais aussi et surtout mystère. (Morin, 1994, p. 256-258.) Cela veut dire que ce projet de méthode ne cherche pas à atteindre « la connaissance générale » encore moins « la théorie unitaire ». Ce serait tomber dans le projet positiviste de la « science unitaire » rappelant ainsi l'idéal de certitude et l'existence de méthode scientifique poursuivis par le « positivisme logique ».

Penser l'unité au cœur de la diversité revient à reconnaître « les difficultés de la connaissance, c'est-à-dire la résistance que le réel oppose à l'idée ». (Morin, 1994, p. 256). Ce qu'il rejette dans l'instauration de ce projet de la méthode c'est « la science unitaire pour éviter la disjonction ente les savoirs séparés, obéit à une sur-simplification réductrice, accrochant tout l'univers à une seule formule logique ». En d'autres mots, la confusion entre l'unité et l'unitaire conduit à l'élaboration d'une esquisse disciplinaire sans approche interdisciplinaire. Pour toutes ces raisons, Morin (*Ibid.*, p. 257.) veut que le nouvel esprit scientifique fasse progresser l'intelligibilité, ou la recherche en philosophie et en science. Il écrit : « Ce qui anime cette recherche, c'est l'horreur de la pensée mutilée/mutilante, c'est le refus de la connaissance atomisée, parcellaire et réductrice, c'est la revendication vitale du droit à la réflexion. C'est la conscience que ce qui nous fait le plus défaut est, non la connaissance de ce que nous ignorons, mais l'aptitude à penser ce que nous savons. C'est enfin et surtout la volonté de substituer à l'euphorie d'une connaissance incapable de se connaître elle-même la recherche inquiète d'une connaissance de la connaissance ».

Conclusion

Au final, depuis plusieurs années, les cultures, les logiques de la conception des systèmes et des théories des organisations, les institutions, l'entendement humain sont progressivement imprégnés de l'obligation scientifique, méthodologique, philosophique, sociale, politique, économique, etc., de rendre intelligible le paradigme de la complexité à partir des principes d'unité et de diversité. On l'aura compris, le but de cette communication est de témoigner de la prise de conscience de cette implémentation qui s'accomplit sous nos yeux, à l'aube du XXIe siècle.

En fait, il s'agit d'une nouvelle réforme de la manière dont l'esprit scientifique se doit de comprendre les êtres et les choses, de cette incessante « médiature épistémologique »[435] qui tend à s'imposer nécessairement, au lieu de tenir pour seule ressource de l'esprit la « raison suffisante » de Leibniz. Plutôt, le moment est donc venu de reconnaître la place cruciale accordée à la raison dialogique couplée au « principe de causalité complexe », celui qui cherche à décrire le réel, travailler à bien penser moyennant « la logique récursive » (Robin Fortin, 2000, p. 182). Celle-ci permet d'éviter la simplification et l'isolement au profit de la nouvelle vision où unité et diversité s'alimentent l'une l'autre. La réintroduction de l'unité dans la diversité au sein de la connaissance est d'importance capitale parce qu'elle apporte un nouveau regard par sa capacité réflexive.

Cela étant, en approfondissant davantage cette « intelligence de la complexité », j'ai voulu accorder le primat à l'exercice non seulement d'une « rationalité ouverte » (Alain Boyer), mais aussi et surtout d'une « dialogique pensante », par laquelle un moyen, une fin transforme cette finalité en réalité, et ce faisant, suggère humblement déjà, irrésistiblement, quelque nouvelle approche, notamment la créativité. C'est là le creuset du développement du savoir humain partant de ce que Morin (1999, *op. cit.*) appelle « une écologie de l'action humaine », parce qu'elle tendra vers la conscience épistémologique du fait que tout acte humain, raisonnable ou rationnel

[435] Edgar Morin utilise l'expression " soudure épistémologique" dans *Le Paradigme perdu. La nature humaine, op. cit.*

engageant ontologiquement, engendrera pour le coup, toujours des effets non anticipés.

La philosophie morinéenne de la diversité et la problématique du développement de l'être humain se donnent à penser à propos de quelques principes de complexité et axes programmatiques de l'éducation pour l'ère planétaire. J'ai voulu, en suivant le point de vue de Morin, montré finalement, que dans la connaissance de l'homme il y a une part de complexification relative caractère multidimensionnel et multi-référentiel de son être de raison et de folie. La diversité fait partie intégrante des concepts aussi bien transversaux que disciplinaires. Elle est, à mon humble avis, l'actualisation de l'éducation dans l'axe de la pensée complexe pour autant qu'elle se déploie aux multiples niveaux ou domaines de compétence : domaine matériel qualifié de concret, le domaine conceptuel, celui des processus abstraits, le domaine épistémologique externe, renvoyant ainsi à la comparaison, et le domaine de méta point de vue, c'est-à-die le lieu de légitimation de la reliance des savoirs.

Ces divers domaines aux versants scientifique, philosophique de la connaissance sont nécessaires à « l'éducation pour l'ère planétaire ». La remarque de Jacques Adoirno, est éloquente : « sans préjudice de savoirs disciplinaires, toujours nécessaires, les enseignements ont besoin, pour remplir leur tâche, de disposer de curiosités et de compétences éthiques, épistémologiques, politiques de plus en plus étoffées, en fonction des missions qui leur sont confiées par la société et des défis constitués par les contradictions et les antagonismes dont notre univers fait actuellement l'expérience ». (Adoirno, 1999, p. 450). Aussi curieux que cela puisse paraître, ces entités sont elles-mêmes conjecturales.

Ainsi donc, j'ai tenu à esquisser comment la discussion critique des problèmes d'éducation de l'être humain et du développement de la connaissance à caractère cosmologique a pu faire naître des questions philosophiques et des approches complexes appartenant à la didactique des disciplines. Qu'il y ait fondamentalement eu évolution de la conception de l'homme, voilà qui paraît justifié, dans la mesure où même les tenants des sciences cognitives, à l'instar de Pierre Jacob (2004, chap. 12, p. 409), s'attachent à la vision binoculaire de l'être humain. Ce dernier, puisque c'est de lui qu'il s'agit, s'en tient particulièrement au « problème du rapport du corps et de l'esprit aujourd'hui ». La portée philosophique de ce « connexionnisme » parcourt de part en part la tradition philosophique qui va de Socrate à Platon, de Leibniz à Kant, en passant par Descartes. Puis des formulations épistémologiques de Popper sur fond de « problème du corps et de l'âme ». (Popper, p. 159-193) à l'anarchisme méthodologique de Feyerabend.

Quoi qu'il en coûte, ce serait là, à mon humble avis, un point de départ vers quelques éléments de neuro-philosophie et non pas seulement de philosophie contemporaine du langage couplée à la philosophie de l'esprit, comme le dit si bien François Recanati. Sans doute, le mentalisme qui y advient se trouve confronté à la difficulté au matérialisme vulgaire. On se souviendra du « mythe cartésien » dénoncé de mains de maître par Gilbert Ryle (. Cela exige donc de nous une redéfinition du naturalisme parce qu'il faut chercher à savoir, de nouveau, si l'esprit est matière ; qui plus est, si on peut naturaliser la raison. La philosophie de la diversité s'affine dans le dualisme persistant dont Daniel Denett fait écho à la critique du monisme.

Qu'est-ce qu'être dualiste aujourd'hui ? se demande-t-on encore. La question demeure. Elle implique Popper[436] pour qui l'on a du mal à dire s'il est dualiste ou pluraliste. Tout se passe maintenant comme s'il plaidait pour une ontologie pluraliste ou diverse et évolutionniste. Sa philosophie de la diversité est de nature à concevoir la possibilité du non matérialisme de l'âme. Plus même, les implications métathéoriques de cette connexion entre l'esprit et le corps, à partir de l'équivoque de l'âme, ont dû trouver leur répondant dans l'analyse de Pascal Engel (1996, p. 65) selon qui « philosophie et psychologie » travaillent désormais de concert. Le dégagement de l'intelligence de l'ensemble de la « complexité humaine », en rapport avec la problématique de la diversité est donc de mise.

Pour ce faire, Morin met en évidence quelques principes d'intelligibilité de l'étude de la complexité humaine : « principe systémique ou organisationnel », « principe hologrammatique », principe de rétroactivité », « principe de récursivité », « principe d'autonomie/dépendance », « principe de réintroduction du connaissant dans toute connaissance ». (Morin, p. 41-49. » Mais éduquer l'être humain pour travailler à son développement ; non sans veiller à son glissement vers le point de vue défendu par Morin ; celui

---

436 Cf. Karl Popper, *The self and its Brain, Berlin*: Springer International, 1985. Voir aussi, Quilliot Roland, *Le corps et l'esprit,* Paris, Ellipses, 2003.

de « l'illusion du développement ». Il s'agit, en fait, des « principes génératifs et stratégiques de la méthode » de la complexité. (*Ibid.*, p.38.)

Par contre, à bien des égards, cette étude de la nature de la relation entre l'unité et la diversité humaine chez Morin ne tient pas d'un usage quelconque des concepts mis en relief dans l'intitulé de cette communication. Plutôt, on s'avise que la philosophie de la diversité que l'on promeut entre ces lignes énonciatives de mon propos est immanente au jeu de la « science de la complexité » depuis toujours et qui fait place à la diversité des visions du monde. Ne dit-on pas que les philosophes ne s'accordent pas parce qu'ils ne voient pas tous le monde de la même manière. Les étapes et les étages de la réflexion épistémologique depuis Parménide d'Elée ne sont rien moins que les moments précis et précieux d'une invite à la pratique scientifique à plusieurs renvoyant l'Un, pour ainsi dire.

L'heureuse idée y relative et la singularité de cette approche tiennent à la conjonction non seulement de l'unité et la diversité des procédures pour rechercher la vérité, mais aussi et surtout à la conjonction de l'individuel et du collectif. Cela est venu de Francis Jacques (1989, p. 71.) Pareille perspective émane « de la communauté de communication des savants, où se montre au travail l'élaboration autorégulatrice des principes fondateurs de cette forme épistémique » de la pratique scientifique.

Le fait nouveau n'est pas tant que la créativité personnelle devient marginale, qu'on a vu apparaître le théoricien non solitaire, mais que le chercheur en philosophie surtout, doit établir peu à peu dans la perspective de difficultés débattues. Ici est le site de la raison critique. Une telle raison est polémique et délibérative. La coopération dans l'activité rationaliste n'est pas seulement entre le groupe des théoriciens et le groupe des techniciens ; elle est délibérative au lieu où se prennent les décisions catégoriales » aussi. C'est de là que je suis parti pour vouloir montrer l'importance de la théorie épistémologique de la diversité. Je l'ai fait en rapport, entre autres, avec les tenants de la « théorie quantique » Michel Paty, 1981) dans laquelle la science contemporaine prend également pied.

La place de choix qu'occupe la diversité n'est plus à souligner pour ainsi dire. Elle est même matérialisée dans le développement de la théorie quantique et l'élaboration de ses concepts divers et contradictoires : « l'approche scientifique de la matière », « de l'atome aux particules », « le noyau », « les atomes et les molécules », « l'origine de la matière », « l'antimatière », « les états de la matière, l'ordre et le désordre », « les états intermédiaires », « la turbulence », « matière et réalité », « matière et Matière », etc. Tantôt surprenants, tantôt allant de soi pour tous les spécialistes de la philosophie contemporaine des sciences, les « concepts scientifiques » comme diversité, unité et complémentarité, sont contés avec une complexité et une originalité irremplaçables par les contemporains dans le fait qu'ils mettent maintenant à jour une « culture de l'incertain »[437].

On le voit, la communication a eu pour objet d'investigation philosophique la théorie épistémologique de la diversité et pour objectif la monstration/ démonstration de ce que « diversifier » signifie aujourd'hui, c'est-à-dire l'action de penser philosophiquement la diversité au cœur de l'unité, en vue d'apprendre à « penser ailleurs » (Nicole Lapierre, 2004, p. 220). Pour ce faire, la pensée de la diversité de Morin dont les sources philosophiques et littéraires sont repérables entre autres chez Montaigne est de mise. Selon ce dernier penser, c'est « penser ailleurs : « nous pensons toujours ailleurs ». Cette affirmation chargée de leçons de mobilité et de diversité des sciences ou des domaines, y compris celles du « pluralisme ontologique » (Feyerabend, 2005, p. 22) est une véritable invitation à dégager les conditions du nouvel esprit philosophique desquelles peuvent être tirée une nouvelle pratique de la recherche en philosophie contemporaine.

L'exemple de Feyerabend (*Ibid.*, p. 161) quant à la valeur heuristique des « alternatives fortes » est à suivre dans la mise en route inédite d'une philosophie de la diversité. A preuve, il pense que « toutes les alternatives ne sont pas également adaptées pour la fin de la critique ». Dans cette veine de la critique de la « pensée unitaire » se dessine ce que Feyerabend (2014, p. 41) entend dire sur fond de « prolifération » des théories scientifiques. Cette psychologie du pluriel fonctionne comme la décolonisation conceptuelle de la philosophie, parce que l'on admet ici qu'il n'y a pas que la philosophie comme domaine par excellence de la critique. La science

[437] Selon Souleymane Bachir Diagne, « Nous avons acquis une culture de l'incertain ». Dans la même veine Morin précise que « la méthode de la complexité n'a pas pour mission de retrouver la certitude perdue. Elle doit au contraire constituer une pensée qui se nourrit d'incertitude au lieu d'en mourir. Elle doit éviter de trancher les nœuds gordiens entre objet et sujet, nature et culture, science et philosophie, vie et pensée ». (Op. cit., p. 257.)

(*Ibid.*, p. 285) et bien d'autres domaines de compétence pour beaucoup. De la sorte, la diversité peut se donner à penser d'une pensée à l'autre, d'une science à l'autre, d'une doctrine à l'autre, d'un univers de sens à l'autre. Elle fait donc l'éloge du déplacement des concepts scientifique d'une science à l'autre, du décalage des paradigmes entre l'ancien et le nouveau et du décentrage de l'objet de la philosophie : de l'être à la vérité en passant par le langage.

De là nous avons cru nécessaire d'accréditer la thèse de Morin qui travaille à analyser la nature de la relation entre la pensée unique, unitaire et la pensée diverses et contradictoire. Cela permet de revisiter « la mondialité et l'avenir » où pensée globale et pensée complexe sont complémentaires. Dans le fond, le philosophe de la diversité se voit entrainé vers les pas d'une « reparadigmatisation » à multiple facettes, sortant ainsi des sentiers battus en passant ou dépassant les bornes disciplinaires.

Tout comme cette « dynamique de la science » selon l'expression de Larry Laudan[438] (*Ibid.*, p. 423), permet de franchir les frontières culturelles enjambant pour ainsi dire les barrières sociales et les distances sociologiques qui séparent les individus au sein d'une même société. On peut généraliser ce constat à la lumière de l'argument de Feyerabend (2014, p. 422) : « Dans le premier cas nous avons une pluralité des normes, dans le second une pluralité de motivations. La science telle que décrite dans les essais examinés ici ne peut exister sans une telle pluralité ».

Il semble qu'une telle considération sur la marche de la science contemporaine se révèle nécessaire. Diversifier aujourd'hui revient à arpenter un autre terrain de jeu de la connaissance. Ce terrain est celui « d'aventure d'idées » selon l'expression de Whitehead où se mettent en jeu l'inter-culturalité, mettant ainsi en péril les replis-identitaires de tout genre, des identités meurtrières, vagues et confuses. Si tant est qu'elles refusent la raison classificatoire des humains (qu'est-ce qu'être humain aujourd'hui ?) confinement et cloisonnements rigides des Continents.

Alors, la philosophie morinéenne de la diversité ainsi esquissée à titre de prolégomènes à toute philosophie de la culture n'est rien moins qu'une invite à la quête inachevée de sens de la science.

[438] Paul Feyerabend discute pied à pied les fondamentaux du modèle épistémologique du progrès de Laudan. Cf. *La dynamique de la science*

« Jacob Bronowski a dit justement que le concept de science sur lequel nous vivons actuellement n'est ni absolu ni éternel ». C'est la notion de science qui doit passer à un niveau de complexité, de richesse, de lucidité plus élevé » (Morin, 1994, p. 396) et partant plus de diversité. A mon sens, la nouvelle philosophie de la diversité tend à se fonder sur la philosophie « des interdépendances, des interactions, des interférences entre systèmes hétérogènes, science au-delà des disciplines isolées, science véritablement transdisciplinaire, doit contribuer à ce dépassement » des mondes unitaires, et anciens.

Par contre le sens de la nuance introduite par Jacques Adoirno est aussi d'importance lorsqu'il s'agit d'établir des rapports de la diversité aux savoirs : « Vouloir relier les connaissances n'aboutit pas au développement d'une transdisciplinarité homogénéisante, mais à les situer précisément les unes par rapport aux autres en fonction de leurs altérités historiques, anthropologiques et épistémologiques (sans exclure pour autant leurs possibilités d'altération mutuelle ». Telles pourraient être les grandes lignes de ce qu'il conviendrait mieux d'appeler une initiation à la philosophie de la diversité des mondes de l'éducation de l'homme.

En définitive, il faut refaire les mondes (Nsonsissa, 2018, p. 78) et ce, en quelque manière, par la culture de la « dialogique pensante ». On peut oser le faire pour l'avenir du monde et le devenir des humanités, en fonction des conditions complexes que j'ai suggérées dans cette réflexion : les passages d'une culture à l'autre, les déplacements conceptuels, les mobilités de l'esprit scientifique et philosophique, les changements paradigmatiques, les mélanges disciplinaires en termes de métissages et branchements conceptuels, les dépaysements notionnels et les comparaisons des méthodes et les croisements des expériences sectorielles pour garantir l'avenir de la raison et le devenir des raisons.

Au-delà donc de la confusion des mots et de la diffusion des idées face à la philosophie de la diversité, Morin (1981, p. 102) propose la perspective de l'itinérance, car « nous sommes dans l'errance »[439], et

---

[439] La pensée scientifique contemporaine enseigne une nouvelle conception de la recherche ou un nouvel esprit scientifique au sens bachelardien du terme en philosophie : la « *Serindipity* » : Dans ce sens, R. Feynman déclare : « en réponse à la question de ce qu'il cherche : « ce que je cherche, c'est ce que je trouve ». Voici, par ailleurs, comment Etienne Guyon définit la « *sérindipity* » : « terme anglais pour lequel le français n'a pas d'équivalent, qui désigne l'art de savoir trouver autre chose

nous n'en sortirons pas maintenant, pour ainsi dire. De la sorte, il restera à étudier l'articulation du langage et de la fiction. Celle-ci renvoie à la réalité linguistique et ses niveaux comme sens et expression de la diversalité. C'est l'objet de la réflexion qui va suivre.

---

que ce qu'on cherche ». Cf. La science de quoi s'agit-il ? Comment fonctionne-t-elle ? p. 2. In *Le Salon de Madame du Deffand High-tech*, Publication du Groupe liaison pour l'Action Culturelle Scientifique, Glacs, Paris, 1991.

CHAPITRE QUATRIÈME : Avenir de l'identité et devenir des identités

Réflexions sur les projections humaines

Au cœur de *l'entendement humain* ; qui plus est, de deux tomes de son *traité de la nature humaine* David Hume, on le sait, soulève la question de « l'identité personnelle » à la lumière de la catégorie du « moi ». De même, il est apparu que l'invocation de « l'identité humaine » par Edgar Morin au sein de *La méthode 5. L'humanité de l'humanité* n'est ni nouvelle, ni même totalement heureuse dans la quête des fondements éthiques de la philosophie contemporaine. Une question se pose alors : y'a-t-il donc quelque chose de vraiment original dans les déclarations de Morin où le philosophe et sociologue français incite à chercher le sens et la signification de l'identité humaine au cœur de « la philosophie de la mondialisation »[440], suivant son caractère multidimensionnel et multiréférentiel ? En quoi consisterait, donc, une telle originalité ? Répondre convenablement à cette double interrogation revient non seulement à s'intéresser à la poly-lexie ou la polysémie de la notion « d'identité humaine », mais aussi et surtout à interroger la complexité du rapport entre l'avenir de l'identité et le devenir des identités.

Cela conduit à mettre le doigt sur la critique des conceptions réductrices de l'identité humaine, celles qui privent l'être humain de sa transversalité, c'est-à-dire la triplicité identitaire qui se décline globalement en identité biologique, identité subjective et identité sociale. Mais peut-être importe-t-il, aussi, de suivre l'évolution et la pluralité des approches d'identité à laquelle Morin confère un sens problématique. Il vise, d'abord, l'instauration d'une poly-identité intégrant ainsi l'identité familiale, l'identité régionale, l'identité ethnique, l'identité religieuse, l'identité philosophique, l'identité continentale, l'identité terrienne. Il essaie, ensuite, de penser une identité humaine enrichie de toutes ses contradictions et controverses qui de nature à rappeler les « identités meurtrières » dans « le fracas du monde » selon l'expression d'Alain Minc[441].

Enfin, pour y remédier Morin propose d'enseigner « l'identité humaine » à partir de la reliance des identités, en vue de constituer « une identité complexe pleinement humaine » qui trouve sa crédibilité et toute sa légitimation dans la « *symbiosophie* », la sagesse de « vivre-ensemble », d'« être ensemble », d' « agir ensemble », et de

---

[440] Sémou Pathé Guèye, « Projet d'une philosophie de la mondialisation », in *Ethiopiques. Revue Négro-africaine de Littérature et de Philosophie*, n°64-65, 1er et 2ème semestres, 2000.

[441] Alain Minc, *Le fracas du monde. Journal de l'année 2001*, Paris, Seuil, 2002, p.7.

« faire ensemble ». Pareille perspective éthique de l'identité en devenir ; telle qu'elle se fonde sur la « complexité humaine » n'exclut pas le droit à l'instauration d'une « identité planétaire », et ce, malgré les ambivalences du futur. L'identité n'est donc pas un « concept-solution », mais un « concept-problème ». Cela a même fait dire au philosophe gabonais Thierry Ekogha, s'agissant de « l'identité africaine » qu'elle est « une question toujours en question »[442].

1. Identité plurielle et diversité unitaire

Le projet d'une philosophie de l'identité humaine implique les aspects liés à la prospective et à la complexité de la nature humaine. Dans le fond, on y retrouve quelques idées. La première c'est le regain d'intérêt de la problématique de l'universalité, de l'universalisme, notamment à travers la question de l'identité plurielle. La deuxième idée consacre la nouvelle actualité prise par la problématique du « même » et de « l'autre », de l'identité et de la différence, du « Je » et de « Nous », partant de la recrudescence des revendications identitaires de caractère nationaliste, régionaliste, « déparmentaliste », ethnique et religieux. Comment peut-on cerner alors le référentiel universel précis là où « une pensée devenue monde »[443] se fait sentir ?

Il se trouve que l'avenir de notre identité se donne à penser là où tout se transforme. Cela fait dire à Morin[444] que « penser l'avenir est un outil essentiel pour valoriser le temps présent, comprenant les moments où l'on vit, où l'on décide, où l'on agit. Mais le présent nous échappe tous les jours, laissant à sa place l'avenir qu'n a anticipé, ou pas, dans un temps passé. Un aperçu global et conséquent de notre activité n'a donc un sens que s'il intègre une réflexion et une préparation pour un avenir souhaitable qui puisse être influencé de

---

[442] Thierry Ekogha, « L'identité africaine : une question toujours en question », in *Palabres actuelles* (dir.), Revue de la Fondation Raponda-Walker pour la science et la Culture, n°01, « Identité, Identités », Libreville, Editions Raponda-Walker, 2007, p. 17.

[443] Henri Lefebvre, *Une pensée devenue monde… Faut-il abandonner Marx* ? Paris, Fayard, 1980, p. 59.

[444] Edgar Morin est sociologue et philosophe, actuellement Directeur de recherche émérite au CNRS et docteur honoris causa de très nombreuses universités dans le monde. Son œuvre porte sur la philosophie, la sociologie et l'anthropologie contemporaine, l'épistémologie ou la réforme de la pensée. Elle influence toute la réflexion contemporaine sur la connaissance scientifique.

manière significative par ce que nous faisons aujourd'hui »[445]. Le déchiffrement du sens de l'avenir de l'identité et le devenir des identités que nous avons choisi d'examiner est un questionnement qui contribue au débat contemporain sur la marche du monde. La réflexion critique qui en découle à une incidence sur les rationalités contemporaines qui donne à penser l'ouverture comme le sens et l'expression d'une « symbiosophie ».

Cela étant, il favorise une approche intersectorielle et un dialogue fructueux entre les disciplines et les divers penchants culturels. Avec la parution de l'ouvrage de Filipe Drapeau Contin : *Qu'est-ce que l'identité* [446]? L'identité[447] est mise en question et gagne en même temps en centralité parce qu'elle bénéficie d'une singulière actualité auprès des philosophes contemporains[448]. En effet, l'objet spécifique des publications révélatrices de l'unité du genre humain est de reprendre à nouveaux frais le problème fondamental aussi controversé que problématique de l'amour du prochain.

Dans cet élan de problématisation de l'identité humaine une question se pointe : comment une chose peut-elle changer et néanmoins demeurer la même ? La problématique ainsi posée appelle une analyse à la fois conceptuelle et transdisciplinaire de l'identité, car elle en dégage les propriétés transversales allant de la métaphysique du sujet pensant à la « bioéthique ». C'est-à-dire que l'objet de la recherche dépasse le cadre essentiellement logique dont Aristote et Leibniz en particulier ont cru pouvoir se faire l'écho pour s'instaurer dans les débats socio-éthiques. Ici les termes sont connus : relations interindividuelles, de la ressemblance ou de l'indiscernabilité, l'un et le multiple, l'unité et la diversité, le même et l'autre, le « je » et le « nous »[449]. Il y a là une résonnance universelle de l'identité humaine.

---

[445] Edgar Morin, *L'esthétique et l'art du point de vue d'une anthropologie complexe*, Paris, Conférence à la Fondation Calouste Gulbenkian-Délégation en France, Paris, Le 4 mai 2016, p. 5.

[446] Filipe Drapeau Contim, *Qu'est-ce que l'identité* ? Paris, Vrin, coll. « Chemins Philosophiques », 2010, p. 56.

[447] Tristan Dagron, *Pensée et cliniques de l'identité. Descartes, Cervantès, Montaigne*, Paris, Vrin, coll. « Problèmes et controverses », 2019, p. 8.

[448] Marie-Geneviève Pinsart, *Narration et identité. De la philosophie à la bioéthique*, Paris, Vrin, coll. « Pour demain », 2009, p. 19.

[449] Guy Rossatanga-Rignault, « Comment dit-on nous » en Afrique ? Une présentation de l'Afrique existe-t-elle ? in *Palabres actuelles, op. cit.*, p. 17.

A la suite de cet état des lieux, nous nous proposons donc de montrer qu'une résolution satisfaisante ou unilatérale des paradoxes logiques de l'identité, au travers du temps ancien, passe par une refonte de notre lecture métaphysique de l'identité humaine, ainsi que de la persistance de la question d'identité ouverte qui devrait, désormais, amener à concevoir l'existence des choses moins sur le monde uni-total de la philosophie de la substance que celui du processus ou de la dynamique de l'identité humaine. Pour le dire autrement, la métaphysique du sujet peut-elle définir l'identité absolument ou n'en est-elle que la simple description ? Comment peut-on y accéder quand on sait, par ailleurs, le même peut-être différent ?

Cela étant posé, au cœur de *l'entendement humain* [450] ; qui plus est, des deux tomes de son traité de la nature humaine, David Hume[451] traite particulièrement, on le sait, de l'identité personnelle à la lumière de la catégorie du « moi » au sein du champ métaphysique du sujet humain. Une thématisation qui résulte, à ses yeux, de l'originarité et de la permanence de l'identité humaine comme problème philosophique soumis à la réflexion de la philosophie moderne. L'appel à la construction de l'identité humaine du champ du savoir philosophique procède de son apparition relativement ancienne en métaphysique et logique particulièrement. Puisque son avènement remonte à Parménide.

La liaison problématique entre l'être et le non être qui s'est établi chez Héraclite peut être mise en avant pour dire la nuance hypothétique qui s'instaure entre l'identité et la différence d'une part, et entre l'Un et le multiple d'autre part. Remarquons donc que la connaissance de la totalité de l'être[452] qui est la tâche de la métaphysique de la connaissance s'opère selon deux versants. Le premier correspond au moment de la compatibilité des contradictoires, c'est-à-dire au savoir de l'Un et du multiple. Le second moment renvoie à la coïncidence des contradictions, c'est-à-dire à l'égalité ou l'identité à soi-même de l'Un. Tout se passe comme si les

[450] David Hume, *Enquête sur l'entendement humain*, trad. franç., par André Leroy, Paris, Aubier, 1947, p. 39.

[451] David Hume, *Traité de la nature humaine.* Essai pour introduire la méthode expérimentale dans les sujets moraux, trad. franç., par André Leroy, tome I, Paris, Aubier Montaigne, 1968, p. 342.

[452] Antonia Soulez, *Détrôner l'être. Wittgenstein antiphilosophe* ? (En réponse à Alain Badiou), Paris, Lambert-Lucas, 2015, p. 98.

contradictions se dépassaient dans la nature de l'Un. Pareille connaissance soit logique, soit métaphysique, qui se place sous le signe de la complexité, en tant qu'elle est successivement coïncidence en l'Un des contradictoires et compatibilité logique des différences ontologiques, relève de la pensée complexe d'Edgar Morin où la notion d'identité humaine est multiple : « l'identité planétaire », « l'identité subjective », « l'identité tri-unique du sujet », « l'alter-identité » « l'identité pluri-concentrique », « l'identité générique » et « l'identité complexe »[453]. En fait, « la carte d'identité individuelle » trouve sa justification dans la prospective dont Morin vise l'instauration dans son livre « *La voie, pour l'avenir de l'humanité* »[454]. En ce sens, c'est le concept comme tel du « devenir » qui doit être rigoureusement interrogé. Quelques questions se posent alors : Devenir ? Mais pourquoi ? Et comment ? Et jusqu'où ?

C'est pourquoi, s'il est un thème qui fait l'unité de la revue des intuitions épistémologiques de la complexité, des problèmes méthodologiques, des controverses métaphysiques et éthiques de l'œuvre de Morin, c'est bien celui de la complexité « du devenir » de l'identité humaine en rapport avec la problématique du « revenir » de l'identité. Mise en cause, assez souvent, à propos des enveloppements socio-logiques dont elle est porteuse la complexité de l'identité humaine étudiée par ce dernier est apparue d'emblée telle une simple apparence de la philosophie.

Or les conceptions de l'identité humaine sont nombreuses en logique et en philosophie[455]. Elles s'inscrivent en droite ligne d'une tradition qui remonte à l'Antiquité à nos jours en passant la Modernité. En témoigne, entre autres, la fin du livre I du *Traité* de Hume à propos de la problématique du « sujet comme fiction »[456]. Dans le même élan, la pensée complexe de Morin en fait donc grand cas. Elle déploie son vaste traité de *La Méthode*, particulièrement le tome 5 intitulé : « *L'humanité de l'humanité. L'identité humaine* »[457]. Il apparaît que l'invocation de « l'identité humaine » par Morin n'est

---

[453] Edgar Morin, *La méthode 2. La vie de la vie,* Paris, Seuil, 1985, p. 269-270.

[454] Edgar Morin, *La Voie. Pour l'avenir de l'humanité*, Paris, Fayard, 2011, p. 302.

[455] Yves Michaud, *Hume et la fin de la philosophie*, Paris, PUF, coll. « Quadrige », 1983, p. 252.

[456] Ibid., p. 241. Voir en particulier le chapitre XII, « Le sujet comme fiction ».

[457] Edgar Morin, *La méthode5. L'humanité de l'humanité. L'identité humaine*, Paris, Seuil, 2001, p. 54.

ni nouvelle[458] ni même totalement heureuse dans la quête des fondements éthiques de la philosophie contemporaine, même en contexte culturel africain[459]. La question qui se pose d'entrée est celle de savoir s'il y'a quelque chose de vraiment original dans les déclarations d'Edgar Morin où le philosophe et sociologue français incite à chercher le sens et la signification de l'identité humaine dans la philosophie de la culture et ce suivant son caractère « multidimensionnel » et « multi-référentiel »[460]. Pour le dire autrement, l'identité multidimensionnelle signifie que l'identité humaine est à la fois biologique, psychique, sociale, affective, rationnelle.

En quoi consisterait une telle originalité ? Répondre convenablement à cette double interrogation revient non seulement à s'intéresser à la poly-lexie ou à la polysémie de la notion « d'identité humaine » ou à interroger la complexité du rapport entre l'avenir de l'identité et le devenir des identités, mais aussi et surtout à mettre le doigt sur la critique des conceptions réductrices de l'identité humaine qui privent l'être humain à la fois d'identité biologique, d'identité subjective et 'identité sociale. Mais peut-être importe-t-il au préalable de suivre l'évolution et la pluralité des approches que Morin confère à l'identité. Il vise l'instauration d'une poly-identité intégrant l'identité familiale, l'identité régionale, l'identité ethnique, l'identité religieuse, l'identité philosophique, l'identité continentale, l'identité terrienne. Il essaie de penser une identité humaine enrichie de toutes es contradictions ; qui plus est, cette identité encourt le risque de dégénérer en « identité meurtrière ».

Pour y remédier Edgar Morin propose d'enseigner « l'identité humaine » par la reliance des identités en vue de constituer ainsi non seulement « une identité complexe pleinement humaine », mais aussi et surtout d'appeler à la « symbiosophie »[461], c'est-à-dire la sagesse de

---

458 Yves Michaud, « Identité et politiques. Réflexions sur les projections humaines », in *L'individuel et le collectif* (dir.), Thérèse Bellè Wanguè, Paris, Dianoia, 2004, pp. 12-23.

459 Boa Thiémélé Ramsès, *L'ivoirité et l'unité de la côte d'ivoire*, Abidjan, Les éditions du CERAP, 2014, p. 45.

460 La référence peut être historique, économique, sociologique, éthique, culturelle, religieuse, etc.

461 Edgar Morin, Les sept savoirs nécessaires à l'éduction du futur, Paris, Seuil, 1999.

vivre-ensemble. Cela tient de l'idée de « l'identité humaine commune »[462].

Par-delà l'aspect purement générique de l'identité ou l'unité humaine, Morin essaie de nous montrer que notre identité est culturelle, sociologique, une et multiple. Pour ce faire, l'identité humaine se donne à comprendre à l'interface de l'unité et la diversité. C'est dans la deuxième partie de cet ouvrage qu'il se propose d'étudier « l'identité individuelle »[463] et collective. Cela suppose qu'elle contient des paramètres qui la rattachent non seulement au monde mais également à l'histoire.

Se pose alors la question de l'autonomie relative de l'identité individuelle. L'identité humaine ne saurait faire l'économie de son ouverture à d'autres identités parce qu'il n'existe pas de « plénitude la subjectivité individuelle ». Morin déclare : « La possibilité d'autonomie individuelle s'actualise dans l'émergence historique de l'individualisme, tout en demeurant inséparable du destin social et historique »[464]. Autrement dit, l'identité n'est ni une notion première, ni notion ultime.

La difficulté surgit de la façon dont on doit affronter la complexité de l'identité humaine. Elle se décline en plusieurs figures. Morin évoque l'idée de « l'identité polymorphe »[465]. Mai au juste, qu'entendons-nous par identité ? Généralement, « identité » du latin *identitas* signifie idem, c'est-à-dire le même caractère de ce qui est le même, bien qu'il puisse être perçu, représenté ou nommé de manières différentes. Pareille notion a un poids historique certain dans l'histoire de la philosophie, et dans celle de la logique. Elle gagne en centralité dans *La Métaphysique* et dans *Les Topiques* d'Aristote. Dans les systèmes postkantiens, elle se donne à penser en termes de non différences de la Nature et de l'Esprit. C'est le cas de Schelling considéré comme le philosophe de l'identité. Critiqué par Hegel comme « identité abstraite, l'identité est doublée de la différence ou de la contradiction[466].

---

[462] Edgar Morin, *L'identité humaine*, *op. cit.*, p. 54.

[463] *Ibid.,* p. 61.

[464] *Ibid.*, p. 64.

[465] *Ibid.*, p. 73.

[466] Pascal Engel a consacré des pages entières à ce qu'il entend être « les principes formels de l'identité ». Cf. *La norme du vrai. Philosophie de la logique*, Paris, Gallimard, 1989, Chap. IX, « L'identité », p. 231.

A travers la multiplicité de ses aspects on peut dire de l'identité qu'elle met en avant « l'unité plurielle de l'identité personnelle »[467]. La notion d'identité qui unifie l'être humain dans son individualité, comporte une dualité. Elle témoigne l'expérience universelle de la double identité et du dédoublement de notre être. Ainsi sous des formes complexes, l'identité est une et indivisible. Elle produit en affirmant précisément son unicité, une trinité propre relatives au « dédoublements et multipersonnalités » des identités. Pour bien comprendre la conception morinéenne de l'identité comme phénomène logiquement inconcevable et pourtant sans cesse effectif du changement de personnalité, il nous faut d'abord tenir compte des paramètres historiques et prospectifs. Parce que Morin insiste sur les figures mondiales de l'identité ou « l'identité planétaire » tendant vers une « société-monde », « l'identité future » dont le destin paraît problématique et controversé avec la montée « de l'humain et ses préfixes »[468].

Morin évoque « la méta-humanité », « surhumanité » pour dire « l'avenir de l'identité humaine »[469]. Suivant la même veine, et ce, depuis la parution de l'ouvrage du Philosophe congolais Charles Zacharie Bowao : *La mondialité : entre histoire et avenir*, tout se passe comme si l'avenir était en train d'éclairer le passé et non l'inverse. Par cet angle de vue renversé, aujourd'hui, l'un des grands lieux communs de la racine des enjeux éthiques de l'épistémologie des sciences humaines tient dans l'annonce réitérée que le monde change ; ainsi que le discours sur le monde : monde, mondialisation et mondialité. Cette trilogie peut se révéler à nous comme une quasi-obsession conceptuelle de l'idée de la marche du monde, voire même un *leitmotiv* entêtant qui tend à proclamer que les sociétés ouvertes, développées implosent sous le coup de la complexité du temps et des circonstances. Qui plus est, les sociétés dites closes, (les nôtres,) semblent perdre leurs repères traditionnels, répudiant ainsi leurs idéologies et non sans liquider leurs visions linéaires de l'histoire du monde. En effet, du passé qui éclairerait l'avenir à l'inverse, il en retourne que le diagnostic d'un monde en plein basculement avec le bousculement des valeurs morales et culturelles, ne va pas sans fondements.

---

[467] *Ibid.*, p. 76.
[468] Gilbert Hottois, (dir.), *L'humain et ses préfixes »,* Paris, Vrin, 2015, p. 7.
[469] Edgar Morin, *La méthode 5. L'identité humaine, op. cit.*, p. 233.

Il importe donc de comprendre que la réalité des phénomènes qu'il recouvre est dynamique et voilée. La transfiguration du monde, jusques et y compris celui du politique amorce un re-travail des concepts et des approches qui permettent de lire la marche du monde ainsi que son avenir. Dans le même élan de problématisation un colloque international s'est tenu en mai 2017 à Tunis sur « *Philosophie et avenir* ». Ce thème laisse entrevoir la singulière actualité de la problématique mise en exergue sur fond de « prospective » d'une part, et de questionnement de « l'humanisme »[470] complexe, d'autre part. En fait c'est « l'humain » qui est sollicité en dernier appel.

Voilà pourquoi l'amorce d'un tel travail nous conduit à entreprendre ici l'analyse de ce qu'il convient d'appeler « la culture de l'avenir » de l'identité humaine, dont la vivacité des pensées et des normes méthodologies chez Morin sont dans l'ordre d'un cheminement[471] vers la complexité de « l'esprit du temps »[472] et de la durée. Cela exige de nous une sorte d'anatomie des idées philosophiques relatives à la nature de la nature humaine[473] et la construction de la société libre sous contraintes de rigueur. Qui plus est, c'est une exploration d'un social mutant à partir d'une étude de quelques-unes des figures singulières du présent. La construction de l'identité humaine se situe entre ce qui s'est passé, ce qui se passe et ce qui va se passer dans le monde. Cela étant, il nous apparaît, au moins nécessaire, si non possible d'élaborer un espace de médiation éthique qui rende légitime et crédible l'ouverture de l'identité individuelle aux identités collectives entre histoire et avenir.

C'est pourquoi, dans cet horizon philosophique, nous avons choisi de mettre en avant le concept de mondialité pour donner à penser les conditions de possibilités d'une « identité globale », parce que « le global est plus que le contexte, c'est l'ensemble contenant des parties diverses qui lui sont liées de façon inter-rétroactive ou organisationnelle ».[474] Encore faut-il signaler que peu couramment

---

[470] Auguste Nsonsissa, « Augmenter l'homme ? La question du posthumanisme et du transhumanisme », in *Cahiers Congolais de Métaphysique*, (dir.), Charles Thomas Kounkou, L'humanisme en questions, n°4, décembre 2018, Publication annuelle, Paris, Paari Editeur, p.103.

[471] Edgar Morin, *Mon chemin*, Paris, Fayard, 2008, p. 124.

[472] Edgar Morin, *L'esprit du temps*, Paris, Armand Collin, 2008, p. 32.

[473] Edgar Morin, *La Méthode I., op. cit.*, p.

[474] Edgar Morin, *Les sept savoirs, op. cit.* p. 37.

pratiqué l'aspect global de l'identité nous paraît susceptible de restituer l'esprit de notre temps, celui de l'intégration dialogique des cultures, c'est-à-dire une approche transculturelle de l'identité humaine qui libère, progressivement, et discrètement un « universel sans totalité ». L'identité globale est là où se déploie encore et paradoxalement avec une acuité singulière la hantise du « repli-identitaire » dont l'incarnation est dans le rejet ou le mépris de l'autre. L'identité individuelle consiste en ceci que « tout humain porte génétiquement, anatomiquement, physiquement en elle l'espèce humaine et sa propre singularité génétique, anatomique, physiologique »[475].

Cela étant, nous avons donc pensé mettre en évidence le contenu éthique de la mondialité confrontée aux difficultés de la mondialisation. En effet, le concept de mondialité dont nous visons l'instauration est à l'interface non seulement de l'histoire et de l'avenir, mais aussi et surtout de la quête ou de la conquête du devenir de nos identités et de l'identité de notre avenir. Qui plus est, elle vise une certaine prise de conscience de vouloir vivre ensemble, de bien vivre ensemble ou de mieux vivre ensemble, et ce, au cœur d'un monde enclin à la crise des valeurs. On ne saurait en dire la signification philosophique sans être à la croisée d'une histoire du temps qui s'achève et d'une culture du temps de la solidarité sans visage et sans rivage qui émerge comme exigence culturelle et comme contrainte socio-économique.

Les enjeux éthiques et philosophiques de l'identité humaine qui en découlent en contexte de mondialisation est de repenser l'Afrique dans un élan de problématisation de la reliance des faits et de valeurs tant recherchée. Cet élan d'humanisation de notre rapport au monde, à notre environnement et à autrui exige du philosophe contemporain une épreuve éthique, parce qu'elle suppose et suggère que chaque culture élevée au rang positif de l'Universel libère la part d'universalité dont elle est, heureusement, porteuse. Le saurions-nous que nous en comprendrions peut-être mieux les débats, que nous analyserions certainement bien plus. Cheminer vers l'avenir de l'identité humaine et l'identité de l'avenir est l'ambition de la quête d'un universel sans totalité.

---

[475] *Op. cit.*, p. 59.

Conséquemment, cette communication suivra trois axes majeurs : d'abord l'approche prospective de l'identité mondiale et ses difficultés entre histoire et avenir. Ensuite, la communication se propose d'inscrire les projections humaines à partir du questionnement de l'avenir de l'identité et le devenir des identités dans les différents registres scientifique, philosophique, religieux, et artistique de pensée qui font sens. Quelques interrogations se pointent alors : quel est l'apport de la pensée complexe de Morin dans le questionnement de l'identité humaine tournée vers l'avenir à la créativité des nouvelles formes d'identités ? Quels sont les enjeux proprement éthiques et philosophiques du revenir des identités : est-ce une simple présupposition métaphysique ou une question d'indécidabilités de notre être ? Peut-être que serions-nous en passe de rêver de ce que Yves Michaud appelle « la fiction de l'identité »[476] à la lumière de la conception humienne[477] de l'identité et ce, entre le devenir et le revenir de nos identités « pour entrer dans le XXIe siècle »[478].

2. Construire l'identité humaine en contexte de mondialité

De manière générale la deuxième et la troisième partie de *La méthode* 5 de Morin porte sur les divers aspects d'une problématique de l'identité et ses corollaires : « l'identité individuelle » et « les grandes identités ». L'auteur leur donne des évidences aussi ouvertes et plurielles pour de démarquer des idéologies qui ont cru pouvoir construire des identités sociales ou communistes[479]. Peut-être pourrait-on dire que toute le cinquième tome porte sur cette dialogique de l'identité et la diversité d'approches d'humanité, c'est-à-dire l'identité plurielle de l'individu.

Sur ce point d'importance, Michel Maffesoli écrit que « l'individu n'est plus une entité stable, pourvue d'une entité intangible et capable de faire sa propre histoire, avant de s'associer avec d'autres individus, autonomes, pour faire l'histoire du monde »[480]. L'enjeu est non seulement la métamorphose de l'identité, mais surtout l'avenir de

---

476 Yves Michaud, *Hume ou la fin de la philosophie, op. cit.*, p. 252.
477 *Ibid.*, p. 242.
478 Edgar Morin, *Pour entrer dans le XXIe siècle*, Paris, Seuil, 2004, p. 199.
479 Edgar Morin, *Pour ou contre Marx*, Paris, Temps Présent, coll. « Racines et ruptures », 2010, p. 86.
480 Michel Maffesoli, *La transfiguration du politique. La tribalisation du monde*, Paris, Grasset, 1992, p. 16.

l'identité planétaire et de l'identité l'humaine. En effet, nous voulons dire que l'identité est soit mondiale, soit mondialiste. Or *La Mondialité*[481] de Charles Bowao renvoie à l'identité culturelle, et l'identité construite sur la base de la mondialisation. De là nous pouvons l'inscrire du processus allant de l'avenir à l'histoire, parce que c'est l'avenir qui éclaire le passé. De la sorte, devrait-on affirmer que la mondialisation pervertit le comportement humain, ou bien est-elle simplement l'indice d'une adaptation de l'identité humaine à la nouvelle donne des identités meurtrières ? Le problème que nous essayons de résoudre ici est celui de savoir si l'identité humaine est impossible. La thèse que nous défendons est la quête de l'Identité mondiale.

Que Morin insiste sur toute la ligne sur l'examen de la complexité de l'identité à travers « l'identité polymorphe »[482] est donc conforme à sa démarche. Mais précisément la pensée complexe de Morin nous enseigne que la notion « d'identité mondiale » est, à tous égards, une notion ni défectueuse, ni confuse. C'est pourquoi la notion « d'identité individuelle »[483] est ramenée à l'identité personnelle pour dire « l'identité humaine ». Morin pense que « l'individu est irréductible ». On ne peut pas étudier l'identité humaine sans renvoyer à l'identité personnelle. Bien avant la systématisation morinéenne de la question David Hume s'en préoccupe en termes de complexité d'identité. C'est dire que l'identité humaine est une idée complexe. Il l'identifie à un labyrinthe d'autant plus que l'identité s'attache aux aspects métaphysiques dont la difficulté tient de son identification à la notion de « moi » ou de « sujet ».

Yves Michaud renchérit : « pour l'identité personnelle, les difficultés son différentes »[484]. Hume va pouvoir se rendre compte qu'il n'est pas aisé de cerner les contours individuels du sujet : « Ce n'est pas si inattendu qu'on croit et, par ailleurs, Hume a de bonnes raisons pour ne pas ménager un sujet qu'il a sans répit dissous dans les faits d'une nature ou les identités sont des formations aussi précaires que fictives ».[485] Chemin faisant, on voit bien que cette question déborde en effet les débats métaphysiques. Il porte sur les aspects

---

481 Charles Z. Bowao, *La Mondialité entre histoire et avenir*, Préface de Souleymane Bachir Diagne, Paris, Paari, 2004, p. 52.
482 Edgar Morin, *La méthode 5. L'identité humaine, op. cit.*, p. 73.
483 *Ibid.*, p. 63.
484 Yves Michaud, *Hume ou la fin de la philosophie, op. cit.*, p. 242.
485 *Ibid.*, p. 243.

historiques. Mais le fait de soulever cette dimension paraît justifié d'autant plus que l'identité humaine se construit également à partir de l'histoire. Ce faisant, l'enjeu est ici d'approfondir un peu plus encore le fossé entre les approches simplifiantes de l'identité humaine dont elles seraient l'objet dans le paradigme classique l'indifférence à l'individuel, au contingent, au périssable, a été le trait essentiel et de la métaphysique, et de la science, et de la technique »[486].

Lorsque Charles Bowao aborde la complexité de l'identité humaine il soulève la question de la mondialité de l'identité. Justement, il se démarque de la conception linéaire de l'histoire profondément développée dans les travaux critiques et d'érudition de Théophile Obenga. Il pense que le débat de l'avenir de l'identité et partant de l'Afrique particulièrement ne saurait faire l'impasse sur l'universalité de la condition humaine. Il n'est donc pas fondé en raison de pouvoir apporter des réponses aux questions qui préoccupent le contemporain, alors qu'une partie de la vérité nous échappe dans le passé de nos peuples, de nos civilisations. Le dépassement de l'histoire suivant sa portée classique conduit à la quête de l'universel que Charles Bowao considère « comme ce quelque chose de positif et de beau que chacun de nous peut cultiver en lui, et qui illumine chaque culture, en partage avec d'autres populations, d'autres peuples et avec d'autres cultures, toute chose qui constitue la trame inaliénable et inaltérable de la civilisation humaine ».[487]

Il se trouve que dans son ouvrage *La Mondialité*, il y a comme l'idée d'une histoire achevée et d'une histoire en construction. Pareille nuance n'exclut pas le droit à la différence de nature que l'auteur s'efforce d'établir entre les deux notions. Du point de vue analytique la mondialisation se donne à nous sous l'angle de vue et dominant de l'économique, du financier, du profit par l'accroissement des capitaux, du progrès scientifique et technique, de l'éclosion des sciences et techniques de l'information et de la communication. Cette idée pragmatique de la mondialisation semble être close. Par ailleurs, telle qu'elle se donne à comprendre historiquement, et théoriquement elle est un processus qui a commencé vers l'an 1500, avec les conquêtes portugaises et espagnoles.

---

486 Edgar Morin, *La méthode 5. L'identité humaine, op. cit.*, p. 63.

487 Charles Z. Bowao, *Surgissement éthique ou retour à l'humain*, Brazzaville, Les Editions Hemar, 2013, p. 24.

La signification de la mondialisation ne semble pas aller de soi pour tous. Pour Edgar Morin[488], elle nous est servie vers le XVIè siècle depuis que nous sommes entrés dans l'ère planétaire. Il est dit que c'est Magellan, entre autres, qui a fait le tour du monde par la mer (1519-1522). Autrement dit, c'est comme un processus historiquement mondial qui a commencé avec les conquêtes portugaises et espagnoles. On pourrait même dire que l'idée fondamentale est le tour du monde que l'homme se devait de faire. De là nous en sommes arrivés à la fin du XXe siècle ; période au cours que laquelle la mondialisation a véritablement corps. En témoigne l'avènement de la télévision, le téléphone, le fax, l'Internet, etc.

Morin affirme : « La mondialisation, comme stade actuel de l'ère planétaire, signifie d'abord, comme l'a très bien dit le géographe Jacques Lévy « l'émergence d'un objet nouveau, le monde en tant que tel. Mais, plus nous sommes saisis par le monde, plus il nous est difficile de le saisir ».[489] La manifestation de la mondialisation sous l'angle économique, technique, et même démographique s'expose à la complexité du temps et des circonstances. En effet, depuis le XVe siècle, la mondialisation s'accompagne du meilleur et du pire, parce qu'elle se déploie comme une aventure enveloppée des guerres, de la mort, des catastrophes, de destruction. Les visées holistiques et polyscopiques de la mondialisation sont liées à l'idée de totalité en rapport avec ses parties. Cela fait dire à Morin que « la planétarisation engendre aux XXe siècle deux guerres mondiales, deux crises économiques mondiales et après 1989, la généralisation de l'économie libérale nommée mondialisation. L'économie mondiale est de plus en plus un tout interdépendante du tout et, réciproquement, le tout subit les perturbations et aléas qui affectent les parties ».[490] Il en résulte que le monde est ensemble du tout et des parties en corrélation.

La planétarisation se développe par l'apport des continents, mais aussi par rapport aux cultures diverses et contradictoires ; en raison de

---

[488] Dans un autre ouvrage, Edgar Morin donne son avis sur la mondialisation : « Nous sommes dans une époque planétaire. On parle de la mondialisation depuis quelques années, mais elle est l'étape d'un processus qui a commencé en 1492 avec la conquête des Amériques et les voyages autour du monde de Vasco de Gama. Dès cette époque, (…) La mondialisation s'effectue avec un mauvais côté dominant ». Cf. Dialogue sur la connaissance, Paris, L'aube, 2002, p. 63.

[489] Edgar Morin, *Les sept savoirs nécessaires à l'éducation du futur*, Paris, Seuil, 2000, p. 71.

[490] *Ibid.*, p. 71.

leur spécificité. Autant chaque point du monde contient la culture du monde dont elle fait partie intégrante, autant chaque culture reçoit ou tire le meilleur parti des substances venant de tout le monde. Ce qui est en jeu ici c'est « le monde qui devient de plus en plus un tout ». Cela tout sa légitimation dans l'apport des nations et de chaque individu. Ce dernier peut être riche ou pauvre, il est soit du Sud, soit du Nord, de l'Est ou de l'Ouest.

En revanche, Edgar Morin relativise l'importance de cette vision holiste de la mondialisation lorsqu'il ajoute que « la mondialisation est à la fois évidente, subconsciente, omniprésente. La mondialisation est certes unificatrice, mais il faut immédiatement ajouter qu'elle est aussi conflictuelle dans son essence. L'unification mondialisante est de plus en plus accompagnée par son propre négatif qu'elle suscite par contre-effet : la balkanisation. Le monde devient de plus en plus un, mais il devient en même temps de plus en plus divisé ».[491] Se pose alors le problème du déséquilibre à partir des visées éthiques d'un « lieu sans lieu »[492] S'enfermer dans le Nord c'est *ipso facto* créer un déséquilibre, tout comme réduire le monde au Sud, malgré ses difficultés, c'est déséquilibrer le rapport entre le Sud et le Nord. Ce déséquilibre potentiel est sujet aux antagonismes qui caractérisent souvent la marche du monde exposée ainsi aux fractures entre les régions. Morin estime que « les antagonismes entre nations, entre religions, entre laïcité et religion, entre modernité et tradition, entre démocratie et dictature, entre riches et pauvres, entre Orient et Occident, entre Nord et Sud s'entre-nourrissent, ce à quoi se mêlent les intérêts stratégiques et économiques antagonistes des grandes puissances et des multinationales vouées au profit. Ce sont ces antagonismes qui se rencontrent dans des zones à la fois sismique du globe »[493].

Par ailleurs, conçue seulement technico-économique de cette façon pourrait-on dire, la mondialisation est à terme insoutenable sur le plan philosophique et sociopolitique. Ce faisant, il nous faut élaborer une approche plus riche et complexe de l'identité humaine au cœur de la mondialisation soit éthique, soit culturelle. Dans ces conditions, la voie qui s'impose à nous, de toute nécessité, est l'identité individuelle par rapport à la « mondialité comme culture », et ce, en vue d'éviter la

---

491 *Ibid.*, p. 73.

492 Charles Z. Bowao, *Surgissement éthique ou retour à l'humain, op. cit.*, p. 29.

493 Edgar Morin, *Les sept savoirs, op. cit.*, p. 73.

potentialité d'auto-anéantissement des identités humaines ou des « grandes identités »[494] selon l'expression d'Edgar Morin. Celle nouvelle conception accompagne, paradoxalement, la marche du « sujet » dans le monde ainsi que celle de l'identité humaine entière. Là où les intuitions de Morin et celles de Hume se croisent sur la complexité de l'identité c'est la difficulté de distinguer l'identité personnelle et le sujet pensant.

Quand Yves Michaud avertit qu' « au-delà des facultés, c'est le sujet lui-même qui est déjà visé, alors qu'il n'a pas encore été question de l'identité personnelle »[495], il est en passe de révéler l'embarras de Morin quant à dire que l'approche complexe de l'identité individuelle intègre les paramètres du « vif du sujet »[496]. Quoi qu'il en coûte, la conception du sujet comme identité globale et finalement sa nature comme diversité sociale, sont déjà donc présentes. En ce sens, le chapitre 4 intitulé « l'identité planétaire » est thématiquement solidaire de celle de l'identité personnelle qui vient de ce que « le complexe humain » se déchiffre dans ce que Morin appelle « l'identité historique » dans le double jeu du « devenir » et de la « déviance ». On le voit, ceci ne diminue pas l'obscurité de la problématique de l'identité humaine. De qui en effet est-il question dans l'identité globale ? S'agit-il d'attribuer « l'identité future » à des « post-humains » ou à nous-mêmes ? Les textes de Morin parlent de la mondialité et de la mondialisation pour étudier l'avenir du monde et le devenir des identités humaines. Une des questions qu'il pose est la suivante : « Où va le monde ? »[497]

L'approche morinéenne de l'identité complexe en contexte de mondialité est née de cette prospective et des ambivalences du futur. Au-delà de l'emprise de l'histoire, le monde est véritablement « Un » et « multiple ». C'est en raison de cette unité complexe qu'elle est en convergence avec la mondialisation en crise. Mais, du point de vue éthique, « une erreur nucléaire peut conduire à la dissolution de notre planète ».[498]Pour cette raison, il est de bon ton de recourir à la mondialité qui est à la fois une critique et un dépassement de la mondialisation.

---

[494] Edgar Morin, *La méthode 5. L'identité humaine, op. cit.*, p. 149.
[495] Yves Michaud, *op. cit.,* p. 246.
[496] Edgar Morin, *La méthode 5., op. cit*., p. 65.
[497] Edgar Morin, *Où va le monde ?* Paris, Editions de l'Herne, coll. « Carnets », 2007, p. 51.
[498] Charles Z. Bowao, *op. cit.,* p. 28.

Lorsque Charles Bowao entreprend la reformulation de l'approche philosophique de la Mondialité, il aborde la question sous l'angle éthique tel que le promeut Edgar Morin dans *La Méthode 6*.[499] Qui plus est, la fin de la mondialisation comme évènement conduit à penser l'avènement de la mondialité. Il s'agit là du « commencement d'un nouveau monde. Ce commencement-là, ou ce recommencement-là, cette culture en devenir de l'humanité, c'est la mondialité ».[500] Penser la mondialité comme émergence d'un nouveau concept revient à penser le commencement d'un temps nouveau. C'est Morin qui le souligne avec justesse : « Aujourd'hui, il ne s'agit pas de sombrer dans l'apocalypse et le millénarisme, il s'agit de voir que nous sommes peut être à la fin d'un certain temps et, espérons-le, au commencement des temps nouveaux ».[501] Cette affirmation éloigne le nouvel esprit scientifique de toute prétention déterministe et optimiste tendant à maîtriser l'avenir. Ici l'avenir s'invente, se refuse à complétude logique et à toute décidabilité temporelle.

Lorsqu'on cherche à savoir la logique de la conception de la « mondialité », et en saisir la portée spécifiquement philosophique, le philosophe congolais avertit que l'on peut aborder l'identité mondiale sous l'angle conceptuel dégagé de toute charge essentialiste. Tout comme on peut s'inspirer de l'orientation tant soit peu problématique que lui en donne Edgar Morin. En effet, le concept de mondialité a été déjà usité par ce dernier dans Introduction à une politique de l'homme, notamment au chapitre premier de la deuxième partie du livre intitulée : « les grands logos et les incertitudes ». Il se livre à une quête de fondements anthro-politiques. Il la situe entre la prospective et la prospective : « la mondialité en gestation : civilisation technique ».[502] D'abord, c'est sous l'angle technoscientifique que la notion est thématisée par lui. La technique se développe de façon spectaculaire. Pour ce faire, elle devrait pouvoir contribuer consolider et structurer l'unité mondiale. Cette « mondialogie »[503] n'est envisageable que si l'on se situe par-delà les systèmes capitalistes et socialistes. La

[499] Edgar Morin, *La Méthode 6. Ethique*, Paris, Seuil, 2004, p. 89.

[500] Charles Z. Bowao, *op. cit.,* p. 29.

[501] Edgar Morin, *Introduction à la pensée complexe*, Paris, ESF Editeur, 1990, p.158.

[502] Edgar Morin, *Introduction à une politique*, Paris, Seuil, 1965, p. 74.

[503] Auguste Nsonsissa, *Refaire les mondes ? La matière et la manière*, Paris, L'Harmattan, Préface de Mike Moukala Ndoumou, coll. « Ouverture philosophique », 2018, p. 75.

techno-science par laquelle Morin thématise la mondialité est en corrélation avec l'économie qui sert de ciment industriel à l'émergence d'une nouvelle politique de civilisation constituant ainsi une nouvelle étape dans l'évolution globale du monde.

Ensuite, Morin va pouvoir l'aborder sous l'angle éthique élevé au rang positif de l'universel. La mondialité débarrassée de tout ancrage technique et scientifique ne fait pas l'impasse sur la relation entre les nations. La mondialité se donne à penser à l'échelle planétaire et internationale. La civilisation technicienne se déroule inexorablement comme moyen qui rend possible l'unité du monde, celle des nations. Mais, critiquant la « balkanisation », c'est-à-dire « la mondialité en miettes : la nation », le penseur français plaide pour un désir de reconnaissance des autres nations, le souci d'identité que les pays du Sud ont aussi construit par eux-mêmes.

Conséquemment, Edgar Morin donne une acception de la mondialité à double entrée : la base scientifique, technique et économique et l'approche éthique de l'inter-nation. Au final, il thématise la mondialité sans sacrifier l'idée prospective selon laquelle il y a une politique de civilisation universelle en construction. Aussi reconnaît-il à la mondialisation un double mouvement lorsqu'il estime qu'au-delà de « l'antimondialisation », il existe une deuxième mondialisation qui a « commencé en même temps que la première, beaucoup plus modeste, contradictoire et jusqu'à présent secondaire ».[504] Pareille idée plaide pour la dimension éthique de la mondialisation qu'il conviendrait pour penser la mondialité comme culture. Elle s'attache à « sauvegarder la biosphère, menacée qu'elle est par « la dégradation écologique ». Pour toutes raisons, Edgar Morin est un penseur de la mondialité : « L'idée que j'ai défendue, écrit-il, dans Terre-Patrie est l'émergence d'une forme de pensée fondée sur la solidarité, capable de s'opposer à la mondialisation basée sur le calcul et le profit. Aujourd'hui, nous sommes tous en proie aux mêmes menaces globales, nucléaires, écologiques, du sida, des nouveaux virus. Nous essayons d'avoir une vie civilisée qui puisse dépasser les états de guerre, de violence et de barbarie qui règnent sur la terre »[505].

La culture de la mondialité est au-delà de la bourgeoisie, elle est dans l'ère post-bourgeoise de l'humanité. Ce qui est en jeu ici, ce n'est

---

[504] Edgar Morin, *Dialogue sur la connaissance, op. cit.*, p. 63.
[505] Ibid., p. 64.

plus la démarche rétrospective de type historique, mais la prospective qui fait tout naturellement droit au substrat éthique partagé entre les nations du monde, du moins à l'échelle planétaire. L'ancrage éthique de la mondialité est premier est à l'aspect historique de la mondialité : « On peut, on doit concevoir une humanité qui se serait libérée des Etats, on ne peut pas concevoir une politique à moyenne période en dehors du système et du cadre des états nationaux, bien que cette politique doive se concevoir comme planétaire, c'est-à-dire mondiale et internationale. »[506]

Il y a donc au cœur de la notion de mondialité ainsi caractérisée une exigence éthique, celle qui ne privilégie ni l'efficacité économique, ni ne sacrifie l'équité sociale et le respect de l'environnement.[507] Il s'agit de garantir l'homme et son avenir dans ce qu'il a de plus humain et qui fonde ses valeurs universelles comme la justice, la tolérance, le pardon. Ce faisant, la quête de fondements anthropo-éthiques de la mondialité a pour enjeu la protection du bien être universel, et ce, dans un esprit de solidarité d'intérêts entre générations, entre peuples, entre nations. On pourrait donc l'appeler l'approche prospective qualitative de la mondialité ; ainsi que le note si bien Pierre Papon : « Il s'agit de mettre en place par là un véritable dialogue entre la société, le pouvoir politique et les institutions scientifiques, afin de préserver l'autonomie de la création scientifique et d'éviter ainsi que la science et la technologie ne soient entrainées par des logiques économiques dont les promoteurs ont encore tendance à faire croire qu'ils sont les vrais acteurs du progrès. Inventer les moyens d'un débat, faisant appel à des valeurs avec l'aide irremplaçable de la prospective qui doit détecter les signes annonciateurs de changements, est la condition pour que le progrès puisse retrouver son sens et nous aide à faire face aux incertitudes de l'avenir ».[508]

La mondialité est non seulement « culture », mais aussi et surtout « ouverture ». Elle s'attache à la rationalité ouverte, dialogique par vocation et par essence. Ici, chaque identité a le souci de l'autre. Cette acceptabilité rationnelle correspond à un type de société ouverte,

---

[506] *Ibid.*

[507] Catherine et Raphael Larrère, *Du bon usage de la nature. Pour une philosophie de l'environnement*, Paris, Flammarion, 2009, coll. « Champs-essais », p. 19.

[508] Pierre Papon, *Bref récit du futur. Prospective 2050 et société*, Paris, Albin Michel, 2012, p. 325.

c'est-à-dire là où les identités pratiquent l'esprit critique. La quête de l'identité humaine paraît devoir constituer la norme absolue, parce que les identités elles-mêmes, nonobstant leur appartenance multiple aux sociétés et cultures, délibèrent et décident du destin qu'elles se donnent. La pratique de la discussion critique devient éthique de la libre discussion permettant ainsi de gérer avec grand soin les pathologies qui rongent les communautés d'individus. Tout comme elle rend possible la remise en question perpétuelle de la société dite ouverte. De là son évolution tendra vers un idéal de bonheur comme destination ultime de toute entreprise rationnelle et raisonnable de construction d'une « société-monde ». Les identités sont dans le monde, avec le monde.

Cela dit, si elles ne peuvent pas atteindre le bonheur en question, elles se donnent cette quête comme norme régulatrice à la faveur de laquelle elles jugeront de l'efficacité de leurs propres réalisations. Cela n'est possible que là où la pratique de la discussion publique au sens habermassien aide à évacuer la violence ainsi que les conflits qui ne manqueront pas de resurgir chemin faisant. Par ailleurs, il est de bon ton, lorsqu'au départ les identités se libèrent relativement de leurs appartenances communautaires fondées sur les liens de sang, que les mots remplacent les épées. Par l'échange fécondant des idées et des peines, les identités se forgent davantage des opinions saines, individuelles et collectives qui aident à épargner aux différentes associations ethniques, religieuses ou politiques d'avoir à s'affronter de façon *ad hominienne*. Pour ce faire, il est de bon aloi de se tourner vers l'avenir de l'identité et le devenir des identités. Nous retrouvons par ce biais quelques qualités méthodologiques[509] requises pour penser l'identité complexe.

1. L'avenir de l'Identité humaine et le devenir des identités

De la question de la mondialité à la mondialité en question il a été question de mettre en avant l'idée selon laquelle la mondialité se distingue de la mondialisation au double plan éthique et prospective, c'est-à-dire tournée vers l'avenir. Selon Charles Z. Bowao : « La mondialité est donc culture »,[510]parce qu'elle pose et se pose le problème éthique et culturel de notre avenir commun. Elle implique

---

[509] Edgar Morin, « Le mot méthode », in *Les Cahiers de l'Herne*, (dir.) François L'Yvonnet, Paris, Editions de l'Herne, 2016, pp. 83-86.
[510] Charles Z. Bowao, *La Mondialité, op. cit.*, p. 56.

une mesure « rupturielle » avec le passé qui est dépassé sous la modalité qualitative de nos identités en devenir en tant que manière d'être de la civilisation : « la politique de la civilisation » selon l'expression d'Edgar Morin. Ce qui est en jeu ici c'est la dynamique de l'Identité humaine. Qu'est-ce à dire ? A présent, nous nous proposons de mettre en lumière la problématique de l'avenir de l'identité et le devenir des identités. La mondialité est un chemin d'avenir. Pour le philosophe congolais, « Par avenir, il faut entendre ici ce qui n'est pas encore et dont on ne sait qu'approximativement ce qu'il pourrait être. Contrairement au passé qui lui s'entend comme ce qui a déjà été, donc qui ne sera plus jamais et dont la reconstruction par l'esprit humain, quels que soient les efforts, comportera toujours des incertitudes, des zones d'ombre. C'est pourquoi, entre un avenir qui n'est pas écrit d'avance et un passé dont on voudrait retrouver de manière a posteriori le sens, la raison humaine devient un exercice d'humilité, de patience et d'endurance ».[511]La question est plutôt de la complexité du temps mondial pour autant qu'il est en phase avec un avenir qui est ouvert.

Mais qu'en est-il de l'identité ? Le concept d'identité est englobé par une série d'acceptions qui varie considérablement selon usages que les différents spécialistes en font. Il serait donc prétentieux de pouvoir, dans ces conditions, en donner une approche générique générale. Au-delà de toute restriction autour du plan philosophique, la difficulté demeure. Elle consiste en ceci que l'identité ne se prête pas à une seule définition qui ferait l'unanimité. Car il y a polysémie, ou poly-lexie de l'identité. Cela étant, il y a polyvalence de la notion d'identité. S'y trouve mêlées de nombreuses exemplifications qui, loin de conférer à chaque aspect et sens, contribuent plutôt à déployer dans ses multiples acceptions et à en dégager la richesse sémantique insoupçonnée. Qui plus est, l'identité n'est pas que culturelle. Elle a une dimension philosophique, cosmologique, socio-anthropologique, éthique, civilisationnelle.

C'est pourquoi, la réponse à la question que nous avons mise en évidence ne peut pas aller de soi pour tous. Tant le concept d'identité a longtemps souffert d'une dispersion à l'intérieur des débats d'idées nés autour de la relation de soi avec ce qui n'est pas soi. Dans le fond, c'est-à-dire loin de tourner autour, plutôt que d'aller au fond des choses, même s'il n'est pas toujours vrai de savoir si les choses ont

---

[511] Charles Z. Bowao, *op. cit.*, p. 57.

leur fond, le concept d'identité est complexe. Ce que l'on en dit habituellement souille parfois les meilleures approches que les spécialistes des sciences humaines confèrent à cette notion. A la lumière des crises dont souffre l'identité maintenant, ainsi que des débats qui ont lieu sur les « identités insulaires » et « meurtrières », et même dans l'identification entre hommes et femmes, aujourd'hui, il est de bon ton qu'on essaye d'en comprendre la nécessité conceptuelle. L'identité est d'abord et avant tout pensée comme un défi. Cela tient formellement de la volatilité du concept mis en évidence qui se veut paradoxalement important.

Pour Karmela Liebikind ce sens conceptuel est « aussi indispensable qu'il est obscur (...) multiples, difficile à cerner et se dérobe à de nombreuses méthodes d'évaluation classique ».[512] Dire ce qu'est notre identité ou ce que nous sommes réellement est un des défis auxquels l'humanité est confrontée. Car les jours sont mauvais, à cause de l'instabilité morale, sociale, culturelle, et sociétale qui prend forme et corps dans la marche controversée et problématique du monde contemporain. Ce monde ci, loin de le caractériser dans toute sa complexité, est confronté aux menaces récurrentes. Elles mettent en péril et en danger l'existence des individus tels qu'ils vivent en communauté. D'après Samuel P. Huntington « l'identité, semblerait-il, est comme le péché ; nous avons beau faire des efforts pour y résister, il nous est impossible d'y échapper ».[513]Il se trouve que personne ne peut comprendre la marche de notre monde sans comprendre la valeur de l'identité. Quand bien même elle serait exposée à « la violence »[514] qui prend corps dans le monde d'aujourd'hui.

Malheureusement, personne ou presque ne peut comprendre l'avenir de notre identité. Quoi qu'il en soit, l'identité est une notion déterminante. Loin d'être aléatoire, elle a une forme logique et un contenu à la fois sémantique et pragmatique, parce qu'elle est une donnée justement fondamentale du comportement des hommes entre eux. Elle est une construction à partir de la philosophie de l'intersubjectivité. Elle exige de nous une éthique des relations de

---

[512] Karmela Liebikind cité par Huntignton Samuel P. *Qui sommes-nous ? Identité nationale et choc des cultures*, Paris, Odile Jacob, 2004, p. 33.

[513]Samuel P. Hintington, *op. cit.*

[514] Yves Michaud, *Changements dans la violence. Essai sur la bienveillance universelle et la peur*, Paris, Odile Jacob, 2002, p. 39.

l'intérieur de notre être. Mais l'identité nous pousse à interroger d'abord et avant tout la relation entre le sujet le monde. Donc, la construction de notre identité fonctionne comme une logique de la relation entre les différentes parties de la connaissance de soi, du monde, de la société et de notre environnement. L'identité est une notion à double entrée. Les relations à soi et à autrui peuvent être positives ou négatives. Elles le sont négativement lorsqu'on est en manque de relations. Cela revient à dire que qu'on peut être confronté à l'insuffisance des relations entre le moi avec son prochain dans un environnement immédiat. Autrement dit, l'identité émerge de la construction ou de la constitution de la relation du moi avec son environnement, son groupe et autrui. Elle peut s'élargir ou se resserrer suivant les contraintes internes et externes au milieu, c'est-à-dire du groupe ou des groupes auxquels chacun de nous appartient.

Pareille construction tient de l'interaction qui s'instaure entre les uns et les autres. Ce qui est en jeu aussi, dans cette identité en construction, c'est la manière dont les partenaires vivent cette interaction. La dynamique de la relation dépend également de la place de l'autonomie dont jouit chaque identité. Chacun peut être libre de s'ouvrir à autrui ou pas et donc peut vivre son identité comme bon lui semble. Qui plus est, il peut ou ne pas l'exprimer dans la réalité. Il n'est donc pas évident d'accréditer absolument la thèse selon laquelle dans l'intersubjectivité réciproque, la relation est originaire. Sur ce point d'importance, Huntington avertit que « pour pouvoir se définir, un individu a besoin d'un autre. A-t-il également besoin d'un ennemi ? »[515]Aussi paradoxal que cela puisse paraître, pareille identité ouverte à autrui peut s'exposer à des difficultés d'ordre psychologiques, voire même psychanalytique. Quand l'individu est analysé sous l'angle de vue de la philosophie dite du soupçon, il se révèle complexe en ce qu'il est double, c'est-à-dire soit il tend à se préserver de toute chute psychologique, soit il peut être amené à détruire l'autre.

Cependant, les deux dimensions travaillent en lui telle une « tension essentielle », en balancement permanent. Cela conduirait à penser un équilibre psychique instable. Ce déséquilibre cultive en l'homme autant de haine que de rivalités entre les individus, autant de guerre que de conflits. En témoignent les travaux récents réalisés par les spécialistes dans les domaines de psychiatrie, de psychologie, de

---

[515] *Ibid.*, p. 34.

sociobiologie, des théories des organisations. Huntington renchérit en ces termes : « La quête d'un ennemi pouvant incarner provisoirement ou de façon permanente des aspects de nous-mêmes que nous désavouons est depuis toujours une caractéristique de l'être humain »[516]. Même au cœur d'une interlocution dialogique, il n'est pas impossible qu'un individu fasse de preuve de penchants agressifs, d'hypocrisie meurtrière, pourrait-on dire. Et ce, à cause du besoin d'estime de soi qui tend à le caractériser tout naturellement. Ce sentiment de soi caractéristique du complexe soit de supériorité, soit d'infériorité, lui fait dire qu'il fait partie intégrante d'un groupe d'individus supérieur aux autres. En d'autres mots, il éprouve un sentiment de soi qui peut se décliner à la volonté des tracasseries de la vie auxquelles sont exposées les communautés d'individus animés d'un élan d'exclusion. Cette forme d'inclination à la peur de l'autre n'est rien moins que la manifestation par excellence d'un « ethnocentrisme » persistant doublé d'un « sociocentrisme »[517]pour reprendre les mots du philosophe et sociologue Edgar Morin. Il affirme : « Ethnocentrisme et sociocentrisme nourrissent les xénophobies et racismes qui peuvent aller jusqu'à retirer à l'étranger la qualité d'humain. Aussi, la vraie lutte contre les racismes s'opérerait-elle mieux contre leurs racines égo-socio-centriques que contre leurs symptômes ».[518]

La lutte contre l'ethnocentrisme et son corollaire vise à construire une nouvelle identité plus humaine et planétaire à partir de « l'identité terrienne ». Elle ne se construit au moyen de la mise à plat d'une logique disjonctive entre les continents. Elle navigue à contre-courant de la scission génétique entre les « pygmées, noirs, jaunes, indiens, blancs qui relèvent de la même espèce, disposent des mêmes caractères fondamentaux d'humanité ».[519] Se pose l'exigence éthique de l'instauration d'une identité polycentrique, globale « capable de viser à un universalisme, non pas abstrait, mais conscient de l'unité/diversité de l'humaine condition ; une pensée polycentrique nourrie des cultures du monde ». Pour Edgar Morin tel est le sens de l'identité à venir pour autant qu'elle œuvre à l'avènement d'une

---

[516] *Id.*

[517] Edgar Morin, *Les sept savoirs nécessaires à l'éducation du futur*, Paris, Seuil, 2000, p. 108.

[518] *Ibid.*

[519] *Ibid.*, p. 69.

identité planétaire « pour l'identité et la conscience terrienne ».[520] L'inter-solidarité des identités est une complexité identitaire qui se nourrit des identités multiples, conflictuelles, contradictoires, contraires, crisiques, difficiles, associées et complémentaires. En effet, la lecture holoscopique d'une telle identité est plutôt une richesse. Dans la mesure où « elle produit une extraordinaire diversité de langues, de cultures, de destins, source d'innovations et de création dans tous les domaines. Le trésor de l'humanité est dans sa diversité créatrice, mais la source de sa créativité est dans l'unité génératrice. »[521]

Il en résulte donc une approche plurielle de l'identité. C'est-à-dire que l'identité implique la différenciation des identités, au-delà de toute comparaison des groupes. Mais l'important est la quête de l'identité humaine tournée vers l'avenir et le devenir des identités vus sous la reliance de l'individuel et du collectif.[522]Partant de cette mise en évidence de « la pluralité du collectif et l'identité de l'individuel » dans la société contemporaine, nous avons choisi maintenant aborder la partie suivante. Car l'identité humaine n'est telle que parce qu'il y a dialogique d'une identité multiple, et du collectif identique en vue de chercher d'autres formes d'identités autres, pour leur devenir dans l'humanité. La construction de cet avenir et de ce devenir passe par la prise de conscience de nos limites et partant de notre faillibilité. Du fait de notre faillibilité, la seule positivité qui nous soit donnée est notre capacité à soumettre nos idées prétendant à la vérité à une critique rigoureuse.

Le contexte de l'avenir est celui à l'intérieur duquel les idées émises par chacun sont discutées par des sujets érigés en interlocuteurs. En d'autres termes, dans cette interlocution dialogique, nul n'est en possession de la science infuse. Plutôt chacun est en mesure, ne serait-ce qu'en droit, de soumettre une pensée à la critique de l'autre. Cela permet de modifier peu ou prou les points de vue respectifs des différents interlocuteurs embarqués dans un jeu dialogique positif. Le devenir des identités se fonde donc sur une éthique de la discussion où l'essentiel est la disposition de chacun à être interpellé par autrui. L'intersubjectivité réciproque devient

---

520 *Ibid.,* p. 69.

521 *Id.*

522 Thèrèse Bellè Wanguè (dir.), « A moitié vide, à moitié plein. Entre l'individuel et le collectif », *L'Individuel et le collectif*, Paris, Dianoia, 2004, p. 5.

déterminante dans la quête de la vérité. Un des interlocuteurs se laisse convaincre mais aussi le cas échéant à se laisser vaincre par autrui, et ce, au moyen de la force de l'argument et non par l'argument de la force. Pareille considération est susceptible de caractériser ce qu'il conviendrait d'appeler l'attitude raisonnable de chaque identité humaine. C'est-à-dire que là où l'on croit avoir absolument raison, c'est là aussi que chacun peut se remettre en question.

Se pose alors l'exigence éthique de la discussion rationnelle. De la sorte, chacun aurait la chance de parvenir autant que possible à l'entente rationnelle sans effusion de sang. Yves Michaud soulève quelques-uns des problèmes liés aux humains responsables des tendances animales, qui proviennent des cerveaux dont l'extension pourrait justifier les motivations intérieures qui poussent chaque homme à la violence[523]. Les identités sont forgées par l'attitude critique et autocritique. Là domine le souci rationaliste qui exige de chacun de nous un degré élevé d'humilité intellectuelle. Elle consiste à pousser chaque individu à reconnaitre son tort, et à réaliser son erreur. C'est la preuve ontologique du faillibilisme de chaque identité. Car nul n'est omniscient. Pour ce faire, nous sommes tous redevables à autrui de la grande part de notre vérité, que nous devons considérer comme notre critique potentiel. Comme on le voit, dans cette perspective, l'exigence d'identité humaine, loin de passer pour une dimension empirique limitée à la méthode philosophique débouche tout naturellement sur une éthique de la tolérance, une identité d'avenir qui a souci de l'autre. Elle l'est dans la mesure où l'identité humaine se doit de reconnaître, à l'exemple de la maïeutique socratique, les limites de la certitude de notre savoir. L'identité humaine est donc loin d'être dogmatique. Elle est plutôt ouverture. Par ce biais, le souci de l'autre se justifie par la prise de conscience du caractère partiel de la connaissance de soi.

En conséquence, autrui s'érige en alter ego, celui qui partage avec moi l'expérience de la finitude du savoir, et partant l'urgence signalée de l'intersubjectivité comme socle de l'objectivité scientifique. Une identité se veut objective lorsque cette relation dialogique se révèle réciproque. C'est en cela qu'elle aide à évacuer les différends. L'interlocution dialogique des identités dans leur devenir paraît être le meilleur antidote contre la violence tant symbolique qu'animale.

---

[523] Yves Michaud, *La Violence,* Paris, PUF, 3è éd. Corrigée, 1992, chap. 5, en particulier p. 76.

L'exigence éthique de la tolérance qui ne va pas sans dialogue consiste à discuter en vue de surmonter autant que faire se peut leurs conflits, au lieu de se battre. La finalité de la dynamique de l'identité est qualitative et non quantitative. Cela explique sans doute ce que le philosophe Edgar Morin appelle « la terre-patrie », celle qui se fonde sur les vertus cardinales qui travaillent à croitre la convivialité, plus de solidarité et de fraternité. A son avis, « il faut reconstituer. Les êtres humains ne peuvent pas vivre dans un monde fondé uniquement sur la quantité, le calcul, le profit : ils sont besoin de rapports affectifs, d'amour (…) L'amour n'est pas seulement un moyen pour nous aider à vivre, c'est aussi une fin pour nos existences. Personne ne peut s'en passer ».[524] De ce point de vue, le devenir des identités et l'avenir de l'identité s'inscrivent dans la tradition philosophique de la discussion libre et rationnelle venant de l'épistémologie de la complexité de Morin. Parce qu'elle se veut régulatrice d'une « société ouverte », d'un système complexe dont il vise l'instauration ; là où la défense des libertés de chacun est d'une nécessité impérieuse et là où l'on passe « de l'endo-causalité à la causalité générative »[525]. C'est évidemment parce qu'il est question de mettre en avant la création d'un cycle endo-causal et exo-causal qu'il y a désormais disjonction relative entre la causalité externe et l'effet apparu.

C'est donc à partir de la notion de « production de soi » que se construit la dynamique de l'identité humaine en contexte de complexité systémique. Qui plus est, comme nous allons le voir, elle est non seulement plus ample et plus profonde que l'idée de localité, mais elle est la quête de fondement de l'identité planétaire. Car la différence de l'identité individuelle se forme sur rameau d'appartenance et de conformité aux exigences de la planète. De la sorte, elle forme ensemble une unité complexe de caractère planétaire. Pourquoi l'identité peut-elle ne pas être planétaire ? Le questionnement de l'identité planétaire vient du dépassement de ce que Morin appelle « l'identité particulière »[526]. Celle-ci, est-il besoin de le dire encore, « se définit par sa conformité et son appartenance »[527]. Par contre, les diversités et les traits singuliers de chaque identité se multiplient et se résument à l'identité planétaire.

[524] Edgar Morin, *Dialogue sur la connaissance, op. cit.,* p. 65.

[525] Edgar Morin, *La method I., op. cit.*, p. 256.

[526] Edgar Morin, *La method 2, op. cit.*, p. 270.

[527] *Ibid.*

Morin accrédite l'identité de « l'identité pluri-concentrique ». Il renchérit : « l'identité est plus fortement encore une, tout en devenant de plus en plus plurielle ». Il s'agit donc de penser l'identité humaine entre « pensée complexe et pensée globale »[528]. Elle s'inscrit dans l'humanité. Quelques questions se posent alors : identifier est-ce différencier ? Les mêmes ne sont-ils pas différents ? L'identité humaine est-elle transcendante ou transcendantale ?

Ce questionnement introduit à la possibilité d'entrevoir dans cette quête de l'identité individuelle et collective ce qui fait signe vers l'autre, l'étranger, le différent, le singulier. En effet, ce que nous voulons mettre en avant, ici, c'est la valeur de l'identité vers l'universalité. Parce qu'elle demeure. Le dire ainsi n'est rien moins que justifier l'attachement de l'identité aux peuples, à toutes les cultures, à toutes les nations. Huntington pense que la nation d'identité préoccupe tant des chercheurs en science de l'homme et de la société parce qu'elle suscite des débats : « Les débats sur l'identité nationale sont une caractéristique récurrente de notre époque. Pratiquement tous les peuples du monde ont interrogé, réexaminé et redéfini ce qu'ils ont en commun et ce qui les distingue des autres. »[529]Cette affirmation présuppose la pluralité identitaire.

La question ne se pose donc pas seulement en termes de société, mais aussi en identité plurielle : identité occidentale, confucéenne, japonaise, islamique, hindouiste, slave orthodoxe, latino-américaine, africaine, etc. Ces différences culturelles ou identitaires ne devraient pas occulter l'identité de l'identité. La pensée de la diversité et de la pluralité des cultures implique celles de l'identité. Ce qui est en jeu ici, c'est le paradigme qui structure en quelque manière la dynamique de l'identité individuelle et l'identité collective. Ce paradigme se veut à la fois relationnel et communicationnel, par-delà le registre simplement sociologique, psychologique, biologique, éthique.

Nous voulons mettre en valeur un ensemble de valeurs plus ou moins complexe par rapport à quoi chaque type d'identité prend un sens universel et peut en comprendre la portée historique ou « historiale », c'est-à-dire tournée vers l'avenir de l'identité et le devenir des entités. Il s'agit de la manière historique dont on devrait enrichir dans l'association, l'antagonisme et la complémentarité des

---

[528] Edgar Morin, *Penser global. L'homme et son univers*, Paris, Flammarion, coll. « Essais », 2016, p. 87.

[529] Samuel P. Huntington, *op. cit.*, p. 24.

identités pour en arriver à découvrir les particularités de chaque type d'identité. Cela aurait pour visée une trouvaille qui validerait absolument la norme universelle à l'aune de laquelle toutes les autres identités en viendraient à se mesurer. Pour déchiffrer le sens philosophique de l'avenir de l'identité et du devenir des identités, il importe de transcender les identités. Le terme « transcender » signifie, dans la langue philosophique, l'acte de surpasser, de surmonter les limites, les identités culturelles, de les passer outre, mais de préférence de monter vers le haut. Cette posture philosophique traduit donc un au-delà ou un méta-niveau, un au-dessus des cultures. L'avenir de l'identité est rendu possible par le fait de surmonter les barrières culturelles entre les différentes identités.

Il reste maintenant de définir les modalités de cette transcendance. Peut-être serait-il fondé en raison d'utiliser l'image du saut de barrière vue sous le signe du dépassement. Nous pensons que pareille exigence métaphysique est inhérente à l'identité humaine. Elle peut aussi lui être imposée de l'extérieur, par rapport à l'environnement. On pourrait donc la qualifier d'impératif et d'exigence spéculative. La quête de l'identité humaine est d'abord et avant tout une fonction d'immanence à assurer au cœur de chaque identité culturelle. Un effort critique et d'autocritique mérite d'être fourni par chaque individu, au sens où l'on dit de chaque homme raisonnable de penser par soi-même, sans toujours avoir recours immédiatement à quelqu'un d'autre.

Cet exercice spirituel aboutirait à la construction d'un humanisme raisonnable, celui qui procède de l'acte de « penser par soi-même ». Dans le fond, cela fonctionne comme l'acte de subvertir ainsi les identités culturelles closes. Autrement dit, il s'agit de transcender au sens où il faut monter au-delà de ce qui est. C'est une posture éthique qui exige de chacun l'humilité. Pour être transcendée, dépassée par le haut, une identité culturelle devrait pouvoir être remise à sa place, retournée, plus bas qu'elle ne se croirait. Quand bien il ne serait pas évident d'établir l'existence d'un au-delà des identités culturelles qui vaille qu'on les transcendante ou qu'on les subvertisse. Nous en arrivons alors à la deuxième hypothèse : l'identité et les identités. Pour travailler à leur corrélation, il est de bon ton de les transcender par le flux et le reflux de l'identité humaine en vue d'accéder à la quête de « l'identité planétaire » dont Edgar Morin vise l'instauration. En effet, ce dépassement concerne la complexité du rapport entre nature et culture. Dans Par-delà nature et culture,[530] Philippe Descola analyse les modalités épistémiques d'identification et de relation entre les individus vivant en communauté.

Du point du psychologique, et psychanalytique, il essaie de nous montrer qu'il existe une sorte de schème général moyennant lequel chaque identité établit des différences et des ressemblances avec l'autre. Dans cette dynamique, s'instaurent également des analogies, de comparaisons, des contrastes entre les réalités et des apparences de chaque être humain. Se pose alors la fonction d'altérité et la fonction d'identification. Elles ne sont ni logiques ni mathématiques. Mais l'homme est en rapport avec les êtres et les choses et ce suivant les normes sociales correctes. Dans le fond, Descola travaille à nous rendre sensibles aux motifs et harmonies qui procèdent du monde et les conditions de possibilité des qualités émergeantes qui adviennent dans les différents usages que les individus font des propriétés de leur vie en société. L'éloge de l'identité individuelle n'est pas non plus prime au collectivisme non plus. Par-delà tout individualisme méthodologique, il s'agit pour chaque identité d'éviter de ne penser qu'à soi et ne vivre que pour soi toute seule, quand bien même l'égoïsme pourrait avoir quelque vertu. Puisqu'il arrive à chacun d'éprouver le sentiment de la rage pour autant qu'elle ne permet pas que n'importe quoi arrive à n'importe qui, ou quiconque soit le jouet dans les mains des identités des autres. Dans tous les cas, un égoïsme mal placé ne représente de toute manière aucune évolution. Il ne saurait garantir un quelconque challenge ou un avenir à l'identité et à la société.

En revanche, il n'est pas rare de constater que, dans la société africaine par exemple, une identité individuelle peut se juger à son avoir dans la vie,[531]en général mal acquis. Il importe de rejeter cette forme d'identité individuelle centrée absolument sur soi en vue de faire place à l'identité relativement collective qui signifierait ici le plus grand nombre, le national, bref l'universel.[532]Quelles

---

[530] Philippe Descola, *Par-delà nature et culture*, Paris, Gallimard, 2005, p. 56.

[531] Njoh Mouelle, *Développer la richesse humaine*, Yaoundé, Editions Clé, coll. « Etudes et documents africains », 1980.

[532] On peut retrouver la profondeur de cette analyse chez Emmanuel Malolo Dissakè lorsqu'il rend hommage à la pratique philosophique de Njoh Mouellé : « Entre l'ici et l'universel : un équilibre tenable ? Une déontologie philosophique », *Ebénezer Njoh Mouellé. Penseur du développement et de la politique, Actes de la journée d'étude et d'hommage* organisée par les Editions Clé à l'ENS de Yaoundé le 31

conséquences décisives porte cette quête de l'identité universelle dans la lutte pour l'égalité entre les différentes identités ?

Emmanuel Malolo Dissakè affirme : « Mais l'universel n'est ni idée pure, ni pure idée ; il est demande d'un homme hic et nunc qui s'avère rencontrer celle des autres hommes comme si par un étrange ordinaires, trop individuelles, cette demande universelle d'égal traitement d'égaux est justement celle de ce que j'ai appelé ailleurs la vie bonne, suivant en particulier Aristote ».[533]Cette affirmation une théorie d'un autre vivre-ensemble tant du point de vue éthique-politique, anthropologique[534] que philosophique ou non retour au repli-identitaire. L'incontournable appel éthique au mieux vivre-ensemble et ses corollaires consiste à adresser à l'humanité entière une demande universelle vers « un meilleur-être-soi ». Pareille demande de conquête de nouvelles formes de sociabilités se donne à comprendre ici comme ouverture des conditions de possibilité d'une meilleure réalisation de soi et une condition de génération du devenir des identités non insulaires dans des contextes socio-historiques pluriethniques. Alors une transcendance s'impose comme voie de passage vers la construction d'une nouvelle identité humaine en contexte de mondialité.

3. L'identité humaine est-elle transcendantale ou autrement émergeante ?

La réflexion qui suit envisage quelques unes des questions que soulève aujourd'hui la notion d'identité aussi bien individuelle que collective dans les champs épistémologique et éthique. En prenant appui notamment sur les réflexions de Morin relatives à « la théorie des émergences globales et partielles » déployées particulièrement dans *La Méthode I. La Nature de la nature*,[535] nous suggérons que les sujets de préoccupations identitaires et des éléments de la vivacité de l'identité gagnent à être abordés à partir de la notion de transcendance

---

octobre 2013, réunis et édités par Emile Kenmogne, Yaoundé, Clé, 2014, pp. 101-130.

[533] Emmanuel Malolo Dissakè, « Construire l'égalité en contexte de postcolonie. Théorie d'un autre vivre-ensemble ou retour à l'ordinaire », *Studies in Philosophy*, « Le post-colonialisme comme code de l'inégalité », Ière année, n°1, Juin, Paris, Dianoia, 2015, p. 131.

[534] Michel Maffesoli consacre de longs développements à ce qu'il appelle « l'être-ensemble anthropologique » ; Cf. *La transfiguration du politique*, *op. cit.*, p. 165.

[535] Edgar Morin, *La Méthode I. La Nature de la Nature*, Paris, Seuil, 1977, p. 106.

et d'émergence[536]. Parce qu'il est également question de l'identité émergeante dans le cadre théorique de ce que Morin appelle dans le tome 2 de *La Méthode* « émergence de entités de troisième type »[537]. Nous voulons donc mettre en avant l'argument transcendantal de l'identité. L'hypothèse centrale est l'identité de la transcendance ou autrement émergeante. Quelles sont les conditions transcendantales de l'identité humaine ? Ce que nous essayons de montrer à ce niveau d'analyse c'est l'idée de l'identité humaine entre transcendance et émergence.

Excepté le fait que l'identité humaine a la capacité de transcender les aspects déterminants procédant de sa condition physique, psychologique, moral, culturel, économique, elle fait signe vers l'émergence[538]. Son avenir en dépend. Une telle idée met fin au déterminisme et au réductionnisme. L'émergence veut dire que lorsque notre identité est inscrite dans un tout organisé, ou dans une organisation sociale quelconque, quelques transformations peuvent s'y opérer. Quand on se place du point de vue du système, nous avons tout lieu de penser que l'identité humaine développe des qualités échappent au système, c'est-à-dire qui n'existent pas dans les parties prises isolément. Ce que Morin met en avant c'est « l'émergence de la causalité complexe »[539]. L'identité humaine peut exister et développer des réflexes capables de créer une « disjonction entre la cause et l'effet ». Pareille identité n'est plus rigide, linéaire, close, impérative. Conséquemment, l'émergence de l'identité humaine vient mettre fin « au principe de déterminisme causal qui commande la science classique » et elle introduit dans la causalité physique « une incertitude interne ». Cela veut dire que « il ne pouvait être question qu'un effet désobéisse à la cause ; il ne pouvait être question qu'en effet désobéisse à la cause et, sans cesser d'être effet, devienne causal sur sa cause devenant son effet tout en demeurant sa cause »[540].

Mais il y a plus : derrière ce questionnement et nonobstant la critique de *l'a priori* dans l'histoire de la philosophie moderne dont nous devons particulièrement à Emmanuel Kant, il est de bon ton de mettre en évidence le mécanisme des présuppositions relatives à

---

536 Edgar Morin, *La Méthode II. La Vie de la vie*, Paris, Seuil, 1985, p. 236.
537 *Ibid.*, p. 269.
538 Edgar Morin, *La méthode I, op. cit.*, p. 257.
539 *Ibid.*
540 Edgar Morin, *La méthode I., op. cit.*, p. 257.

l'expérience et à la connaissance de manière à en tirer l'universalité, la nécessité et l'indubitabilité. Plus explicitement, à la lumière de la seconde édition de *La Critique de la raison pure*, le criticisme enseigne que pour qu'un objet quelconque se prête à notre expérience, il faut qu'il soit conforme aux conditions qui rendent possible l'expérience en général, c'est-à-dire les catégories.

A ce titre, l'identité identité dont nous parlons peut avoir un sens nécessaire, universel. Cet argument transcendantal est un type de preuve qui permet de rendre compte d'une identité *a priori.* Conséquemment, une pluralité d'acceptions d'identité humaine sont données au transcendantal soit en rapport avec les définitions des objets de la métaphysique, soit en fonction de *l'a priori* comme fondement de la connaissance objective. De plus, on sait que cette approche ne va pas non plus de soi pour tous les philosophes modernes. D'ailleurs, selon les cas, David Hume en particulier a rejeté effectivement comme dépourvue de sens la métaphysique. Par ailleurs, dans son introduction aux *Prolégomènes* Kant tend à critiquer toutes les thèses métaphysiques mises en avant par ses devanciers en vue de les refonder scientifiquement.

Par ailleurs, dans ce contexte philosophique, nous soutenons, contre ceux qui tiennent en aversion la métaphysique, que l'identité humaine entretient un rapport positif, plutôt que purement critique ou négatif avec le transcendantal. Quand bien même on aurait supposé un critère de démarcation par Popper interposé entre la science et la métaphysique. Celle-ci peut renvoyer ici à l'irréfutable ce qui n'est pas tiré de l'expérience ou de la vérification empirique, mais dont les catégories sont tout de même applicables aux phénomènes qui se prêtent à notre perception sensible. Cet argument conduit au rejet d'une identité psychologiste pour autant qu'elle est incompatible avec l'idée d'identité universelle et nécessaire. L'identité psychologiste est relative au privé, au moi, et donc à l'impossibilité d'un test par plusieurs identités et par n'importe quelle identité. Quand une identité est seule à être soi, elle échappe à l'exigence de l'objectivité et partant de l'ouverture à la critique. Pareille identité est difficilement envisageable dans une société ouverte, encline à l'autocritique comme auto-analyse de « l'individu-sujet »[541].

[541] Edgar Morin, *La Méthode 2., op. cit.,* p. 264.

Opposée à l'identité psychologiste ou privée, l'identité universelle est celle qui s'adosse à la publicité pourrait-on dire, c'est-à-dire à ce qui est accessible par toutes les identités et donc criticable par celles-ci. C'est l'idée d'une identité ouverte, c'est-à-dire celle qui est à toutes, parce qu'elle sensible aux autres, à quiconque qui s'y intéresse, et en même temps à personne. Mieux, c'est tout le contraire d'une identité close. Du point de vue langage, pareille identité devrait pouvoir parler du monde et non pas seulement de soi dans le monde. L'identité ouverte doit dire le monde, être dans le monde. Ce dernier ne se transforme ni à ses perceptions, ni à ses convictions, encore moins à ses désirs.

Conséquemment, une identité close est inefficace, voire même nocive, et ce dans le monde, la société, la famille, l'environnement. Si l'on veut bien pouvoir construire l'avenir, notre avenir, il va falloir remplacer les considérations psychologistes de l'identité close par les considérations objectives de l'identité ouverte. Ce renouvellement de la problématique des identités ouvertes, et qui correspondent au rejet total du repli-identitaire sous toutes ses formes est précisément ce que consacre l'identité humaine ou planétaire dont parle Edgar Morin. Il ne se fait pas une vue trop étriquée de l'identité humaine. Pour ce faire, elle mérite donc être reconsidérée au vu du progrès moral qu'exige de nous la société contemporaine. C'est donc à la quête d'une identité honnête que cette approche nous conduit. Que pouvons-nous en dire ? Nous retrouvons par ce biais le sens et l'intérêt de la pratique de l'éthique dans l'étude des identités salvatrices. Quelle est la portée honnête de l'identité ?

Cette réflexion a partie liée avec l'aspect éthique de l'identité de l'avenir et le devenir des identités. Que notre identité ait un pouvoir sur le futur, qui peut se révéler non maîtrisable, voilà qui peut inciter à la réflexion prospective. La dimension éthique ou moralisante de notre identité à venir est liée à la responsabilité intellectuelle. Comment agir au mieux sur notre avenir ? Que doit faire l'identité humaine pour être au rang positif de l'universel qui lui incombe ? Elle doit affronter l'avenir de façon objective, sans arrière-pensées et sans faire preuve de mauvaise foi. Derrière la question du futur se dissimule une dimension éthique de l'identité à construire, celle d'une identité honnête, uniquement intéressée par la recherche de la sagesse. La corrélation de l'identité et de la moralité n'est pas de trop dans le sens d'un avenir que nous voulons radieux.

En revanche, s'il n'y pas d'identité de la morale, aussi fondamentale qu'elle puisse paraître, la morale est consubstantielle à la construction de l'avenir de notre identité. D'où l'impérieuse nécessité d'une éthique de l'identité et de l'identité éthique dont l'enjeu serait précisément d'imposer la discipline aux identités en devenir. Car la discipline morale commande que la construction de l'identité soit une identité honnête. Il s'agit dans le fond et dans le ton d'un impératif d'honnêteté justifiant ainsi la recherche la plus consciencieuse de l'identité collective. Le sérieux s'y mêle. De toute manière, quand l'honnêteté est couplée avec la notion de sérieux, l'honnêteté rejette l'identité de complaisance. Pour ce faire, elle renvoie à la reconnaissance d'un tort, à la réalisation d'une erreur, à l'ouverture sur ses erreurs, à la pédagogie de l'humilité, de la rectitude de la raison et donc de la simplicité. Pour l'avenir de l'identité et le devenir des identités, le recours à la morale est constant. Chaque identité devrait prendre une décision morale, car il s'agit d'un choix de liberté, un choix de tolérance dont nous avons parlée. Une identité morale est celle qui fait attention à autrui, par l'échange et le dialogue. Elle fait un choix de société où l'n refuse la violence comme mode par excellence du règlement des conflits. On parlerait alors de la bonne et de l'identité vraie. Une identité active et humble sait que ses pensées, ses opinions sincères et vraies ne survivent que par l'argumentation critique, le feu de la critique et de l'autocritique. Cela débuche tout naturellement sur l'« onto-logique » des relations entre l'identité et la différence. C'est ce que Morin thématise en termes d'identité comme ouverture.

C'est de là qu'est née l'idée morinéenne de « l'identité sociale »[542]. La socialité fait penser à un système ou une organisation sociale « des parties différentes en un tout, établissant des contraintes sur ces parties et produisant des qualités propres ou émergences, lesquelles rétroagissent sur les parties »[543]. Au-delà de l'organisation l'ouverture de l'identité humaine vers les autres implique l'idée complémentaire « d'auto-organisation », parce qu'elle « produit l'autonomie de la société dans son environnement ». C'est donc une « auto-éco-organisation ». L'identité humaine est à la fois fermée et ouverte. Son appartenance au monde, la société et l'environnement n'est rien moins que l'expression de la filiation fondée sur le principe « d'inclusion »,

---

[542] Edgar Morin, *La méthode 5. L'identité humaine, op. cit.*, p. 149.
[543] *Ibid.*, p. 149.

c'est-à-dire l'identité sociale inclut la société dans laquelle elle s'inclut. Pareille relation est de type hologrammatique : l'identité humaine est dans la société qui est dans l'identité. Edgar Morin dit que c'est « la relation à autrui ».

En conséquence, « la relation avec autrui est originaire. Autrui est virtuel en chacun et il doit s'actualiser pour que chacun devienne soi-même. (...) Ce qui se produit dans l'intersubjectivité, c'est la connivence. C'est la possibilité de compréhension qui permet de reconnaître autrui comme autre sujet, et de le ressentir éventuellement dans l'amour comme alter ego, autre soi-même. La compréhension ne peut émerger que dans l'intersubjectivité »[544]. En d'autres termes, l'identité humaine est souvent vue sous l'indice de la permanence de l'intersubjectivité et des rapports de complexité entre l'identité et la différence. Elle se donne à voir également comme principe d'intelligibilité des faits historiques moyennant lesquels ils acquièrent un sens. Qui plus est, l'identité tient lieu de ce qui est cyclique dans le développement général de l'histoire de la pensée[545]. En effet, décrire le devenir des identités à la lumière de la rationalité philosophique revient à y reconnaître la permanence d'un radical, celui de l'être, celui auquel Parménide, puis Héraclite a consacré des réflexions critiques selon le sens onto-logique que la tradition philosophique a cru pouvoir donner à l'être, c'est-à-dire à la question fondamentale de toute recherche philosophique. L'identité est dite ontologique quand elle est soulignée dans son caractère idéaliste ou essentialiste, c'est-à-dire hors de toute interprétation empirique, voire des considérations sur le sensible ; qui plus est, lorsqu'elle considérée dans son mode d'expression platonicienne sans avenir et sans devenir.

Pourtant à partir de là et bien avant la systématisation platonicienne de l'identité-permanence, le moment parménidéen peut se révéler décisif et plus indiqué en réussissant à indiquer le double sens à la fois ontologique et logique. On ne saurait donc pas prendre le moment platonicien comme étant le dépassement critique de celui de Parménide. Dans tous les cas, l'intelligible n'est pas qu'au-dessus du sens ou à côté du temps, il est comme un « centre » de ce qui est, premier et récurrent de l'histoire. Il s'agit bien d'une identité en tant

---

[544] *Ibid.,* p. 69.

[545] David Sedley, « Le critère d'identité chez les Stoïciens », in *Revue de Métaphysique et de Morale,* « Recherches sur les Stoiciens », n°4, 1989, Paris, Armand Colin, p. 513-533.

que centre idéaliste, ou spiritualiste, pure, parce que fondamentalement intelligible. L'identité signifie que l'être est identifié à la pensée. Cet intelligible signifie que le même est être et penser, ainsi que le symbolise le fragment VIII du Poème. Cela veut conduire à souligner la spécificité de l'identité comme quelque chose qui ne se distingue pas de son objet, c'est-à-dire ce qu'il vise effectivement.

Le sens de l'identité porté au langage est caractéristique de ce que penser n'est rien moins autre chose que l'être. Par le biais du langage, il est de bon ton de préciser que l'ontologie de Parménide pour autant qu'elle plaide pour l'identité met en avant une structure textuelle ou « formalisée » qui nous fait dire, en contexte contemporain, l'affirmation de l'être en soi, dont l'existence est garantie par la conformité aux principes logiques à savoir l'être est, et le non être est. A suivre Hilary Putnam,[546] par exemple, deux principes logiques fondamentaux font partie intégrante de ce qu'il conviendrait d'appeler aujourd'hui la doctrine permanente de la logique bivalente : l'identité et la non contradiction. Ils s'énoncent : « l'être est », « le non être n'est pas ». Ou encore « l'être n'est pas », « le non être est ». L'interprétation aristotélicienne[547] de ces principes est la suivante : le principe d'identité déclare que l'être se trouve être lui-même, mieux le même, étant donné qu'il n'y a rien qui soit en dehors de l'être. Car il est le même que le penser. En revanche, la contradiction signifie que l'être est séparé du non être qui de toute façon n'existe pas.

Par conséquent, la question logique d'identité implique l'approche ontologique de l'être. Tout se passe comme si l'on confondait logique et ontologie, normes et faits. L'identité est donc ce qui se dit et ce qui est. De plus, elle est surtout ce qui se dit d'une certaine manière de façon non contradictoire. Qui plus est, le même est être penser, dans la mesure où la vérité est, au même titre que l'être est. De la sorte, l'identité onto-logique est ce qui est, conformément à la déduction logique qu'il inspire, ainsi que de l'existence de l'essence des êtres et des choses. La problématique de l'identité a suscité une réflexion relative à l'ontologie des relations entre l'être et le non être dans l'histoire de la philosophie. L'être immobile de Parménide se trouve être opposé au mobilisme venu d'Héraclite. Pour l'historien de la

---

546 Hilary Putnam, *Philosophie de la logique*, trad. de l'américain par Patrick Peccatte, Paris, L'Eclat, coll. « Tiré-à-part », 1996, p. 27.

547 Aristote, *Seconds Analytiques*, I, 19, 81b.

philosophie, Héraclite et Parménide posent le problème de la dynamique de la nature, de la pensée ou de ce qui est. Du point de vue métaphysique[548], il s'agit de savoir si cette contradiction est de nature à garantir de tout temps du perpétuel bien fondé qui qualifie d'une part, une doctrine de l'être ou des permanences, et d'autre part, une doctrine du devenir, du flux ou du processus. Dans le cadre la marche du monde actuel, tourné à la fois vers l'avenir et le devenir aucune de ces deux doctrines mises en exergue prises unilatéralement n'est vraie. L'ontologie et la logique des relations nous font dire que les deux axes majeurs de la réalité en procès doivent être interprétés comme passage. Car un des fleurons de cette métaphysique est bien le fait d'être une métaphysique du processus, une métaphysique de l'aventure des idées, des identités en construction. Cela étant dit, nous sommes donc face à une véritable transformation créatrice de la métaphysique de la connaissance, une transformation polyphonique par ailleurs, puisqu'elle prend en charge les registres aussi différents que complémentaires de la réalité. Il importe d'envisager les perspectives d'avenir de notre identité entre polarités et intensification de la vie des hommes. Autrement dit, face à l'avenir, les polarités expriment quelques aspects du procès. Elles conduisent aux contrastes des identités humaines qui tiennent de la coexistence de termes opposés mais solidaires. Un des penseurs à avoir fixé cette psychologie du pluriel de notre avenir, est Alfred North Whitehead selon qui : « Deux éléments opposés se trouvent l'un et l'autre en situation de besoin mutuel ».[549]

L'enjeu philosophique et éthique est la configuration la plus féconde de ce que l'identité est appelée à être, celle du contraste générateur de nouveauté, de génération et d'intensité de la raison. Lorsqu'on en examine les conditions, on se rend à l'évidence du fait logique selon que l'opposition mise en avant ici ne signifie en rien l'exclusion. Dans la philosophie de l'avenir de l'identité dont nous visons l'instauration il y a place à l'inédit. Là où l'opposition des choses ainsi que leurs contrastes se manifestent, ces choses sont à même de coexister et de s'affirmer mutuellement, sans tomber dans le

[548] Gaston Berger, « Qu'est-ce que la métaphysique », *Phénoménologie du temps et prospective*, Paris, PUF, 1964, p. 14.

[549] Alfred North Whithead, cité par Maurice Elie, « Polarités et intensification de la vie dans *Procès et réalité* d'A.N. Whitehead », *L'art du comprendre. A. N. Whitehead Le Procès de l'univers et des savoirs,* 2009, n° 18-deuxième série, Paris, Editions L'art du comprendre, p. 24.

piège de la confusion absurde. Dans *Penser global* Morin[550] plaide relève le caractère imprévisible de l'évolution de notre identité. Liée à « l'Univers » l'identité humaine se donne à comprendre désormais au cœur d'une « révolution dans l'évolution »[551]. Il conclut enfin à l'idée que l'avenir de l'identité humaine est à la fois probable et imprévisible, mais « il n'est plus ce qu'il était avant »[552]. Que peut-on alors en penser ? Nous voilà à la recherche de l'identité humaine entre devenir et revenir.

L'avenir de l'identité humaine n'est pas envisagé à la manière de « l'avenir selon les techno-prophètes »[553]selon l'expression de Dominique Lecourt. Nous analysons l'avenir qui se laisse découvrir comme le moment de la métamorphose de la nature humaine. Pareille transformation qui vise en dernière analyse, en lieu et place de l'humanité, la création d'une post-humanité et d'une trans-humanité moyennant la techno-science. De la sorte, Jean Michel Besnier pense ainsi à la lumière de l'idée d'augmentation et de l'amélioration de l'identité humaine. Au final, nous accordons une place particulière à cette figure singulière du post-humain que constitue « *l'homo labyrinthus* ». Cette forme d'humanité déchirée est née de la tension essentielle qui s'instaure entre le devenir et le revenir. Une critique s'impose de la rationalité technologique allant dans le même sens que celle entreprise par Martin Heidegger quand il lance que la science et la technique ne pensent pas. Il entend surtout par là qu'elles ne sont pas encore arrivées à une pleine auto-compréhension de leur essence. La re-conception de l'identité par la rationalité technologique est mise à l'épreuve de l'axiologie. Parce que la techno-science n'échappe pas à la règle, c'est-à-dire qu'elle engendre des apories qu'elle n'a eues de cesse de produire inconsciemment.

Dans le fond, c'est son identité qui se révèle aussi problématique et controversée. Elle est devenue opaque à elle-même, paradoxalement, à cause de ses propres avancés. Qui plus est, la techno-science ne saurait déroger à l'exigence éthique de se chercher à nouveaux frais une nouvelle identité au cœur de la crise des sciences modernes. En ce sens Husserl dénonce le concept positiviste de la science contemporaine. Ce concept se veut résiduel dans la pleine mesure où il

---

550 Edgar Morin, *Penser global, op. cit.*, p. 63.

551 *Ibid.*

552 *Ibid.*, p. 87.

553 Dominique Lecourt, *Humain, post-humain,* Paris, p. 57.

exclut en quelque manière toute la part éthique qui fait corps avec la pratique scientifique et technique de notre modernité. Pour avoir écrit « *La crise des sciences européennes et la phénoménologie transcendantale* », Edmund Husserl ne fait que critiquer la crise de la raison procédant de l'universalité de la philosophie. Celle-ci touche en fait à la compréhension de soi de l'homme lui-même dans le souci majeur qui anime l'esprit humain qui désire toujours saisir le réel dans sa totalité. L'originalité de la position de Morin sur l'avenir de l'identité humaine tient dans l'acte de penser « un bel avenir »[554]. Ce faisant, il place le nouvel esprit scientifique non seulement devant une « alternative » de la « méta-humanité » et de la « surhumanité »[555], mais aussi et surtout dans un élan dialogique allant dans le sens d'intégrer les deux directions de l'évolution des machines. Il déclare : « L'avenir admet donc la possibilité croissante d'introduire des qualités du vivant dans les machines (...) mais il semble qu'il n'y ait plus d'horizon indépassable »[556].

Cela étant posé, il n'est pas évident de penser que l'avenir de l'identité et le devenir des identités se fait toujours sous « l'emprise de l'histoire »[557]. Les identités sont projetées, emportées, ballotées dans un flux déchaîné dont elles ignorent la destination ultime. La complexité de l'identité se donne donc à penser dans cette ambivalence des identités futures. Les décisions que celles-ci prennent dans l'affolement et parfois dans l'aveuglément laissent entrevoir des choix rationnels certes, mais qui se révèlent chemin faisant soit erronés, soit pervers. Morin estime qu'ils se multiplient à mesure que le destin de l'humanité se joue. Sur ce point d'importance, il évoque l'hypothèse mesurée de « l'écologie de l'action », c'est-à-dire « toute action risque de se voir détournée de son sens et même d'aller dans le sens contraire à son intention ». Innombrables sont les cas exemples de ces détournements que provoque le cours accidentel et tourmenté de l'histoire »[558]. Se pose alors le problème du « complexe des libertés »[559] face au catastrophisme éclairé auquel le monde est exposé sous la figure du terrorisme aujourd'hui.

---

[554] Edgar Morin, *La méthode 5., op. cit.*, p. 231.
[555] Ibid., p. 233
[556] *Ibid.*
[557] *Ibid.*, p. 256.
[558] Edgar Morin, *La méthode 5., op. cit.*, p. 256.
[559] Edgar Morin, *La méthode 4. Les idées*, « Le complexe des « libertés », Paris, Seuil, 1986, p. 76-78.

On le voit, Abordée sous l'angle de la complexité épistémologique, la question de la mondialité, par-delà la mondialisation, entre histoire et avenir que nous venons de mettre en évidence implique à la fois quelques pistes de recherche relatives à la construction de l'avenir de l'identité et du devenir des identités en vue d'une trans-identité. L'avenir peut se dire aujourd'hui « à-venir », si nous reprenions un mot du philosophe Louis Althusser dans un de ses ouvrages qui s'appelle *L'avenir dure longtemps*.[560] A y regarder de plus près, ce qui est en jeu n'est pas la métaphore d'un avenir introuvable que notre attention critique en retenu. La problématique du temps mondial « comme un temps de l'intégration transculturelle des sociétés humaines, plutôt que comme un temps de l'exclusion et de la domination, en sachant inscrire le co-développement des Pays africains, en particulier, dans l'optique recherchée d'une humanisation de cette culture de la mondialité ».[561] Pareille humanisation tient du parallèle que nous avons tenté de construire entre l'identité ouverte et la société ouverte. Il réside dans le fait que toutes les formes d'identité sont comme des données raisonnables qu'il importe de parfaire.

Construire l'avenir de l'identité et le devenir des identités participent de ce qu'il conviendrait d'appeler les entreprises humaines, souvent trop humaines dont la portée humanisante n'a de sens que dans la mesure où elle exige de chacun de nous un devoir de vigilance sur l'environnement. En témoignent les catastrophes qui prennent corps dans le monde d'aujourd'hui marquant ainsi de leur sceau l'histoire contemporaine et tumultueuse où le sommeil de la raison n'engendre que des monstres. Cela participe de ce que Paul Feyerabend appelle « les conséquences politiques »[562] de l'identité de l'avenir. Pour « évaluer, écrit-il, les citoyens ont besoin de guides intellectuels, ils ont besoin de normes »[563].

La question de l'avenir de notre identité et de l'identité de notre avenir trouve son prolongement dans le prolongement normativiste lié à la dimension écologique de l'avenir de l'identité africaine. Parce qu'elle suppose également la relecture critique de la mondialité telle qu'elle s'applique à la réalité africaine en rapport avec la

[560] Louis Althusser, *L'avenir dure longtemps*, Paris, Plon, 2006.
[561] Charles Z. Bowao, *op. cit.*, p. 58.
[562] Paul K. Feyerabend, *Problèmes de l'empirisme. Ecrits Philosophiques* II, trad. franç., Emmanuel Malolo Dissakè, Paris, Dianoia, 2014, p. 107.
[563] *Ibid.*

problématique de la modernité. Cela nous fait dire qu'en fait l'Afrique est dans le monde. S'il lui paraît urgent et même nécessaire de se développer ou d'émerger d'ici là, elle le sera et le fera dans le monde en évolution. Ce monde qui émerge sous nos yeux est à inventer ou à créer au sens poppérien du terme.

Un monde où la culture de l'acceptabilité rationnelle et réciproque serait première ou originaire. Rappelons à toute fins utiles, qu'elle voudrait que l'autre soit traité comme un alter ego que le moi admette qu'il est aussi un autre moi. Ici, il ne s'agit pas de voir dans l'autre, mais de saisir l'autre en soi. Tel est le déchiffrement de sens du chemin de l'avenir de l'identité et l'identité de l'avenir qui ouvre tant s'en faut à la rigueur conceptuelle du devenir des identités termes dont il faut dire la signification prospective à lumière de la vérité historique qui trahit, en quelque manière, notre passé qu'il faut dépasser, malgré le fait qu'il est souvent douloureux.

Donc, l'Afrique particulièrement est concernée par la culture de la mondialité et de la mondialité comme culture. Pour le philosophe congolais, « elle est mondialisée, donc mondiale. Son problème n'est plus, à l'orée du millénaire qui s'engage, de revendiquer inutilement une simple singularité, mais d'être une singularité qui universalise, une singularité rayonnante, participative d'une civilisation humaine équitablement partagée. Une telle perspective engage se propre responsabilité, au même titre que celle de la communauté internationale ».[564]

On devrait pouvoir parler alors d'une coresponsabilité au sens du défi de la difficulté et de l'incertitude tel qu'il est lancé à la raison humaine, à la qualité d'humain qui rayonne au cœur des Africains. C'est là que réside toute la problématique de la mondialité comme un fait ou plutôt un état, mieux comme devenir-monde de l'africain. Puis, la naissance en devenir des « post-humains »,[565]selon Jean-Michel Besnier. Lorsque le philosophe français cherche à savoir si « le futur a encore besoin de nous », il met en évidence « la défaite des identités ».[566]Il la résume à la problématique d'un « humanisme déchiré ».

[564] Charles Z. Bowao, *op. cit.*, p. 58.
[565] Jean Michel Besnier, *Demain les posthumains. L'avenir a-t-il encore besoin de nous* ? Paris, Fayard, 2010, p. 141.
[566] *Ibid.*

Construire l'avenir de l'identité et questionner le devenir des identités suppose qu'on conteste les figures de la modernité technoscientifique. Il s'interroge : « l'homme cédera-t-il la place dans un future proche à des créatures de son invention, mi-machines, mi-organismes, post-humains issus du croisement des biotechnologies, des nanotechnologies, de l'intelligence artificielle et de la robotique ? »[567]Cette perspective interrogative est de nature à contester la modernité. Celle-ci semble s'inscrire, aujourd'hui, dans une dynamique complexe. Elle est d'autant plus difficile à appréhender que l'ampleur du champ et son articulation avec la complexité des circonstances, sont constamment traversées par la turbulence caractéristique du sujet moderne. De sorte que ce qui apparaît, maintenant, sous les dehors de la science et la technique en progrès peut être vu comme ce qui était hier relégué à la tradition, à ce qui est passé et donc dépassé, ou *vice versa.* La question qui resurgit en tout état de cause est celle de savoir si l'avenir du sujet moderne ou « postmoderne » est entré dans une phase de contestation de la modernité technologique sans savoir véritablement ce que se qu'être moderne.

Pourrait-on encore dire avec Bruno Latour que « nous n'avons jamais été modernes »[568] ? Il se trouve que depuis Descartes la modernité est voulue comme projet de maîtrise et de possession de moyens au service d'un idéal de vie axé sur l'épanouissement de l'humain. Ce projet s'est recentré autour de la libération et de la promotion des modèles et des genres tout en défiant des notions comme la chronologie, le contemporain, l'ancien, le nouveau, etc. Par ce biais, enfin, se donne à penser l'évènement de « l'éternalisme » de l'idée de l'identité. Cette nouvelle tendance de la complexité du temps réévalue, en quelque sorte, les difficultés de l'esprit de notre temps, le temps de la crise persistante et celui de la problématique du « développement durable » dont la signification controversée a été indiquée par le penseur congolais Théophile Obenga en ces mots : « l'évolution sans éthique humaine et sans solidarité internationale de la technologie a engendré la faim et l'inculture, les dogmatismes et les égoïsmes. Une crise de société, c'est-à-dire fondamentalement, une crise culturelle. Une crise de l'homme existe au plan mondial. Le mal

---

[567] *Ibid.* 4è de Couverture.

[568] Burno Latour, *Nous n'avons jamais été modernes. Essai d'anthropologie symétrique*, Paris, La découverte, coll. « Poche », 1997, p. 91.

humain a gagné le monde entier. La solution globale est entrevue par les gestes d'une coopération internationale franche et avantageant toutes les parties concernées de façon équitable.

Mais la coopération renvoie obligatoirement à la compréhension, surtout si la coopération doit être mutuellement fructueuse (...) Autrement dit, et cela en toute rigueur de pensée, sans nouvel ordre économique ni politique international plus équitable. Il y a nécessairement un bouleversement à faire, dans les cœurs et les esprits, à travers le monde d'aujourd'hui (...) Il y a par conséquent la tâche et le devoir. La tâche consiste à pénétrer dans le vif de l'évolution sociale de l'humanité en toutes diversités et en tous ces buissonnements. Le devoir n'est moins supérieur ni vaste. Il doit s'agir de maintenir et de perfectionner la culture dans le monde ? »[569].

Conclusion

Notre réflexion a essayé de montrer que la problématique de « l'identité humaine » couplée à la « complexité humaine » se pose dans l'axe de la pensée complexe de Morin. Ce dernier plaide pour l'unité, le métissage et la diversité de nos identités. Qui plus est, sa philosophie de la culture est un véritable plaidoyer pour la reliance des identités. Elles doivent se développer contre l'homogénéisation pure et la fermeture des identités humaines. A propos de l'éloge de la différence qui déréalise la communion des peuples, Morin pense qu'il est de bon ton de faire droit au métissage culturel des identités. Cela n'est pas tant une création des nouvelles diversités humaines à partir de la rencontre des identités. C'est plutôt une complexification des relations entre le je et le nous. L'identité humaine est produite par la relation qui originaire. Aussi est-elle productrice des jeux de relations entre l'individuel et le collectif. Tel est le creuset d'unité des individus vivant en communion et en communication au sein de la même communauté. Dans le fond, Penser l'identité transversale revient à introduire la complexité culturelle ou raciale au cœur de « l'identité métisse »[570].

[569] Théophile Obenga, *Pour une Nouvelle Histoire*, Paris, Présence Africaine, 1980, pp. 160-161.
[570] Edgar Morin, *Reliances,* Paris, L'aube, 2000, p. 67.

Cela étant posé, le moment est donc venu de relier les identités « possibles »[571] et de les transposer dans le cadre pragmatique de la sociabilité. Car la conception morinienne vise à « sauver » l'identité humaine et « sauver » la diversité identitaire. En fait « développer nos entités à la fois concentriques et plurielles » revient à s'engager dans la lutte contre le repli-identitaire et ses corollaires. L'identité humaine nous place à « l'échelle de l'humanité planétaire », à continuer l'œuvre essentielle de « civiliser et solidariser la terre ». De la sorte, en entralaçant les identités l'humanité aura travaillé davantage non seulement à la « symbiosophie », c'est-à-dire « la sagesse de vivre-ensemble », mais aussi à surmonter la difficulté entre « le devenir et le revenir » des identités. L'identité complexe ne requiert pas seulement l'attention à l'ouverture, mais également aux interdépendances, passant sans arrêt une identité dans l'autre. En témoigne donc la récente réflexion amorcée par Marie-Geneviève Pinsart dans un ouvrage interdisciplinaire qu'elle a dirigé où les rapports entrent dans la « narration et l'identité, qu'elle soit personnelle ou collective » sont de nature à renouveler l'identité en questions, mais aussi à élargir le champ d'investigation comme pour dire que la question de l'identité ne saurait être abordée uniquement par son côté logique ou épistémologique.

Par ailleurs, il nous paru nécessaire de montrer que chez Morin la question d'identité s'inscrit aujourd'hui dans un véritable mouvement de pensée qui nous invite, au final, à restaurer « l'intelligence de la complexité »[572] dans nos différentes cultures, nos langues et civilisations, nos enseignements, nos recherches en sciences humaines et sociales. Elle pose, en fait, un problème épistémologique et pragmatique fondamental, clé pour ainsi dire. Qui plus est, pour la connaissance et l'action, elle se déploie dans des univers de savoirs, ouverts et ouvrants. Parce que la « rationalité » qui la sous-tend est « ouverture », pour reprendre l'heureuse formule d'Alain Boyer. C'est au cœur de cet « anti-autoritarisme » des identités pourrait-on dire,

---

[571] Didier Debaise, *L'appât des possibles. Reprise de Whitehead*, Paris, Editions les Presses du réel, coll. « Intercessions », 2015, p. 137.

[572] Edgar Morin, « L'esprit de la vallée est esprit de reliance, action, science et conscience passant sans arrêt l'une dans l'autre », in *Colloque de Cerisy, « Intelligence de la Complexité. Epistémologie et pragmatique »,* Paris, L'aube, coll. « Essai », 2007, pp. 449-450.

apte à penser la souplesse argumentative[573]entre les individus que peut s'accomplir cette étape décisive entre vérité et sincérité.

Par contre, notre approche tant soit peu multi-référentielle, s'est enrichie d'un mouvement d'analyse allant du simple au complexe, et retour. C'est-à-dire que la modélisation de « l'identité complexe » s'est révélé multi-échelle, par multi-niveaux des dynamiques et identités sociales. Tout au plus, ses contours prospectivistes qui sont proprement métalogiques et partant socio-éthiques sont maintenant à approfondir dans la mesure où Morin qui nous a servi d'angle de vue se donne plutôt pour objectif fondamental et global l'étude de l'identité humaine dans le cadre de l'éducation humaine. Pour ce faire, sa démarche complexe aspire « à un progrès de la conscience de notre humanité dans cette ère planétaire (qui) devrait nous conduire à une solidarité et une commisération réciproques de chacun à chacun, de tous à tous ». Pour Morin « enseigner l'identité terrienne » devrait comprendre « une éthique de la compréhension planétaire » où tous les hommes doivent se donner la main.

Il reste que dans cette dynamique de la compréhension de notre avenir, de l'identité humaine, et même des niveaux de la réalité humaine, nous devons nous en remettre à la fiction. Cette catégorie de l'esprit a ceci de particulier qu'elle aide à saisir plusieurs niveaux d'intelligibilité. La réalité étudiée à la faveur de la diversalité se prête à la fiction comme un des niveaux qu'il importe d'explorer en profondeur. De la sorte, nous allons donc procéder à la vérification de l'hypothèse d'une réalité décentrée. C'est l'objet de la partie qui va suivre.

---

[573] La souplesse argumentative qui tend à irriguer nos conversations se veut « autocritique », c'est-à-dire « ce qu'il nous faut, *dit Morin*, ce ne sont pas des invectives, mais de concepts. Nous avons besoin d'arguments, non d'étiquettes ».

CHAPITRE CINQUIÈME : L'accès à la fiction ou l'hypothèse d'une réalité décentrée

L'unité et la diversité de l'identité dont nous venons faire état précédemment sont de concepts traduisant en quelque manière la richesse dont les entités humaines sont porteuses. Cette diversalité s'est déployée jusqu'au niveau de l'identité « fictionnelle ». Maintenant l'accès à la fiction à partir de l'approche philosophique du langage en est le parfait élargissement. La diversalité peut se donner à penser sous plusieurs angles de vue au nombre desquels on peut compter la fiction. En effet, elle fait éloge de la transition philosophique allant de la réalité supérieure vers ses niveaux. Dans le dédale des idées et des mondes à refaire, des époques et des espaces d'investigation, aujourd'hui, accéder à la réalité fictionnelle devient une enquête conceptuelle sur le nouveau paradigme, celui de la multi-dimensionnalité. Sous la plume de John Searle, particulièrement, et ce, à la suite de Nelson Goodman qui articule « faits, fictions et prédiction »[574], tout se passe comme si un Continent du savoir inédit s'ouvrait encore, au cœur de la philosophie du langage et dans la pensée contemporaine.

La présente partie se propose, donc, d'analyser la transition à partir de la fiction comme thème reçu de la philosophie de la connaissance. Qui plus est, nous analysons ici le motif qui préside au choix de notre réflexion, en développant les diverses versions et visions de la réalité. Cela conduit à mettre en cause les positions qui tendent à considérer la fiction comme une simple apparence du réel. A la lumière d'une « re-conception » de sa signification philosophique qui se déchiffre au-delà des réductionnismes gnoséologique, méthodologiques et logiques qui y sont attachés, nous avons choisi de mettre en perspective le concept problématique et controversé de la fiction comme foyer procédural de la nouvelle philosophie du langage. Pour ce faire, le mouvement épistémologique qui se dessine consiste à retourner à la source historique de ses considérations. La racine commune d'une telle approche n'est rien moins que la complexité de la réalité. Au final, fournir un modèle de la découverte du paradigme de la fiction qui mène vers l'articulation du sens de la référence et de l'autoréférence revient à faire écho au statut logique de la fiction dont il faut pouvoir dire la signification philosophique ; tenant compte de la nouvelle conception de la dynamique des concepts toujours renouvelée.

---

[574] Nelson Goodman, *Faits, fictions, Prédictions*, Paris, Minuit,

1. Le méta-niveau

Le débat sur la fiction est, en général, traversé par des controverses touchant à la définition du réel. Dans cette réflexion consacrée à la transition philosophique, la mise en question de l'approche classique de la réflexion philosophique sur le statut logique de la fiction est d'importance. John Searle propose une élucidation de ce que nous appelons « objet fictionnel ». Il est considéré comme une forme particulière du niveau de réalité, analogue à la complexité ontologique. Recourant à des aspects langagiers tirés des mondes philosophique, logique et littéraire, de l'étude de la perception ou encore de l'usage créatif des objets, John Searle, à la suite de Nelson Goodman et d'autres cherchent, plutôt, à comprendre comment les domaines comme la musique, l'art, la littérature et la peinture (Gilson, 1998, p. 70)[575] puissent être considérés comme des langages ayant leur logique propre à réévaluer la fiction.

Notre enquête conceptuelle conduit à s'interroger sur la notion de fictionnel, sur l'esquisse philosophique de la transition vers les niveaux de réalité. De la sorte, Searle aura inauguré une nouvelle manière, plus modeste, certes, mais dense et intense, de réfléchir sur la dialogique du fictionnel et du réel, conduisant, ainsi, pas à pas, le nouvel esprit scientifique à questionner davantage le sens et la signification des concepts qu'il emploie, lorsqu'il prétend accéder à la réalité. Dans ce sens, de nombreux philosophes contemporains en quête de fondements de la connaissance ont essayé, justement, de montrer d'une part que la philosophie est une discipline qui « consiste à créer des concepts »[576] (Guattari, 1991), d'autre part, ils pensent que la réalité n'est pas si simple, parce qu'n'y a que du simplifié.

---

[575] Etienne Gilson a écrit : *Peinture et réalité*, Paris, Vrin, coll. « Problèmes et controverses », 1998. Dans ce livre il introduit philosophiquement à la peinture. Qui plus est, une introduction picturale à la philosophie du langage. Les tableaux sont un certain nombre de faits pour en inférer des conclusions d'ordre philosophique et ainsi nommer « ontologie de la peinture » ce qui procède des niveaux de réalité. C'est un ordre de recherche où la philosophie se propose d'entrer.

[576] Un concept est une représentation générale et abstraite de la pensée, instrument de connaissance propre à une théorie. Cela veut dire que la philosophie, en puissance, dispose virtuellement du pouvoir de créer des concepts fictionnels, imaginaires, etc. Ainsi, le philosophe crée le concept d'idée, et avec lui une nouvelle manière de poser le problème de la réalité que l'on construit, ou que l'on essaie de dévoiler.

Rudolf Carnap (2011, p. 55) avertit : « *La « réalité » ne nous est pas donnée comme quelque chose de ferme, elle est au contraire sujette à des corrections permanentes (...) Mais, il y a aussi de grandes imprécisions, qui s'étendent à travers le domaine entier de la réalité et face auxquelles nous éprouvons le désir d'un nouvel ordre qui les surmonte* ». Cette affirmation est de nature à nous introduire à la prise de conscience des niveaux de réalité. En référence à John Searle, et en y intégrant la fiction à laquelle on accède au-delà du visible qui se prête à notre perception, on peut être amené à inscrire cette perspective dans ce qu'il appelle « les actes de langage » (Searle, 1982, p. 217). Qui plus est, et c'est encore Carnap qui précise que « *c'est ce désir d'un nouvel ordre, destiné à éliminer les grandes imprécisions, qui suscite la réflexion de la théorie de la connaissance et les fictions qui s'y introduisent du chaos comme point de départ* ». On peut alors « transiter » d'un niveau de réalité à l'autre, c'est-à-dire nous pouvons passer du « chaos » à la « réalité », pour ainsi dire. Dans le même élan de la réalité, Maurice Merleau Ponty (1964, p. 230) constate que « *penser n'est pas un ; se dit multiplement, et est multiplement. Penser : avoir conscience ; avoir une figure sur un fond (...) La chose se profère, comme la signification repérée se profère ; elles sont, comme être pour, en tant que figures sur un fond* ». A la suite de ce propos on voit bien que le philosophe ne peut pas s'écarter du chemin tracé par Platon lorsqu'il soulève la problématique de l'Un et le Multiple reprise par Aristote dans *La Métaphysique*. Cette investigation philosophique ultérieure d'esprit n'est rien moins que l'expression d'une sorte de *synopsis* aspirant à être complète des faits du langage. Elle fait que nous entrapercevions déjà à l'horizon du problème de *Parménide* de Platon, celui qui laisse imaginer que si l'on supprime l'Un, on encourt le risque de diluer l'être dans les trivialités et annihiler le philosophe dans l'ordinaire. Qui plus est, le philosophe contemporain ne peut pas, non plus écarter la question de la fiction, malgré Platon. Parce qu'il la trouve comme une interrogation fondamentale nue, non désarmée, avec ressource ontologique, qui reste encore à sonder.

Cela dit, qu'est-ce qui de mon côté vient animer à nouveaux frais la réalité perçue et la réalité fictionnelle ? Mais alors comment comprendre la transition vers la fiction ? Que devrait-on dire sur la fiction ? Penser et théoriser la fiction est-ce ne rien dire ? Pourtant, « l'argument d'indispensabilité » étalé par Putnam (1996, p. 59) nous y conduit. Lui qui évoque l'hypothèse « des fictions utiles » dont quelques philosophes sceptiques ont cru pouvoir rejeter simplement, parce que relevant d'une philosophie qui a purement disparue.Cela force à réfléchir davantage sur non seulement le type de « réalisme scientifique » auquel il importe de s'attacher, mais aussi et surtout sur le caractère illogique, voire impossible et sur le non-sens de la fiction portée au langage par les philosophes, les littéraires, ou les tenants de la « science-fiction » (J. Gattégno, 1971, p. 7). Il est vrai qu'à force d'approfondir l'étude de la réalité, elle vous paraît acquérir une dimension si large qu'elle devient pour moi un prisme essentiel à travers lequel on peut comprendre beaucoup d'autres choses au rang desquelles on peut situer la fiction. Comme elle se partage comme niveau de réalité, on se prend à la questionner, par le désir de philosopher, comme une part de cette même réalité. Les « regards sur l'empirisme du XX è siècle » changent d'angle de vision.

Notre propos vise, donc, à montrer comment John R. Searle[577] aborde la question de la transition des mondes, c'est-à-dire le fait de passer d'un niveau de réalité à l'autre. Pareille perspective pluraliste consiste effectivement à transformer le statut logique du monde réel en un problème philosophique du monde de la fiction. Pour le dire autrement, « l'accès à la réalité fictionnelle par la transition » ; consiste en la transposition rendue possible par la prise en compte des niveaux de réalité. Elle est plus qu'une simple question de philosophie de style ou de style philosophique. Plutôt, c'est l'idée même de « refaire les mondes » qui est remise au goût du jour, et qui, ainsi que le montre la cartographie de la réalité, nous place dans un terrain de jeu « des actes de langage et la linguistique d'aujourd'hui » (Searle, *op. cit.*, p. 217).

De la sorte, le voilement du réel représente, à notre humble avis, une des questions les plus cruciales en littérature, en art, en logique et en philosophie du langage. Or la plupart des réalistes positivistes en particulier : littéraires, philosophes, artistes, romanciers, etc., continuent de considérer la fiction logique comme quelque chose d'inexact, c'est-à-dire ce qui ne se donne pas ni à penser rationnellement, ni encore moins à être réduit à des phénomènes

[577] A lire le chapitre 9 intitulé : Le nominalisme du projet cartographique de Nelson Goodman », in on voit comment la complexité de décrire le réel se pointe à la lumière de son nominalisme méthodologique et ontologique. p. 245-265. A preuve, ailleurs il déclare : « Quoi qu'on ait à décrire, on est limité par les manières de décrire ». Cf. *Manière de faires de mondes.*

empiriques, perceptifs par l'esprit humain. Posée en ces mots, la complexité du réel (Morin, 2018, p.7) ne peut que demeurer entièrement un paradigme retrouvé, tant du point de vue stylistique que de la production originelle des faits et des valeurs.

Cette complexité ontologique tient aussi dans la reproduction des choses prises à leur racine méthodologique. Au-delà de Searle, il nous paraîtra justifié de recourir aussi bien à Goodman qu'à Yves Michaud, soit dit en passant, dont l'allusion à la fiction n'étonne guère dans la quête des fondements de la philosophie contemporaine des sciences. Ce dernier a montré qu'on peut passer du sujet à la fiction, ou plutôt considérer « le sujet comme fiction ». (Michaud, 1983, p. 241.) Les études sur le thème de la fiction dans la pensée contemporaine sont légions. De la sorte, on peut même envisager d'accréditer l'idée de « la fiction de l'identité ». (*Ibid.*, p. 252.)

Mais, quelques questions se posent alors : comment peut-on expliquer que le discours de fiction n'engage pas la métamorphose de la propre réalité intérieure de celui qui en est l'auteur ? Quel doit être le sens de la nature de la réalité, comme fait empirique, pour que la fiction soit possible ? Cela étant posé, notre propos vise donc à montrer que la théorie de la signification du langage permet d'apporter une tentative de réponse à cette problématique. Nous nous proposons d'analyser de près la nature de la transition relationnelle entre le réel et la fiction à partir du réalisme de Searle, en essayant de scruter la signification et la valeur du « statut logique du discours de la fiction » littéraire, artistique d'une part, et de vérifier d'autre part, si la transition vers « le monde réel existe » vraiment ; et ce, par-delà le monde fictionnel. La fiction aspire-t-elle à être ou à exister réellement ?

Notre réflexion suivra deux mouvements : le premier s'efforcera de réévaluer la fiction au cœur de la réalité pour dire l'acte de transiter philosophiquement par les niveaux de réalité. Le deuxième mouvement s'attacher à questionner le sens et l'expression de la dialogique du fictionnel et du réel. Dans le fond, la pensée de John Searle et l'approche épistémologique de Nelson Goodman nous serviront d'angle de vue. Nous nous y tenons pour essayer de construire le paradigme de la complexité ontologique. Il est évident que bien avant nous des philosophes beaucoup plus qualifiés se sont posé en termes explicites le problème.

Ainsi Nelson Goodman, dans un ouvrage à la fois perspicace et profond, a fait le point sur ce qui rattache et ce qui sépare le réel de la fiction. Plutôt, à partir de sa pensée l'on peut envisager la transition de phase qui consiste à quitter un niveau de réel vers un autre. Un texte consacré aux *Langages de l'art* traite de la fiction. De plus, en guise d'exemple, on peut se référer aux rapports qui existent entre « Bergson et les niveaux de réalité », dont Georges Mourélos (1964, p. 16) analyse la profondeur. Il écrit que « la philosophie bergsonienne constitue une rare source de bienveillance, en mettant l'accent » sur les niveaux de réalité. Cela devient évident « *quand Bergson a dit beaucoup mieux certaines choses sur le moi superficiel et le moi profond, sur les significations multiples de l'être temporel, sur le caractère cosmique de la conscience, sur son ouverture vers le monde dans la perception, sur le sens créateur de la liberté, et tout cela dans un langage à la fois clair et profond* ». Un des niveaux auquel nous renvoyons à la lumière de ce propos est la fiction. En fait, si nous nous y attachons, et ce malgré le fait que Searle sépare tantôt le discours de la fiction de l'œuvre de fiction, soit il les rend complémentaires, c'est que la transition philosophique vers le niveau fictionnel de la réalité n'a rien perdu de sa valeur littéraire et de sa consistance logique.

Il y a lieu de reprendre à nouveaux frais, l'étude cette notion, non plus pour l'exposer ou l'analyser une fois de plus, mais pour la rattacher à la problématique de la transition philosophique très en cours à notre époque[578], qui nous fournit on ne peut plus de nouveaux cadres de pensée et de systématisation de la connaissance du réel. Affronter le monde que nous aurons à construire moyennant la matière et la manière corrélées, c'est prendre la fiction au sérieux. Qu'on y croit ou pas, la transition de la réalité visible vers la réalité fictionnelle est une certaine manière d'étudier ce qui va être la dynamique de l'esprit humain dans l'art d'inventer, de découvrir ou d'imaginer. Se dessinent alors les voies d'accès au nouveau monde pour rendre explicite ce processus qu'est la transition et réévaluer la fiction qui est cet autre univers de sens[579].

---

[578] Notre époque est celle où l'acte de réinventer » consiste à redonner une nouvelle valeur. Cf. Michael Novak (dir.), *La philosophie réinventée. Essais pour une nouvelle génération*, Paris, Editions tendances actuelles », 1976, p. 12.

[579] Pour une meilleure intelligence de cette question le recours à Michel Maffesoli est d'importance : *Au creux des apparences. Pour une éthique de l'esthétique*, Paris La Table Ronde, 2007, p. 103.

Cela dit, notre réflexion critique les imperfections du réalisme scientifique pu et dur. Aujourd'hui, elle met le doigt sur l'avènement de la portée épistémologique de la transition dite philosophiquement évolutionnaire et révolutionnaire, et ce, en tant que prolongement de ce qui paraît permanent dans la conception classique du langage et de la vérité de ce qui est. On retrouve par ici la problématique du rapport de complexité entre « art et vérité » dans l'espace de jeu philosophique de la connaissance de la fiction ou de la métaphore. Le penseur cherche non seulement à formuler le problème de ces deux entités, mais surtout de savoir comment fonctionne la métaphore, la fiction « à la fois en raison de leur intérêt intrinsèque et parce qu'il me semble qu'on ne peut pas répondre aux autres questions tant que cette question fondamentale n'aura pas reçu de réponse ». (Searle, *op. cit.*, p. 121.) Le premier moment de notre étude consiste à penser la portée heuristique de la fiction comme acte de théoriser en philosophie. Elle plaide pour un « argument d'inspensabilité » qui donne à penser et à théoriser ce que Putnam appelle « les fictions utiles » dont la densité et l'intensité ont été justifiées par « sa philosophie de la logique » et ce, au-delà du conventionnalisme. Dans le fond, plus problématique est sans doute l'idée bien trop générale d'une séparation ontologique et méthodologique de principe entre le réel et le fictionnel.

De plus, en tant que produit rebelle des philosophies de l'analyse par lesquelles la tradition analytique s'est illustrée, des philosophes du langage comme le premier Wittgenstein ont préféré réduire ce type d'entité au silence. Pourtant, depuis le XXe siècle, nous avons été amenés à constater que la corrélation entre la réalité et la fiction n'a pas encore dit son dernier mot. Que les philosophes puissent connaître la transition du réel vers la fiction comme ce qui est impensable, cela n'est que la manifestation de la métaphysique dogmatique. Pourtant, ainsi compris, dans sa réitération philosophique, le combat pour le dévoilement du réel ne vise nullement à détruire l'activité de philosopher sur la fiction. Cela dit que Searle (*op. cit.*, p. 115) se pose quelques questions : « quel est le critère de ce qui relève et ce qui ne relève pas de la fiction ? » Ou encore y'a-t-il une différence de nature ou de degré entre « une énonciation de fiction » et « une énonciation sérieuse » ? Qui plus est, comment peut-on passer d'une catégorie « d'énoncés d'observation » à l'autre[580] ?

---

[580] Quine distingue « les énoncés d'observation » et « les énoncés catégoriques d'observation ». Il affirme : « Un énoncé catégorique d'observation ne doit pas être

La prise en considération d'un de ces niveaux de réalité conduit ainsi un réexamen de l'un des dogmes fondamentaux du réalisme scientifique à savoir la disjonction exhaustive entre le réel et la fiction. L'intervention du concept de fiction est constante dans *Sens et expression*. (Searle, *op. cit.*, p. 101-119). C'est du coté de la théorie des relations « entre le sens des mots et des phrases que nous énonçons et les actes illocutoires » qu'il faut regarder pour voir si la transition philosophique à la lumière de la fiction peut faire sens. Bien évidemment, tout comme par la « distinction entre la fiction et la littérature ». Elle est d'importance d'autant plus qu'elle permet de scruter la signification et la valeur du « statut logique du discours de la fiction ». (*Ibid.*, p. 101-102.) En effet, la distinction mise en exergue est rigide sur sa base et procède d'un constat : « Certaines œuvres de fiction sont des œuvres littéraires, d'autres ne le sont pas. De nos jours, la plupart des œuvres littéraires relèvent de la fiction, mais il s'en faut qu'elles soient toutes des œuvres de fiction ». Il faut souligner à la suite de cet énoncé que Searle procède à plusieurs distinctions entre la littérature et la fiction. C'est dire donc que la fiction n'est pas un sujet quelconque.

Searle oriente sa réflexion non pas vers un traitement littéraire de la fiction, mais vers une approche logique et philosophique. Ce faisant, le statut qu'il lui accorde se place du point de vue de la distinction qu'il établit entre fiction et littérature. (*Ibid.*, p. 102) Qui plus est, cette comparaison a valeur de critique de la littérature au profit de la logique dans laquelle il trouve l'idée de la complexité du réel. Car le déchiffrement de son sens n'est pas simple. Dans le fond, ce qui l'intéresse au-delà d'une analyse critique de la littérature, c'est « la distinction entre discours de fiction et discours figural ». (*Ibid.*, p. 103.)

La fiction a ceci de particulier qu'elle peut se révéler au cœur du « discours figural » qu'au sein des « figures du discours ». Tout comme, elle peut faire corps commun avec la métaphore. Le but de cette comparaison est moins d'examiner la différence entre « fiction » et « littérature » que de mettre en avant le caractère plutôt sérieux des

---

confondu avec un énoncé conditionnel d'observation, une notion moins féconde » que l'auteur a avancée en 1975. Au-delà il existe aussi « un énoncé conditionnel d'observation qui est formé à partir de deux énoncés permanents qui ont tous deux énoncés permanents qui ont tous deux été construits sur un énoncé d'observation à l'aide de la théorie ». Cf. *La poursuite de la vérité*, trad. de l'anglais par Maurice Clavelin, Paris, Seuil, 1993, p. 32, Note 1.

œuvres de fiction. Encore faut-il ajouter qu'on peut passer des œuvres de fiction aux œuvres du discours littéral. Mais son problème est de résoudre le statut du discours de la fiction ; tel qu'il se pose entre la « fiction » et la « non-fiction ».

Cependant, là où les réductionnistes[581] voient menace possible, pour la philosophie comme ontologie, c'est qu'au-delà de la visée critique de la connaissance elle-même, c'est, en fait, l'être qui est exposé aux coups. Parce que la fiction fait partie intégrante des dimensions ontologiques du réel visé dans son effectivité. John Searle entend, au contraire de ces derniers, et après Goodman et Ricœur, restaurer l'autorité de la fiction du point de vue logique et ontologique, n'en déplaise à Parménide[582]qui excluait du champ ontologique le « non être ».

Quoi qu'il en coûte, la connaissance humaine n'accède pas à l'être en totalité, mais le vise simplement. La fiction ne peut donc pas se passer de cette donation. Soulez en particulier (*op. cit.*, p. 24) dit, en référence à Badiou qu'il « ne sert à rien de courir après l'être et son sens. Il n'y a pas à se demander ce qui est ». Conséquemment, il importe effectivement de passer par la fiction qui seule en déploie les multiplicités dans l'ordre des niveaux de réalité. L'être et la fiction sont la même chose. C'est à partir de là que le réalisme ontologique rime avec la « linguistification » de la réalité.

Voilà pourquoi, la quête inachevée de sens dont Popper dit qu'elle suscite le progrès du savoir scientifique se veut, alors, logique et linguistique pour la philosophie comme science de l'universel. Cette recherche permanente et passionnante de la vérité restaure dans ses droits l'impulsion métaphysique à connaître qu'Aristote rattache à tout homme. En fait, elle ne fait que revaloriser davantage la fiction contre cette fidélité à l'être qui se donne pour objectif principal « la

---

581 Ce terme revêt un caractère ambivalent : la réduction méthodologique, la réduction philosophique, la réduction négative, la réduction positive, la réduction épistémologique. Cf. Daniel Pimbé, *L'explication interdite. Essai sur la théorie de la connaissance de Karl Popper,* Paris, L'Harmattan, coll. « Ouverture philosophique », 2009, p. 213.

582 Cf. *Le Poème de Parménide* dont Jean Beauffret présente la portée chez PUF, Paris, 1955, coll. « Epiméthée », 1986, p. 79. L'expression de l'identité du penser et de l'être qui ouvre le fragment III du Poème est devenue le vers par excellence du rattachement des philosophes à la thèse relative à la naissance de la philosophie occidentale en son être même, d'abord et avant tout grecque. Martin Heidegger en dira plus : « dire et penser de l'étant l'être ».

possession du savoir », sans faire droit au « néant », « flou » « vague ». Or la pensée de John Searle se situe au cœur de la pensée non classique, celle du nouvel esprit épistémologique auquel appartient le rationalisme ouvert. Penser et théoriser la fiction deviennent les deux tâches qui forment comme un tout lorsqu'on se place à l'opposé de la pensée de Parménide visant à exclure le non être frisant ainsi l'imagination (J. P. Sartre, 1940, p. 15). Le grand choix opéré par John R. Searle (1982, p. 101-102) de se placer dans le prolongement d'Héraclite qui réévalue le non-être conduit à conjoindre l'acte de penser et de théoriser ce qui n'est pas, c'est-à-dire la fiction ou la métaphore. Le même élan est repérable dans le mouvement discontinu qui s'est opéré à l'intérieur de la pensée du deuxième Wittgenstein. Ce que Jacques Bouveresse (1973, p. 32) appelle « le contraste entre le style du *Tractatus* et celui des *Recherches philosophiques.* » Autant logique et mysticisme se compénètrent chez ce dernier, jusques et y compris chez Russell, autant le réel et la fiction s'imbriquent foncièrement selon Searle. Il leur accorde une importance essentielle en montrant leur unité foncière. La tâche du philosophe contemporain n'est plus que de lutter pour toute espèce d'énoncés fictionnels ou métaphoriques, qu'ils proviennent de la philosophie, de la science et de la littérature. Parce biais, l'accès à la réalité fictionnelle est rendu possible grâce à la considération des niveaux de réalité.

Si les philosophes pensent rarement dans le même langage[583] quand ils opposent leurs thèses à d'autres thèses, leurs positions à d'autres, leurs systèmes à d'autres, cela devient encore plus manifeste lorsqu'on passe d'un niveau de réalité à un autre. En effet, c'est proprement dans *Sens et expression* que Searle (1982, p. 101) s'avise à montrer la complexité de l'entreprise de transition philosophique par la

---

[583] Yvon Belaval, *Les philosophes et leur langage*, Paris, Gallimard, coll. « Tel », 1952, p. 202. C'est ici le lieu de rappeler que pour le philosophe « le logos, en devenir, nous élève à l'universel ». Qui plus est, La quête de sens est d'importance. Il arrive que l'esprit humain se confronte au donné dépourvu de sens. Or le sens ne peut lui survenir que du « logos » de nos projets ; nous obtenons ainsi un dualisme qui oppose et qui superpose un réalisme de l'existence à un idéalisme des significations ». Il reste à savoir si on peut soit échapper à une quelconque ontologie, soit revenir à une perspective phénoménologique sur des sens déjà constitués, pour unifier ces deux sortes d'être, l'être du monde et l'être humain. La complexité du langage philosophique advient sur ce point. Car « on a toujours le sentiment de vaciller entre la signification-projet et la signification-objet : entre l'expression créatrice et l'expression-reflet ».

reconnaissance de la réalité et ses niveaux. Ce problème lui paraît asses voisin des approches d'analyse épistémologique de la perception déjà présentes chez Maurice Merleau Ponty, et Bernard d'Espagnat, dont les travaux cherchent à expliquer « comment le sujet percevant reconnaît un objet sur la base des données sensorielles incomplètes », et partant comme on peut dévoiler le réel. Qui plus est, nous croyons qu'il y a un ensemble systématique de relations entre le réel et la fiction grâce à la transition qui s'opère entre « le sens des mots et des phrases que nous énonçons et les actes illocutoires que nous accomplissons en énonçant ces mots et ces phrases » (Searle, *op. cit.*, p. 101) tantôt sur la base de l'observation, tantôt à partir de l'imagination. Cette formulation nuancée du problème de la transition philosophique conduit Searle à présenter au préalable le problème sous la forme d'un « paradoxe » d'énonciation. Il pose la condition suivante : « *Or, si l'on adopte une telle perspective, l'existence du discours de la fiction pose un problème délicat. Nous pourrons présenter ce problème sous forme d'un paradoxe : comment peut-il se faire que les mots et autres éléments d'un récit de fiction aient leur sens habituel lors même que les règles qui gouvernent ces mots et ces autres éléments et en déterminant le sens n'est pas observé* ? » (*Ibid.*) Pour le dire autrement : comment peut-on sortir de ce paradoxe ? On le voit, la problématique des « actes de langage » que l'auteur met en avant n'induit pas une solution simple. Plutôt, sa complexité tient dans la pluralité de sens qu'ils suggèrent en rapport avec le « sens littéral » de la fiction. A la vérité, il l'inscrit dans la catégorie de « l'imagination » (*Ibid.,* p. 118) à laquelle il renvoie le rôle essentiel qu'elle est sensée jouer « dans la vie humaine » et « dans la vie sociale des hommes ».

Ces considérations appellent des nuances. Pour John Searle (*Ibid.*, p. 119), la fiction ne fait pas partie intégrante des « actes du langage sérieux ». Or il estime que « les textes de fiction » sont à même de transmettre « l'acte de langage » quand bien même celui-ci ne serait pas représenté empiriquement. Il déclare : « Presque toutes les œuvres de fiction marquantes transmettent un message » ou « des messages » qui sont transmis par le texte, mais ne sont pas dans le texte ».

Se pose alors l'exigence légendaire de la « représentation explicite des actes de langage sérieux que le texte de fiction a pour but (ou pour but principal) de transmettre. Ce faisant, la fiction elle-même devient sérieuse « pour autant qu'elle permet de relativiser la portée absolue du langage en acte. Quoi qu'il en coûte, la théorie des actes du langage intègre les énonciations de fiction. Chez John Searle, elle est en perspective. En témoigne la note finale qui sanctionne son argumentation sur « le statut logique du discours de la fiction ». (*Ibid.*, p. 119). Il déclare : « *Quand il s'agit de rendre compte, de la manière dont l'auteur transmet un acte de langage sérieux en accomplissant les actes de langage simulés qui constituent l'œuvre de fiction, les critiques littéraires ont recours à des principes* ad hoc *et ponctuels ; mais il n'y a encore aucune théorie générale des mécanismes par lesquels de telles intentions illocutoires sérieuses sont transmises par des illocutions simulées* ». De telles considérations nous obligent à penser que l'esprit humain a la capacité d'élaborer des concepts, des discours ou des raisonnements sérieux quoique relevant du domaine de la fiction. Plus explicitement, faute de théorie générale de transmissions des intentions illocutoires, nous avons tout lieu d'imaginer des niveaux de conceptualisation à la fois d'une « œuvre de fiction » et d'un « discours de la fiction ». Ce que John Searle (*Ibid.*, p. 118) récuse lorsqu'il avertit qu'« une œuvre de fiction n'a pas nécessairement à être ramenée au seul discours de la fiction, et en général ne s'y ramène effectivement pas », c'est sa confusion avec la « métaphore ». Il y a effectivement sens de la fiction que nous avons à déchiffrer. Car l'être du réel et le sens de la fiction est l'un dans l'autre. Selon Castoriadis Cornélius (*op. cit.*, p. 144) « le visible de la chose est par son invisible d'une façon, et d'une autre, celui-ci par celui-là. Ma perception est reliée à la fois au visible et à l'invisible de la chose ». Cette affirmation nous introduit à étudier la réalité fictionnelle et ce, « de la même et d'une autre façon », pour ainsi dire. Les deux niveaux de réalité sont, en fait, complémentaires. Ils sont corrélatifs de sa complexité qui les sous-tend « d'une certaine chair » qu'est le monde qui nous paraît dans sa phénoménalité, c'est-à-dire de son mouvement d'expression une et diverse.

Dans le fond, c'est tout cela qui fait sens, parce que la fiction existe ontologiquement. Si le sens de la réalité est coextensif à la fiction qui est, alors l'infinité de l'être dont on parle prend en compte aussi bien le réel que la fiction dont il peut être question chez Searle, Goodman et bien d'autres philosophes contemporains. La finitude du réel ne peut qu'être « opérante » dans la mesure où elle incite à penser d'autres pans entiers du réel qui sont tous « portés au registre qui est l'Etre ». C'est la dimension de la complexité ontologique. Faire l'économie du passage à la fiction revient à « détrôner l'être ». (Antonia Soulez (2016, p. 9). Pour le dire autrement, il nous est maintenant impossible d'exclure le flou de l'être, du sens. A tout prendre « un sens est coextensif à moi », c'est-à-dire à ce que l'esprit humain peut imaginer, inventer, fabriquer, etc. De la sorte, on ne fait pas œuvre ni de doublet spirituel, ni de simple reproduction idéale, mais de croisements épistémologiques à la seule corde qui serait l'être. Il est donc vrai que la complexité de la réalité pourrait tenir lieu de vérité ultime par la « multi-référentialité » de la pensée et la « multi-dimensionnalité » des phénomènes qui se prêtent à la vie perceptive.

Mais au-delà du perçu se trouve l'acte cognitif qui permet de concevoir à la fois la représentation, la description et l'invention[584]. Quoi qu'il en soit : « on n'invente que ce qui n'existe pas » (Le Moigne, 1990, p. 214). L'accès à un autre niveau de réalité peut être rendu possible moyennant « l'action intelligente », c'est-à-dire l'acte de concevoir et l'acte de comprendre qui lui-même n'exclut pas le droit au raisonnement plausible et à l'acte de trouver ce que l'on cherche[585]. Dans ce que l'esprit humain se trouve aussi les formes symboliques dont il a la capacité de construire. C'est ce qu'Ernest Cassirer (p.441) étudie minutieusement à partir de sa philosophie des formes symboliques précisément entre « la philosophie des formes symboliques » et « l'objet des mathématiques ». Cassirer emploie le terme « fictionalisme » comme doctrine à la faveur de laquelle on procède à « l'appréciation et l'évaluation des éléments idéaux ». (*Ibid.*). Pour lui, la fiction revêt non seulement un caractère abstrait mais aussi intuitif. Qui plus est, elle est une forme de connaissance intuitive. C'est grâce à elle que la construction et l'organisation du monde imaginaire et logique sont rendues possibles. Les pensées fictionnelles sont comme des « catégories particulières ». Car elles sont différentes des connaissances scientifiques.

---

[584] La fonction heuristique de l'invention a été affinée par Gérald Holton, *L'invention scientifique. Themata et Interprétation*, trad. de l'anglais par Paul Scherer, Paris, PUF, p. 40-42. Voir aussi, *L'Imagination scientifique*, trad. de l'anglais par Jean-François Roberts, Paris, Gallimard, 1981, p. 21.

[585] Il n'est inutile pour la discussion, de rappeler que dans ce sens R. Feynman déclare, en réponse à la question de ce qu'il cherche : » ce que je cherche, c'est ce que je trouve ». Voici, par ailleurs, comment Etienne Guyon définit la « *serindipity* » : « terme anglais pour lequel le français n'a pas d'équivalent, qui désigne l'art de savoir trouver autre chose que ce qu'on cherche » (La science de quoi s'agit-il ? Comment fonctionne-t-elle ? In *Le salon de Madame du Deffand High-Tech, Publication du Groupe de liaison pour l'Action Culturelle Scientifique*, Glacs, Paris, 1991, p. 2.

Au chapitre deuxième de *La Philosophie des formes symboliques* Cassirer (*Ibid.*, p. 85) pense que « la fiction et la connaissance scientifique ne se différencient pas par la nature, la qualité des catégories qu'elles emploient mais leur modalité ». C'est dire qu'il ne traite pas que de « la conscience fictionnelle de l'objet ». Aussi s'attache-t-il à examiner comment la question de l'origine du langage est indissociablement liée à celle de l'origine aussi bien du mythe que de la fiction. L'étude cassireréenne de cette interaction a ceci de particulier qu'elle révèle l'idée selon laquelle la connaissance humaine n'a pas la maîtrise effective des entités qui échappent à la perception sensible. Dans cette quête des niveaux de réalité Cassirer estime « qu'il ne s'agit pas ici d'une exigence de la systématicité philosophique ; c'est la connaissance elle-même qui exige qu'on effectue cette recherche ». Plutôt que de se contenter « de la bannir au-delà de ses frontières. Elle aussi ne peut véritablement dépasser que ce qu'elle a préalablement appréhendé dans sa teneur et son essence propres ».

La connaissance ne va pas sans mystère et sans explication limitée. Par contre l'accès à la fiction n'implique pas une « explication interdite » (Daniel Pimbé, 2009, p. 199). Souvent il y a une curieuse interdiction au centre de la connaissance du mythe et de la fiction. Les philosophes contemporains s'efforcent de montrer qu'il existe des entités fictionnelles qui se prêtent à notre explication rationnelle comme tentative pour comprendre la réalité malgré ses niveaux d'intelligibilité. La connaissance qu'ils ont de celles-ci n'est pas qu'illusoire et absurde. Ce n'est pas parce que la connaissance des objets fictionnels paraît inaccessible à notre entendement que l'on devrait conclure tout de go à leur inexistence. Lorsqu'on découvre d'autres niveaux de la réalité, alors on est porté à croire que l'esprit humain a la capacité d'imaginer ou de postuler l'existence des choses essentiellement abstraites, mythologiques, mystiques et mystérieuses. Plutôt, c'est la réussite totale dans l'explication de ces choses qui paraît inexplicable. Mais nous ne disons pas que l'inexplicable doit être laissé pour compte.

Notre position est que la réalité que nous cherchons à comprendre est plus que le réel et le complexe. C'est précisément à partir de cet écart entre ce qui est et ce qui n'est pas encore que se définit la complexité de la réalité. Nous avons déjà affirmé que la complexité est un tissu : « *complexus* : ce qui est tissé ensemble » (Morin, 2005, p. 21) de constituants hétérogènes inséparablement associés et donc complémentairement pensés. L'inexplicable pose donc le paradoxe de l'un et le multiple dont le Parménide de Platon annonce de façon anticipée le réel enjeu du multidimensionnel. A l'opposé de la « pensée simplifiante », la connaissance humaine se place en droit ligne de la complexité épistémologique quand bien même elle s'exposerait toujours à la difficulté de tout démontrer par la raison. Ce faisant, elle conduit au « miracle dans un monde de miracles » (*Ibid.*, p.11). Cette dimension irrationnelle au cœur de notre démarche de connaître le monde conduit à prendre en compte la théorie rationnelle des émergences dont la densité et l'intensité résident dans « l'excédent entre surabondance et autodépassement » de soi et de ce qui est.

2. Sens et expression de la dialogique du réel et du fictionnel

Le deuxième moment de notre approche est consacré à l'étude des perspectives métathéoriques de la fiction. La problématique de la transition philosophique qui s'y pose nous conduit à (re)-poser la question fondamentale de la nature de la philosophie à partir de la question du sens de la fiction. Pareille interrogation qui est toujours renouvelée même sous le doigté de Deleuze et Guattari est de nature à justifier ce pourquoi on peut passer d'un niveau d'un monde à un autre. Platon en particulier sert d'exemple pour comprendre que la transition du monde sensible au monde intelligible, par la dialectique ascendante n'est pas un truisme. Il s'agit du monde des Idées, qui est l'héritage fabuleux et donné sans effort de la tradition, mais aussi repose sur la croyance imaginaire, utopique et fictionnelle à l'existence d'un monde transcendant entendu comme fondement de toutes les idées.

Cette transition est caractéristique d'une logique de la conception qui tend à s'identifier à la création des concepts nouveaux. L'esprit humain invente une nouvelle manière de poser des problèmes par la perception, et ce, dans les sciences, les arts, et les lettres. Par-delà Deleuze et Guattari qui réduisent l'activité cognitive de création des concepts à la philosophie, nous pensons que « d'une science à l'autre » (Stengers, 1987, p. 9), il y a place pour le langage moyennant lequel les hommes analysent le réel et ses significations. Dans ce sens, « le philosophe est l'ami du concept, il est en puissance de concept ». Le propos de Guattari et Deleuze est de l'ordre de la transition philosophique parce que le philosophe selon Platon n'invente pas les Idées du monde intelligible. En les contemplant, il se voit obligé de quitter le monde sensible pour aller les paliers supérieurs de la spéculation. Alors qu'il crée le concept d'idée, par exemple, dialectiquement il transite d'un niveau de réalité à l'autre. Qui plus est, « la philosophie n'est pas un simple art de former, d'inventer ou de fabriquer des concepts, car les concepts ne sont pas nécessairement des formes, des trouvailles ou des produits. ». La créativité est une exigence du nouvel esprit épistémologique dans les arts, les sciences et la philosophie. Guattari et Deleuze (*Ibid.*) estiment, en outre, que « les concepts doivent être inventés, fabriqués ou plutôt crées, et ne seraient rien sans la signature de ceux qui les créent ». Ce qui est déterminant dans ce processus de création ou de renouvellement des outils conceptuels de recherche philosophique, c'est l'idée défendue par le philosophe Nietzsche qui pense qu'on peut « remplacer la confiance par la méfiance » des concepts dont le philosophe n'est pas l'inventeur. Cette invite à repenser par soi-même au sens où Kant la réduisait rend possible l'intelligence de l'ensemble des idées transitoires. Elles procèdent par déréalisation de ce qui paraît accessible à première vue, pour aller vers les formes de pensée fondamentalement nouvelles et abstraites.

La tâche de la philosophie prend donc une nouvelle orientation méthodologique : *« Les philosophes ne doivent plus se contenter d'accepter les concepts qu'on leur donne, pour seulement les nettoyer et les faires reluire, mais il faut qu'ils commencent par les fabriquer, les créer, les poser et persuader les hommes d'y recourir* ». On le voit, même l'accès à la fiction est loin de constituer le mot de la fin de l'entreprise cognitive critique de la philosophie contemporaine parce qu'elle est, dans le fond, une création méthodique continuée. En d'autres termes, la tentative de réflexion axée sur la notion de fiction à partir de la problématique de la transition en restera à ce qu'elle a voulu être et montrer, c'est-à-dire une quête de fondements de la réalité qui est encore loin d'avoir été atteinte. L'atteindre-on jamais ? Il est permis de douter encore. Néanmoins, la pensée combinatoire est telle que le réel et la fiction sont de nature à être considérés dans leur complémentarité philosophique ; non sans prendre en compte leur opposition logique qui ne fait qu'attester la complexité de leur rapport (J. Ladrière, 1970, p.191). De l'intérieur la pensée du philosophe américain John Searle (2004, p. 75) s'affine dans le contexte philosophique du langage et de l'esprit. Chemin faisant, son travail se poursuit dans le domine pratique de la philosophie de l'esprit.

De la sorte, elle reprend à nouveaux frais quelques questions liées à la liberté et du pouvoir politique. Ce faisant, elles intègrent les acquis et l'actualité singulière de la recherche en philosophie contemporaine des sciences, particulièrement celle des sciences cognitives et de la neurobiologie. Par ce biais, la pensée searléenne fait corps avec l'hypothèse mesurée du déterminisme biophysique posant ainsi la nouvelle question de la nature de l'esprit comme fait physique afin que la liberté soit rendue possible. De l'extérieur, d'autres approches sont en perspective, voire même en discussion autour de la problématique de la fiction comme expression transitoire d'un niveau de réalité à l'autre. Qu'il suffise d'indiquer quelques occurrences de l'approche philosophique de l'herméneutique de Paul Ricœur (1986, p.220) où la fiction et l'imagination ont véritablement droit de cité. Ensuite, on peut penser à la « *phénoménologie de la perception* » de Merleau Ponty à travers le dédoublement du « visible et l'invisible »[586].

Dans le même élan d'affinement de la problématique de la fiction se situe l'articulation du sens de « la référence » et de « l'autoréférence » dont Isabelle Thomas-Fogiel (2005, p. 24) se fait l'écho au cœur des « études sur le thème de la mort de la philosophie dans la pensée contemporaine »[587]. On peut donc parler d'une philosophie de la fiction qui reste encore à sonder sous la modalité existentielle de la métaphore comme point d'ancrage de toutes ces analyses et ces regards sur l'empirisme ou le réalisme au XXIe siècle^. Pour toutes ces raisons, nous avons choisi de mettre en avant la portée heuristique de la « métaphore » ou de la « fiction » à la lumière de la pensée de John Searle particulièrement. Dans le fond c'est la question des niveaux de réalité qui s'est posée à nouveaux frais, comme problème fondamental au cœur même de la philosophie contemporaine de la connaissance. Qui plus est, elle s'est imposée à nous comme exigence épistémologique et méthodologique parce que la « transition » du réel vers le fictionnel trouve sa légitimation et sa teneur théorique moyennant le principe « dialogique », c'est-à-dire la capacité dévolue à l'esprit humain d'articuler des entités de façon à la fois complémentaire, antagonique et associée.

---

[586] Maurice Merleau Ponty cité par Castoriadis, *op. cit.*

[587] Le thème de « la mort de la philosophie » a été également repris par Yves Michaud, *Hume et la fin de la philosophie*, Paris, PUF, coll. « Quadrige », 1983, p. 241.

Ce double rapport qui relie la réalité et la fiction s'instaure entre ce qui se prête, d'entrée, à notre perception empirique et ce que nous voyons autrement *a posteriori*. Au final, tout se passe comme si la nature de la relation entre le réel et la fiction était dialogique, c'est-à-dire la réalité et son double, en *yin-yang* pour ainsi dire. Dans le fond méthodologique et dans le fond ontologique, les deux niveaux de réalité l'un à l'autre, bien que distinctes par transition, sont inintelligibles l'un sans l'autre. Parce qu'ils s'entre-complètent en contexte de transition dynamique, s'entre-parasitent dans leur expression évolutive et s'entre-conjuguent à partir de leur association[588]. Cette invisible relation de complexité nous fait dire que la réelle idée réellement réelle passe, sans s'en douter maintenant, d'un niveau à l'autre dans le même phénomène considéré. Effectivement, en ainsi de l'un à l'autre le méta-niveau recherché à la lumière de la réalité fictionnelle montre bien combien la logique d'intelligibilité exige de l'esprit scientifique la prise en compte de la multi-référentialité et la muti-directionnalité. Parvenu à ce point, il nous paraît que la fiction ne peut pas être considérée comme étant une exclusivité de la littérature ; bien au contraire. Cela dit, il ne s'agit pas d'un virage vers la doctrine équilibriste du « juste milieu » chère à Aristote qui n'est rien d'autre qu'une version classique de la recherche de l'identité.

A tout bien prendre, pour accéder à la réalité par la prise de conscience de ses niveaux, une culture de « l'itinérance » (Morin, 2006, p.7) se dessine. Elle consiste en un « touche-à-tout ». Philosophes, littéraires, essayistes etc., devraient pouvoir se hausser au-dessus de ce qu'ils voient même de l'intérieur de leurs disciplines respectives. Ce dépassement vécu sous la modalité de la transcendance permet d'effectuer une réflexion à la fois fondamentale et générale. L'image éclatée de la réalité ne fait plus l'économie de la fiction ; un niveau de réalité ignorée, minorée dévoilée dans l'univers du savoir scientifique et par le « spécialisme » méthodologique triomphant et persistant. En fait, être cultivé, aujourd'hui, c'est disposer d'un minimum de réflexes positifs à partir d'une curiosité « omnivore », émanant des niveaux de l'univers des savoirs renvoyant à d'origines diverses et avoir la capacité de les faire communiquer ;

[588] Cf. Jean Paul Sartre, *L'être et le néant. Essai d'ontologie phénoménologique*, Paris, Gallimard, coll. « Tel », 1943, p. 11.

non sans les recycler. C'est considérer ces niveaux de réalité comme dépositaires de vérités concernant notre propre connaissance.

Le travail de « reliance des connaissances » (Morin, 1999, p. 67) est couplé à l'entreprise cognitive critique « d'itinérance » qui fait appel aux idées de très nombreux pans de la réalité. La recherche aujourd'hui invite le nouvel esprit scientifique à se faire abeille, butinant mille fleurs pour faire du miel. Réévaluer la fiction ou la métaphore moyennant la transition revient à faire son miel, justement, en intégrant, assimilant et transformant chaque niveau d'intelligibilité (Ngamoustika, 2019, p. 20.). Jugeons, donc, la fiction, notre miel, mais à condition d'y goûter sans tomber dans le piège des jugements simplement de goût, parce que la fiction ne nous place pas toujours « aux *carrefours du labyrinthe* », (C. Cornélius, 1978, p. 7.) Plus explicitement, la transition philosophique conduit inexorablement à l'ouverture. La fiction rend possible l'ouverture, mais elle veut dire « fenêtre », ou « trou dans le mur ». Indiscernable, la fiction « ouverture : œuvre de l'ouvrir, inauguration toujours recommencée, opération de l'esprit sauvage, esprit de praxis. Ou encore : le sujet est l'ouvrant » (*Ibid.*, p. 146).

La transition philosophique pour autant qu'elle débouche sur la science ouverte ne peut pas faire abstraction de l'état de fusion des niveaux de la réalité et à son interprétation. Peut-être que la logique disjonctive n'a-t-elle pas compris que les philosophes et les littéraires du passé, dans leurs moments créatifs, étaient confrontés à des situations où la métaphore, la fiction, l'imagination étaient considérés comme des simples apparences du réel. Peut-être quelque chose d'essentiel à échappe-t-il à la philosophie classique visant fonder la connaissance sur l'observation des faits. Renvoyant dos à dos dogmatisme et réductionnisme John R. Searle explore l'alternative déductive à travers l'entité paradigmatique de la fiction, sous l'impulsion de la théorie des « reliances » (Morin, 2000, p. 53), le réalisme tend vers le relativisme, la complexité fait corps avec les phénomènes.

Cela dit, une évolution vers une réforme en profondeur de la philosophie contemporaine du langage qui, s'appuyant sur Searle et la nouvelle éthique de l'esthétique, tend à remettre en question le poids de l'empirisme dogmatique, d'où l'idée selon laquelle, désormais, on peut penser les faits qui sont chargés de fiction. Les analyses de la « métaphore » et de « l'imagination » viendront confirmer cette nouvelle approche. Parvenu à ce niveau l'étude de la transition philosophique au regard de l'avènement de la fiction comme nouveau paradigme au cœur de la philosophie contemporaine des sciences et du langage est apparue par un double mouvement opposé et complémentaire ; celui centripète et initial, d'élaboration du réalisme classique, celui centrifuge, d'émergences des niveaux de réalité donnant ainsi lieu au surgissement d'alternatives des doctrines de l'Universel.

Telles sont donc les raisons qui ont conduit à entreprendre l'étude, non exhaustive, du moins discutable et donc approfondir, d'un fictionnalisme dont Searle et bien d'autres ont envisagé. La doctrine en question, qui constitue le maillon manquant entre la formation des concepts et l'information par la fictionnalité est, selon nous, « la logique de la conception » (Morand, 2004, p. 7.) dont les figures de sémiotique générale sont repérables chez Charles Sanders Peirce (1978, p. 120). On voit dans cette piste qui s'ouvre une « épistémologie de la forme », qui n'est elle-même qu'un des aspects de ce qu'il nomme, plus généralement, « épistémologie postcritique ». (Hanson, *op. cit*., p. 10).

Par ailleurs, l'approche philosophique et logique de la fiction que Searle (chap. 3, *op. cit.,* p. 101) utilise met en œuvre d'exceptionnelles ressources du langage. Celles-ci tendent vers la réévaluation d'imagination, d'invention scientifique comme en témoignent les « *langages de l'art* » (Goodman, 1990, p. 33) dont il s'agit dans la suite de ses travaux. D'ailleurs, sa pensée actuelle s'apparente tout au plus à celle de l'esthéticien ou du critique d'art qu'à celle d'un spécialiste de la neurobiologie. Mais, ce n'est pas pourtant dire que les philosophes sont des « Sophistes » ; encore moins des simples « Rhéteurs » de formes complexes ou multiples, celles qui seraient adoptées par les tenants de la « simplexité » comme étant l'expression d'une bonne polyphonie. (Nsonsissa, 2015, p. 89). Plutôt, prenant conscience de la transition philosophique pour autant qu'elle implique la dynamique du langage, nous sommes invités à changer notre façon de procéder, lorsque nous lisons le réel. Modifier pareille attitude raisonnable et éviter l'habitude, quoique rationnelle, qui a pour implication nécessaire de plier le réel à un système unique, serait l'élan qui viserait à dénoncer les « imperfections des systèmes formels » (J. Ladrière, 1967, p. 312).

En droit et en fait, le réel en science n'a plus de socle irrécusable. L'efflorescence de nouvelles logiques de la connaissance du réel établit l'irréductible pluralité d'approches de la réalité. Il n'en demeure pas moins que la réalité qui a, au final, des niveaux restent encore à sonder. Des niveaux non empiriques, non perceptifs et non phénoménalistes sont envisageables à partir d'une logique imaginaire non réaliste. En ce sens, l'accès à la fiction par la considération des niveaux de réalité forme ce que j'ai cru pouvoir appeler l'effondrement du socle des réalismes. Se pose alors la logique des alternatives. En effet, manifestant la fécondité de la recherche en philosophie contemporaine du langage, le mouvement d'élaboration des doctrines de l'universel s'est accompagné, avec une prise en compte de la complexité ontologique, d'un contre-mouvement qui, à l'inverse, a favorisé l'émergence de choix multiples devant notre rapport au monde. Plutôt, cela a conduit à la construction de logiques nouvelles de la connaissance, de nouveaux « modèles de la découverte » (N. R. Hanson, 2001, p. 39), mais aussi et surtout des représentations différentes et controversées du réel lui-même.

La question maintenant est de savoir si la fiction est une représentation dé-notationnelle ou bien qu'elle ne représente rien. Il est à peine besoin d'aller plus loin pour voir que l'argumentation de fond qui rejette la fiction comme une dimension de la réalité est aussi probante pour la philosophie, l'art, que pour la peinture et le Cinéma que Morin considère comme l'art de la complexité du réel. Le plus important est de montrer que les fictions tout comme les faits ont un rôle heuristique à jouer dans la construction du monde. Goodman (1992, p. 131) dans *Manière de faire des mondes* en fait grand cas. En d'autres mots, les faits ne suffisant pas pour construire la réalité ; ils ne sont pas « l'unique monde réel et seulement lui, et que la connaissance consiste à croire les faits ». C'est au-delà des apparences[589] qu'il faut se placer pour tenter de dévoiler le réel, c'est-à-dire nous aurons évité de ne dire que ce que nous voyons. Goodman s'attache tout au plus à la « fabrication des faits ». Il déclare : « Fabrication est devenu synonyme de fausseté ou de fiction, par opposition à vérité ou fait. Bien sûr, il faut distinguer la fausseté et la fiction, de la vérité et du fait ». (*Ibid.*, p. 132.)

---

[589] Dans le cadre de la discussion du réalisme physique, Pierre Duhem écrit : « *Sauver les apparences* », *sur la notion de théorie physique,* Paris, Vrin, coll. « Bibliothèque des textes philosophiques », 2003, p. 13.

Se pose donc le problème de la vérité au cœur du fictionnel. Qui plus est, la position de Goodman consiste à ne pas distinguer les valeurs de vérité et les entités qui sont mises en avant. Il estime que « la fiction est fabriquée et fait découvrir » la fausseté, la vérité et le fait. Dans le fond, le fait fictionnel laisse découvrir ce que l'homme veut réellement connaître. La fiction intègre la vision et la version des mondes que nous avons à refaire ou à reconcevoir.

Par contre, « pour savoir exactement quels mondes on doit reconnaître comme réels est tout à fait une autre question ». (*Ibid.*, p. 136). La mise en question du réel réellement réel tient dans le fait que la réalité a des niveaux qui ne se prêtent pas toujours à notre perception. Sur les mondes ou les niveaux de réalité, Goodman (*Ibid.*, p. 145) étudie « les faits en provenance de la fiction ». Du fait que les faits fictionnels sont envisageables, alors que la fiction fait partie intégrante du réel. Mais, il ne suffit pas d'en faire une dimension du réel. Plutôt, nous avons tout lieu de penser à une transition philosophique selon que les faits peuvent glisser épistémologiquement tantôt vers les théories, tantôt vers les fictions. Pareilles alternatives intègre de nombreux paramètres qui sont de nature à faire écho à la diversité des représentations, aux choix des interprétations de la réalité. Comment ne pas s'en tenir, entre autres, aux nouvelles logiques dites « trivalentes » (Lukasiewicz) mettant en cause la bivalence de la logique classique. De plus en plus on tend vers les nouvelles logiques de la connaissance que Susan Haack a qualifiées de « déviantes », et même « la logique floue » de Zadeh. La transition philosophique sera donc rendue possible par d'autres voies telles que l'intuitionnisme, les logiques dites libres, les logiques quantiques, les logiques para-consistantes, les logiques partielles, etc. (Vernant, *op. cit.*, p. 388.) Il s'agit là des « implications pour la compréhension du savoir conceptuel ». (J. Katz, p. 159).

La réévaluation du fictionnel au cœur du réel par la philosophie du langage a visiblement préoccupé Nelson Goodman (1990, p. 33) dont les travaux sur les « langages de l'art » font signe vers « une approche de la théorie des symboles ». Ici, le philosophe de la « re-conception » aborde à sa manière « les fictions » dans l'optique de « refaire la réalité » (*Ibid.*, p. 47). Les fictions sont le fil conducteur qui traverse de part en part ce qu'il entend par les différentes formes d'aspects de la connaissance du réel : « la dénotation », « l'imitation », « la représentation ». (*Ibid.*, p. 52).

Donc les niveaux de réalité sont l'expression de ce qui est non seulement multi-référentiel, mais aussi multidimensionnel. La place de la fiction dans l'accès à la réalité en dirait long. C'est en considération de ces niveaux de réalité que la fiction en vient à être réévaluée, à nouveaux frais, comme pour rendre dynamique la pratique philosophique contemporaine du « réalisme en physique en difficulté ». (B. d'Espagnat, 1985, p. 119.) On voit poindre à ce niveau d'analyse la complexité ontologique du réel ; qui plus est, la complexité physique de la réalité. Ce dernier pense qu'« *il y a deux réels... Ou plus exactement (mais c'est aussi long à dire) la physique actuelle nous invite à bien séparer deux notions désignées jadis l'une et l'autre par le mot réalité. L'une est celle de réalité indépendante (...) L'autre notion est celle de réalité empirique, ou ensemble des phénomènes : l'homme l'approche toujours mieux* ». (Ibid., p. 7). Enrichie par la théorie générale de la connaissance doublée du débat épistémologique sur l'indéterminisme la version du « faillibilisme » que développe d'Espagnat[590] nous fait dire que le nouvel esprit scientifique ne peut pas faire l'économie du réel et de la fiction. Pour Goodman (*op. cit.*, p. 51), cela se justifie par le fait que « le monde des images regorge des personnages, d'endroits et de choses anonymes et fictives ».

Ce disant, il essaie d'établir aussi bien la différence que les rapports entre une représentation empirique et une représentation fictionnelle. Ce qui se dit être représenté par une image peut l'être au plan de la fictionnalité. Goodman (*Ibid.*, p. 53) renchérit : « *Une image qui représente un homme le dénote ; une image qui représente un homme de fiction est une image- d'un homme ; et une image qui représente un homme en homme est une image-d 'homme le dénotant* ». Mais, l'on sait que le lien entre « sens et dénotation » n'a pas toujours été évident. Il en résulte que le lien entre le représentationalisme, le réalisme physique et le faillibilisme devient justifié. Il devient même difficile, voire complexe de « boucher les trous d'intelligibilité » de la « science fondamentale » qui est toujours en quête de la vérité. Nelson Goodman (*op. cit.*, p. 9) a donc raison de dire qu'« un échange fructueux se noue alors entre des secteurs jusque là différents l'un à

[590] Les fondements épistémologiques du faillibilisme sont, entre autres, l'incertitude de la réalité scientifique, la quête inachevée du réel, les idées de contradiction et d'incertitude, etc. Bernard d'Espagnat n'a pas manqué de préciser à cet effet que « les questions d'épistémologie générale, celles, enfin, afférentes, à la complexité sont plus spécialement à approfondir ». Cf., p. 7.

l'autre ». La corrélation dialogique entre le réel et le fictionnel se révèle indispensable en philosophie contemporaine du langage et en science physique non classique. Aussi novatrice qu'elle paraisse, la fiction s'inscrit en droite ligne du contexte épistémologique du « réalisme ». Goodman et d'Espagnat l'ont en partage, parce qu'il s'agit d'un « réalisme ouvert », celui où « le regard d'un physicien » (1979, p. 79) travaille non seulement « à la recherche du réel », mais s'efforce d'analyse la nature de la relation de convergence et de divergence entre « mythes et modèles » (*Ibid.*, p. 103) en physique contemporaine. Il y a là une forme de désenchantement de la réalité par « l'analyse des concepts quantiques » (Bernard d'Espagnat, 1985, p. 197) qui donne accès à « une incertaine réalité », même à partir de ce que Michel Paty et Banesh Hoffmann appellent « l'étrange histoire des quanta » (M. Paty, 1981, p. 68).

Ces expressions sont de nature à justifier le caractère complexe du « monde quantique », « la connaissance » et « la durée ». Ces dimensions de la logique d'intelligibilité n'excluent pas le droit à l'étude des « fictions » dont Goodman se fait l'écho. Il estime qu'elles sont en rapport avec le problème de la logique représentationnelle : « la représentation d'une personne, d'un groupe, d'une chose ou d'une scène particulière ». En effet, cette disparité est bonne à penser parce qu'elle fait partie intégrante des pans entiers du réel. D'ailleurs Bernard d'Espagnat (1994, p. 374) déclare que « le réel voilé » dont il est tant question aujourd'hui, en physique quantique, vient comme pour relativiser « certaines notions que l'on pouvait croire absolues (espace, objet, causalité) ». De la sorte, « la physique quantique bouleverse nos conceptions traditionnelles ».

Se trouve mise en question la notion de représentation physique. C'est donc la fiction qui propose une ouverture sur les grands problèmes relatifs à la connaissance de la matière et de la représentation. Goodman (*op. cit.*, p. 51) s'y est penché : « lorsqu'une représentation ne représente rien, il ne peut être question qu'elle ressemble à ce qu'elle présente ». Cette affirmation pose des questions de perception et débouche naturellement sur la complexité représentationnelle qui nous donne à croire « qu'on peut penser « les fictions » au moyen « des représentations à dénotation ».

Le problème de la référence gagne en centralité au cœur de la théorie des symboles depuis Frege et ne se réduit pas pour ce denier à la représentation. Depuis peu, des réflexions sont en cours.

(Nsonsissa, 2014, p. 56.) L'approche frégéenne de « la pensée et de la composition des pensées » en dit long. De plus, Xavier Verley (2003, p. 96) a montré que la pensée, le symbole et la représentation sont caractéristiques de l'articulation du sens logique et psychologique de la connaissance chez Frege et Husserl. La représentation devient donc problématique. En conséquence, le « rôle médiateur de la logique » (H. Meyer, 1956, p. 70) cède le pas à l'aporie de l'univers de la pensée, c'est-à-dire à d'autres types de logiques, notamment celles qui procèdent des « l'ouverture des possibles ». A en croire l'auteur les aspects métathéoriques de la logique révèle la portée de « la question », de « l'interrogation » et du « problème ». Une incontestable régionalisation des réalités prend corps là où l'on voit bien que passer de la logique ontique à la logique déontique, c'est transiter de la logique du clair à « la logique floue », à la « logique vague » à la « logique épistémique ». Dans ce foisonnement de logiques où les opérateurs de croyances s'expriment pour tenter de dire le rationnel et le raisonnable, un cadre relativiste de la connaissance se dessine sur fond du déploiement de multiples potentialités à la logiques et conceptuelles du monde. Elles viennent enrichir significativement notre pouvoir d'analyse et de théorisation de ce qui est, de ce qui n'est pas d'une part, et de l'autre de ce qui dépend de nous, et de ce qui nous dépasse. Le mot de Bertrand Russell tiré de *Mysticisme et logique* (p. 115) est à la fois évocateur et révélateur : « La philosophie est la science du possible …

La philosophie ne peut être distinguée de la logique, tel que ce mot en est venu à être utilisé par ce dernier. De cette manière, la logique fournit un inventaire des possibilités et un répertoire des hypothèses abstraitement tenables ». Au nombre de celles-ci Goodman (*op. cit.*, p. 58) peut compter la représentation et la description de la réalité en rapport avec le problème épistémologique de l'invention au sein du « réalisme ». Il affirme : « *En résumé, la représentation et la description efficaces réclament l'invention. Elles sont créatrices. Elles s'informent l'une l'autre ; elles forment, rattachent et distinguent les objets. Que la nature imite l'art est une maxime trop timide. La nature est un produit de l'art et du discours* ».

Conclusion

La prise en compte par l'esprit humain des niveaux de réalité conduit à désespérer de l'optimisme épistémologique classique qui a caractérisé depuis longtemps la science moderne, notamment avec le point de vue défendu par Francis Bacon qui pense « qu'il nous faut un fil pour diriger nos pas : toute la voie, depuis les premières perceptions des sens, doit être ménagée par une méthode sûre ».

A tout prendre, on ne peut plus tenir ferme que savoir, aujourd'hui, c'est encore mettre fin à l'incertitude de la réalité. Aux détours épistémologiques d'une telle vision classique, la méthode de la complexité nous invite, désormais, à errer dans le labyrinthe de la réalité des choses. Il n'est plus possible de purifier l'esprit humain aussi bien des idoles que de l'ignorance et des mystères. Nous sommes dans l'errance et nous n'y sortirons pas du tout. Souleymane Bachir Diagne (1994, p. 2) s'est montré très éloquent sur ce sujet d'importance : « *Mais, et si le labyrinthe était ainsi fait que tout pas s'y efface à mesure que l'on avance et nul fil ne puisse u demeurer pour indiquer un cheminement identique pour une démarche nouvelle* ? » De l'errance nous en arrivons à « l'itinérance » selon le mot du philosophe Edgar Morin. Il consiste à s'interroger davantage sur le réel réellement réel. C'est la prise de conscience de l'insistance de la question de la complexité ontologique et méthodologique qui nous le fait dire. Les philosophes, les littéraires et les scientifiques continuent de se demander ce qu'est le réel. A la faveur de cette interrogation récurrente l'esprit épistémologique, en nouveauté de vie et de pratique scientifique, ne peut plus refuser de ne se donner que pour un dévoilement progressif de la réalité qui transcende l'autorité humaine. La lumière des sens, la démarche sûre de l'induction et même l'instrumentalisme ne suffisent plus pour mettre fin à l'inquiétude qui anime l'entendement humain. Ce dernier opte pour la sobriété intellectuelle. Ainsi, il évitera de voler simplement là haut, pour aller au fond de choses et chercher à savoir, par ailleurs, si ces choses ont leur fond. De cela il est question de la culture de la « *serendipity* » que nous commençons à acquérir. Ce mot enclin à envisager les choses autrement, permet de croiser l'assentiment d'Albert Einstein lorsqu'il constate qu' « il n'y a pas un seul concept dont je sois convaincu qu'il y demeurera, et je ne suis pas sûr en général d'avoir été sur la bonne piste »[591].

[591] Cité à la page 276 in Banesh Hoffmann : Albert Einstein créateur et rebelle, trad. de l'américain par Maurice Manly, avec la collaboration de Helen Dukas, Paris, Seuil, 1975, coll. « Sciences ».

Eu égard, donc, à ce qui précède, nous avons tout lieu de penser que remettre au goût du jour la recherche du fictionnel à partir de la prise en compte par John Searle des niveaux de réalité, c'est transiter vers un « ailleurs » du réel. Ce que nous avons appelé, dans le paradigme classique, la constitution d'une image cohérente et unitaire du réel spirituel et matériel, ne peut advenir à notre esprit que si nous arrivions à en saisir tous les contours, les pourtours, les alentours, et les tours.

De ce point de vue, la seule intelligibilité à laquelle peut accéder le réalisme scientifique ne peut être autre chose qu'un langage constitutif de l'empirique, mais limité face à la dimension plurielle de la réalité qui cache sa réelle signification derrière les choses ; telles qu'elles nous paraissent dans leur phénoménalité. C'est finalement à la dialogique du réel et du fictionnel que cette réflexion aboutit. Relier les deux entités revient à exprimer d'une certaine manière « *la philosophie de la propension* » selon le mot d'Antonia Soulez. En fait, l'accès à la réalité de la tendance n'est rien moins que le dégagement du sens de la complexité dialogique. Ce qui est en jeu ici *« c'est toujours ce défi de pouvoir décrire ce qui se présente à même le symbolisme, le statut « à même » d'un langage des choses dont l'être n'est pas dépassable* » (*Ibid.*, p. 233). En d'autres termes c'est une lecture classique que de penser qu'on peut accéder à l'être par l'étude des objets scientifiques. Pris au piège d'une opposition à la mode, l'esprit scientifique est en passe de reconsidérer le paradigme perdu, c'est-à-dire la réalité fictionnelle qui, depuis lors, est très réévaluée en articulant de façon complexe la réalité et la fiction. Cela conduit naturellement à une description non apaisée de la réalité telle qu'elle s'offre à l'esprit humain par langage scientifique. On comprendre pourquoi Goodman utilise l'expresse au pluriel des « langages de l'art », c'est-à-dire l'art musical, l'art cinématographique, l'art martial, l'art militaire, etc.

Dans le fond, il n'y a aucune description tranquille du réel. La fiction se révèle toujours manifeste, et ce, à l'occasion des réactions à la description partielle que nous en faisions. Les philosophes des sciences comme Bernard d'Espagnat et Alfred North Whitehead ont montré effectivement qu'éliminer de la compréhension de l'être le fictionnel dans « l'art du comprendre » c'est probablement manquer d'attention sur un trait caractéristique de l'ontologie qu'est la pluralité.

La *Nausée* de Jean Paul Sartre se révèle, à ce point, illustratif. A tout bien prendre, le personnage qu'il met en scène se surprend à saisir toute la contingence des faits empiriques allant de la racine de l'arbre qui se dresse devant lui jusqu'à l'existence humaine. C'est donc avec raison et en toute logique que l'on cherche continûment à savoir s'il n'y aurait encore aucune finalité à la causalité de l'existence des êtres et des choses à l'instar du « néant », de l'autre, etc. De fait, nous pouvons nous identifier à cet égard, au personnage de Sartre qui fait l'expérience fructueuse de la contingence et de la fugacité des phénomènes observés à première vue. On devrait pouvoir désespérer de percevoir effectivement la signification ultime du réel à partir des « données immédiates de la conscience » selon l'expression d'Henri Bergson.

En conséquence, la transition philosophique prend des figures au rang desquelles on peut situer le fait de « penser ailleurs ». Pareille expression empruntée à Nicole Lapierre fait l'éloge du déplacement, du décalage et du décentrage d'angle de vision du réel. Il s'agit effectivement de sortir des entiers battus, c'est-à-dire tenter de passer les bornes, franchir les frontières des domaines de compétence, voire même enjamber les barrières disciplinaires à la fois sociales, humaines, et naturelles. La transition philosophique est un acte de connaissance qui consiste à arpenter un terrain de connaissance presqu'inconnu où se mettent effectivement en jeu et en péril des identités closes et meurtrières, résolument vagues et mêlées. Celles qui refusent classements, confinements et cloisonnements disciplinaires. La transition philosophique a pour enjeu, entre autres, de nous faire découvrir une infinie galerie de paysages de la vérité contemplée par les philosophes depuis que le divin Platon a choisi de loger la vérité par-delà le sensible. Chacun d'eux passe en revue la réalité et ses niveaux en visant un musée imaginaire où les idées émises sur tel ou tel objet d'investigation philosophique prennent vie et chair, grâce à l'itinéraire intellectuel sinueux qu'il prend par leurs travaux respectifs. Donc, l'accès à la fiction par la transition se révèle comme la mise en avant des figures éclatées du réel dont l'expérience décalée semble aiguiser les interrogations et stimuler la pensée.

Le fait de transiter philosophiquement d'un monde à l'autre dans les dédales des idées et des mondes, des époques et des lieux est synonyme de chercher à connaître chemin faisant. Car connaissance, ignorance et mystère vibrent à l'unisson. Se pose alors l'exigence combinatoire de passage à l'irrationnel et de s'adosser à « la dynamique de la nature » (Nsonsissa, 2017, p. 56). Cette ascension consiste aussi à faire la promesse du pont entre les niveaux de réalité, pour articuler le sens des êtres et celui des choses que nous imaginons. Il s'agit, à ce niveau d'analyse, de franchir la porte de l'empirisme radical et vouloir se situer au seuil de la recherche scientifique. Ce faisant, nous irons contempler les terrains vagues de l'aventure de l'esprit humain et les nuages d'inconnaissance qui l'enveloppent. A ce niveau l'esprit humain prend conscience des limites de la connaissance sensible ; au-delà de ses frontières. On y opère alors des déplacements et on y va toujours, c'est-à-dire aller à la rencontre de ce qui est étranger à soi. On passe du marginal à l'extraterritorial.

S'attacher à la transition philosophique c'est faire figure d'intellectuel sans attaches à ses domaines d'origine et de prédilection. Cette action est de nature à faire valoir l'intellectuel exilique, c'est-à-dire la façon dont étudie le lien entre le déplacement, le détachement et la pensée critique. La voie qui mène à la vérité devient donc incertaine. « La science, nous dit Victor Hugo, est l'asymptote de la vérité. Elle approche sans cesse et ne touche jamais ». Cette expression de Jean-Jacques Rosat (2001, p. 322) est de nature à montrer à bon droit que les fondements de la connaissance établis s'écroulent. Tout se passe comme si les chercheurs étaient des transfuges. Telle est la figure de l'intellectuel aujourd'hui, celui qui aime les mélanges heureux. C'est en ce sens que nous utilisons les « métissages » culturels et les branchements disciplinaires. Cette manière de penser la philosophie en rapport avec la littérature, par exemple, est révélatrice des « dépaysements », des comparaisons des versions, des croisements de pensées et de visions, grâce aux détours des pensées classiques.

De la sorte, le nouvel esprit épistémologique s'attache aux « transgressions » des vieux mondes, pour désenclaver les savoirs et en créer de nouveaux, en liant les humanités et l'animalité, le naturel et la culturel. Edgar Morin[592] et Montaigne sont, de ce fait, plus que des franchissements. Celui là a même pensé que si le culturel est naturel par vocation, c'est parce que le naturel est aussi culturel par

---

[592] Pour Nicole Lapierre, « Edgar Morin ne dirige pas, ll oriente, il fraye des voies, il jette des ponts. Nul hasard s'il aime tant citer le poème de Machado : « *Caminante, n ay camino, el camino se lace al andar* » (Toi qui chemines, il n'y as pas de chemin, le chemin se fait en marchant ». Cf. *Pensons ailleurs,* Paris, Stock, 2004, p.270.

nature. Cette imbrication foncière donne des leçons de recherche en philosophie contemporaine. Lesquelles ? Ce que nous en tirons-nous fait dire que l'un des enjeux philosophiques du dispositif fictionnel dans la science contemporaine est que science et fiction peuvent se donner à penser à la faveur du cas de l'imitation *game* de Turing. Ce cas est exemplaire à plus d'un titre. Il pourra faire l'objet d'une recherche future que nous envisageons. Nous nous intéressons au rôle qu'il joue dans l'avènement de « l'intelligence artificielle » en vue de penser le développement de l'esprit humain. Nous chercherions à comprendre ce que viennent faire les élaborations qui relèvent de la fiction, du récit non véridique, du contrefactuel au sein même d'une étude scientifique donnée, ou même d'une théorie scientifique à élaborer. Cela étant, nous essaierons de montrer la puissance scientifique de la fiction, sa densité et son intensité dune époque à l'autre (Jean Gattégno, 1971, p. 105). On le voit, le passage à « l'intelligence artificielle » est d'importance.

A partir de l'avènement de « la cybernétique » par exemple, se développent des nouveaux usages du langage technique. De plus en plus, les scientifiques se mettront à parler le langage de l'intelligence d'un type nouveau grâce aux « machines intelligentes ». Ils seront en mesure de traiter l'information autrement pour réaliser des opérations de plus en plus fines qu'effectueront un cerveau et un ordinateur. Se mettra alors en place un parallèle entre le cerveau et l'ordinateur. Cette transition philosophique induit par un discours scientifique amnésique quant à ses origines fictionnelles nous permettra de mettre en exergue *la machine de Turing* et son apport dans la croissance du savoir scientifique.

Quoi qu'il en coûte, toutes les considérations qui en découlent, débouchent tout naturellement sur le problème de « la connaissance de la connaissance ». Qui plus est, la connaissance humaine aurait ainsi des pouvoirs proprement extraordinaires. Ceux qui permettraient de concevoir, entre autres, quelque chose de fictionnel, de métaphorique ou de virtuel dans l'axe de la conquête de l'univers qui semble être jusque là irrésolu. Nous ne pouvons donc pas être certains de quelque chose. Notre connaissance du monde extérieur rejoint alors l'étude d'un réel artificiel. Ce faisant, nous serions condamnés, pour l'éternité, au scepticisme heuristique qui nous fait renvoie à Karl Popper (1999, p. 27) qui s'interroge dans *Les deux problèmes* : « Peut-on savoir plus que l'on sait ? »

Références bibliographiques

Bernis J., 1954, *L'imagination,* Paris, PUF, coll. « Que sais-je ».

Bouveresse J., 2003, *Dire et ne rien dire. L'illogisme, l'impossibilité et le non sens*, Paris, Jacqueline Chambon, coll. « Rayon philo ».

Bouveresse J., 1973, *Wittgenstein* : *la rime et la raison. Science, éthique et esthétique,* Paris, Minuit, coll. « Critique ».

Carnap R., (2011), *Construction et réduction. Textes inédits sur le physicalisme 1922-1955,* trad. franç., par Andrieu et François Félix, Paris, L'Age d'homme, coll. « Etre et devenir ».

Castoriadis C., 1978, *Les carrefours du labyrinthe*, Paris, Seuil, coll. « Esprit ».

Deuleze G. et Guattari F., 1991, *Qu'est-ce que la philosophie* ? Paris, Minuit.

Katz J. J., 1971, *La philosophie du langage*, Paris, Payot, coll. « Bibliothèque scientifique ».

Ladrière, J., 1967, « Les limites de la formalisation », *Logique et connaissance* (dir.) Jean Piaget, Paris, Gallimard, coll. « Encyclopédie de la Pléiade », pp. 312-333.

Ladrière, J., 1976, *L'articulation du sens. Discours scientifique et parole de la foi,* Paris, Aubier, coll. « Bibliothèque des sciences religieuses ».

Lapierre N., 2004, *Pensons ailleurs*, Paris, Stock, coll. « Un ordre d'idées ».

Le Moigne, J. L., 1986, (dir.), « Intelligence des mécanismes et mécanismes de l'intelligence », in *Nouvelle Encyclopédie des sciences et des techniques*, Paris, Fayard, pp. 222-223.

Le Moigne, J. L., 1990, (dir.), « On n'invente que ce qui n'existe pas. Comprendre la conception par une théorie de la computation symbolique », in *Arguments pour une méthode (Autour d'Edgar Morin)*, Colloque de Cerisy, Paris, Seuil, pp. 214-228.

Fogiel Thomas I, 2005, *Référence et autoréférence. Etude sur le thème de la mort de la philosophie dans la pensée contemporaine,* Paris, Vrin, coll. « Analyse et philosophie ».

Gattégno J., 1971, *La science fiction*, Paris, PUF, coll. « Que sais-je ».

Gilson E., 1998, *Peinture et réalité*, Paris, Vrin, coll. « Problèmes et controverses ».

Goodman, N., 1984, *Faits, fictions et prédictions*, trad. de l'allemand par Martin Abran, Paris, Minuit, coll. « Propositions ».

Goodman, N., 2011, *Langages de l'art. Une approche de la théorie des symboles*, trad. de l'anglais par Jacques Morizot, Paris, Pluriel.

Goodman, N., et Elgin C. Z., 1994, *Reconceptions en philosophie dans d'autres arts et dans d'autres sciences*, trad. de l'anglais par Jean Pierre Cometti, Paris, PUF, coll. « L'interrogation philosophique ».

Goodman, N., 1992, *Manières de faire des mondes*, trad. de l'anglais par Marie Dominique Popelard Paris, Gallimard, coll. « Follio ».

Granger G. G., 1990, *Invitation à la lecture de Wittgenstein*, Aix-en-Provence, Editions Alinéa, coll. « Domaine philosophique ».

Holton G., 1981, *L'Imagination scientifique*, trad. de l'anglais par Jean-François Roberts, Paris, Gallimard.

Holton G., 1982, *L'Invention scientifique. Themata et interprétation*, trad. de l'anglais par Paul Scheurer, Paris, PUF, coll. « Croisées ».

Hoffmann B., 1975, *Albert Einstein créateur et rebelle*, trad. de l'américain par Maurice Manly, Paris, Seuil, coll. « Points ».

Hoffman B., et Paty M., 1981, *L'étrange histoire des quanta*, Paris, Seuil, coll. « Sciences ».

Maffesoli, M., 2007, *Au creux des apparences. Pour une éthique de l'esthétique*, Paris, La table ronde, coll. « La petite vermillon ».

Meyer H., 1952, *Le rôle médiateur de la logique. Etude métathéorique*, Paris, PUF, coll. « Bibliothèque de Philosophie Contemporaine ».

Michaud Y., 1983, *Hume et la fin de la philosophie*, Paris, PUF, coll. « Quadrige ».

Morand B., 2004, *Logique de la conception. Figure de sémiotique générale d'après Charles S. Peirce*, Paris, L'Harmattan, coll. « Ouverture philosophique ».

Morin, E., 2006, *Itinérance.* Entretien avec Marie-Christine Navarro, Paris, Arléa.

Morin, E., 1977, *La méthode. I. La Nature de la Nature*, Paris, Seuil, coll. « Points ».

Morin, E., 2000, *Reliances,* Paris, Editions l'aube, coll. « intervention ».

Morin, E, 2018, *Le cinéma. Un art de la complexité*, Paris, Nouveau monde.

Ngamountsika, E., 2019, *Analyse sémantico-discursive de la proposition incise dans la presse écrite congolaise,* Paris, L'Harmattan, coll. « Sémantiques ».

Peirce S. C., 1978, *Ecrits sur le signe,* trad. de l'anglais par Gérard Deledalle, Paris, Seuil, coll. « L'ordre philosophique ».

Pimbé D., 2009, *L'explication interdite. Essai sur la théorie de la connaissance de Karl Popper,* Paris, L'Harmattan, coll. « Ouverture philosophique ».

Popper K., « La rationalité et le statut du principe de rationalité », *Les fondements philosophiques des systèmes économiques* : textes de Jacques Rueff (dir.) et essais rédigés en son honneur, 23 août 1966, édité par Emile M. Classen, Paris Payot, pp. 142-150.

Popper, K., 1999, *Les deux problèmes fondamentaux de la théorie de la connaissance*, trad. franç., par Christian Bonnet, Paris, Hermann.

Putnam H., 1996, *Philosophie de la logique*, trad. de l'anglais par Patrick Peccatte, Paris, L'éclat, coll. « Tiré-à-part ».

Ricœur P., 1986, *Du texte à l'action. Essais d'herméneutique*, II, Paris, Seuil, coll. « Esprit ».

Sartre, J.P. 1943, *L'être et le néant. Essai d'ontologie phénoménologique*, Paris, Gallimard, coll. « Tel ».

Sartre, J. P, 1940, *L'imaginaire. Psychologie phénoménologique de l'imagination,* Paris, Gallimard, coll. « nrf ».

Searle, R. J., 1982, *Sens et expression. Etudes de théorie des actes de langage*, trad. de l'anglais (USA), par Joëlle Proust, Paris, Minuit, coll. « Le sens commun ».

Searle, R., J., 1998, *La construction de la réalité sociale*, trad. de l'anglais Claudine Tiercelin, Paris, Gallimard, coll. « Essais ».

Searle R. J., 2004, *Liberté et neurobiologique. Réflexions sur le libre arbitre, le langage et le pouvoir politique,* Paris, Grasset, coll. « Nouveau collège de philosophie ».

Soulez, A., 2016, *Détrôner l'être. Wittgenstein antiphilosophe* ? (en réponse à Alain Badiou), Paris, Lambert-Lucas, coll. « Le discours philosophique ».

Stengers I., 1987, (dir.), *D'une science à l'autre. Des concepts nomades,* Paris, Seuil, coll. « Science ouverte ».

Vernant D., 2018, *Questions de logique et de philosophie*, Paris, Editions Mimesis, coll. « Philosophie ».

CHAPITRE SIXIÈME : Penser la diversalité à la lumière de la rationalité comme ouverture

Le sens de l'éclatement de la rationalité a été déchiffré par Karl Popper[593] lui-même, dont Alain Boyer[594] que dit que le *« maître mot de la philosophie poppérienne est l'ouverture. Cette conception de la rationalité*[595], *fondée sur le thème de la faillibilité, échappe à la mise en question de la clôture de la raison moderne dominatrice* ». La rationalité n'est donc pas unitaire au même titre que l'univers qui est « ouvert » ou « la société ouverte », malgré ses ennemis. Mais irréductible à cette théorie, notre approche de la diversalité, à ce niveau d'analyse, est la mise en lumière du choc des rationalités pour penser la recomposition des savoirs multiples. Dans le fond, ce qui est en jeu c'est la réflexion sur les différences, les différends et les versions de la rationalité. L'objectif que nous poursuivons à ce niveau d'analyse de la diversalité est celui de l'analyse du choc des rationalités ou de la recomposition des savoirs. Il s'agit de quelques réflexions sur les différences, les différends et les niveaux de la rationalité.

A tout bien prendre, pour entrer dans le XXIème siècle, il faut repenser la rationalité. Soit on travaille à en assigner des limites, soit on prend conscience et on reconnait ses paradoxes. L'idée d'une métamorphose de la rationalité, consécutive à la croissance du savoir scientifique pour cause de crise, et à l'émergence inattendue des questions nouvelles posant ainsi l'exigence de réévaluer les concepts fondamentaux qui rendent intelligible la figure éclatée de la rationalité contemporaine, s'expose aujourd'hui à la transdisciplinarité, c'est-à-dire à l'exigence de complexité épistémologique des disciplines. Pareille affirmation, elle conduit à discuter l'intemporalité de la raison. Bien au contraire, elle conduit à discuter l'intemporalité de son essence postulée par la science classique. Tel est le constat de Jena Pierre Dupuy (1997), p.25) : « La rationalité en pur ne peut se suffire à elle-même ; elle ne peut prendre sens que dans un domaine plus vaste, qui comprend de l'irrationalité en dit long sur le trouble qui s'empare des esprits. » Entre ces lignes énonciatives se trouve l'idée d'une crise des fondements théoriques de la « pan-rationalité » dont la position solaire d'antan s'expose au schisme qui a pris corps dans tous les

---

[593] Karl Popper, *La société ouverte et ses ennemis*, tome 2, Hegel et Marx, Paris, Seuil, 1979, p. 206.

[594] Alain Boyer, « La rationalité ouverte », in *Philosophia Scientiae*, Paris, Kimé, 2007, vol. 11 Cahier 1, p. 3.

[595] Marcel Nguimbi, *Penser l'épistémologie de Karl Popper,* Paris, L'Harmattan, coll. « Ouverture philosophique », 2012, p. 57.

continents du savoir. Le moment historique et révélateur qui présida à cette révolution tien à la révolution logiciste des années trente grâce aux travaux de Gödel. La crise (d'Allonnes, 2012, p.111) des fondements mathématiques et économiques et donc contemporaine de la découverte d'un certain nombre de paradoxes rationnels. Pour ce faire, nous allons essayer de montrer à partir de la méthode de la complexité d'Edgar Morin que la découverte de l'historicité de la raison se donne à penser au-delà du paradigme de la simplicité pour nous conduire au paradigme de la complexité épistémologique en particulier. En d'autres mots, la pratique scientifique contemporaine, suivant ses succès et ses crises, produit et reproduit les différentes figures de la rationalité. Edgar Morin (1990a, p.145) donne à cette notion une signification à la fois logique et épistémologique à partir et en référence à d'autres penseur de la complexité comme lui. Dans le fond, cette approche de la rationalité se veut épistémologique dans la mesure où elle se place à l'interface de la logique et de la philosophie. Cette dimension laisse dégager le caractère critique et auto-critique de cette attitude rationnelle ; et de là pour dire la portée et ses limites par l'ancrage logique (Guibal, 2011, p.383).

De ce point de vue, la rationalité au sens contemporain du terme donne à penser l'émergence d'une pensée complexe dont la tâche nous incombe à abandonner la clôture de la raison. Le sens de la rationalité complexe se déchiffre donc par la prise de conscience de la complexité du réel et de la prise en compte des niveaux de rationalité de cette même complexité. Edgar Morin plaide pour une rationalité de ce type pour élargir notre raison pour la rendre capable de comprendre ce qui en nous et dans les autres, précède et excède la raison » (Ponty, Cité par Morin, 1990a, p.156). Le défaut de la rationalité classique est d'avoir négligé ce qui va au-delà de raison et de la rationalité. De nos jours, la réalité se donne à comprendre au même titre que la rationalité ouverte (Boyer, 2007). Ce qui est réel est plus que rationnel. Fort de ce débordement, la raison philosophique ou scientifique se prête à un développement qui est synonyme d'épanouissement de l'esprit qui se livre à la recherche. S'il est question de niveaux de réalité de l'être chez Henri Bergson en particulier, nous avons tout lieu d'avoir recours à Hilary Putnam qui a montré que même la notion de rationalité se prête à de multiples conceptions. C'est proprement du chapitre V de son ouvrage qu'il distingue la « rationalité » du niveau d'« acceptabilité rationnelle » ; qui plus est, il prend conscience de la difficulté relative à l'intelligibilité même de la rationalité. « J'ai parlé, écrit-il (1989, p.121), de rationalité et d'acceptabilité rationnelle. Mais la rationalité est une chose difficile à cerner ». Pour preuve, dans les œuvres humaines, dans certaines créations majeures de l'esprit humain, et particulièrement dans les théories scientifiques, la rationalité s'expose à la difficulté de l'irrationalité. C'est pourquoi, Gilles Gaston Granger (1998, p.11) estime que « Cette détermination constitue une forme faible mais fondamentale de rationalité. » Cela tient de la relation dialogique qui s'établit entre la rationalité et l'irrationalité que le philosophe considère non pas comme un accident, mais comme un être inscrit « dans l'esprit d'un rationalisme ouvert et dynamique, en vue de reconnaître et de délivrer le rôle positif de l'irrationnel »[596]. La problématique directrice de cet essai s'articule autour de quelques questions : Peut-on transcender les rationalités ? Mais comment ? Telle est la question fondamentale qui se pose à nous cette fois. Dit autrement : quelles sont les modalités épistémiques de cette transcendance ? La figure du saut de barrières rationalistes ou école buissonnière de la Rationalité, peut-elle suffire pour repenser le rationalisme scientifique et technique si clos ? Vers où d'ailleurs s'opère épistémologiquement le dépassement ? Est-il une exigence interne seulement aux sciences de la nature ? Si elle est externe, les sciences humaines et sociales n'auraient-elles pas aussi ou d'abord une fonction heuristique d'immanence à assurer au cœur de chaque type de rationalité ?

Nous évoquerons l'épistémologie de la complexité de Marin d'obédience philosophique pour qu'elle nous montre, du point de vue procédural, une des manières de transcender les rationalités positives ou fermées. Pour aboutir à une trans-rationalité, plutôt subvertir ainsi les rationalités, il nous semble bien évidement prendre en charge la dimension de la dialogique pensante, celle qui dépasse tout en conservant, ou presque permet de transcender[597] les domaines strictement empirico-formels pour aller vers les domaines culturels.

---

[596] *Cf.* Dos de l'ouvrage. Résumé. Mais ce concept d'irrationnel ne va pas de soi pour tous. Donald Davidson (2002) pense plutôt aux « Paradoxes de l'irrationalité ».

[597] Georges Mourélos (1964, p.45) nous inspire en ce sens pour avoir mis en avant l'intelligence de la transcendance des réalités. Il écrit : « La notion de niveau de réalité serait à notre avis plus apte à rendre compte des équilibres réalisés que toute notion qui est en usage… Car dans les conduites d'un être vivant et notamment d'un être conscient, nous n'avons pas seulement affaire à des champs de forces où les antagonismes s'équilibrent, mais à des changements de signification découlant d'une nouvelle orientation existentielle de l'être ».

Qui plus est, subvertir philosophiquement, c'est tourner vers le bas, transcender suppose au contraire de monter au-delà des rationalités pures. Ce sera alors un des moments, en guise d'exemple évoqué par Frédéric Worms (2009, p.339), de la philosophie du XXe siècle en France ». Penser la relation complexe entre la modernité et la rationalité, c'est aller vers le moment présent, c'est-à-dire celui des ruptures, problèmes et reprises transformantes de la rationalité unique.

Mais c'est tout au plus appliquer le principe de complexité dialogique de Morin aux « savoirs ordinaires » qui met superbes et exalte aussi les rationalités souples et simples, et non toujours faciles. Pour être transcendée, dépassée par le haut, une rationalité pure ne doit-elle pas être remise à sa place, retournée, plus bas qu'elle ne se croyait[598] ?

Voilà bien des questions multiples et complémentaires, voir même connexes, qui tentent de mettre en jeu et au jour une philosophie de la complexité dégagent ainsi l'intérêt primordial à l'étude des frontières épistémologiques » (Bachelard, 1970, p.77) de la rationalité scientifique. Alors plusieurs hypothèses sont à vérifier au nombre desquelles on peut compter le fait de transcender les rationalités réductrices ; si tant est qu'il est faux de les séparer absolument pour, ensuite, les amener à dialoguer, et enfin articuler dialogiquement les savoir modernes et les rationalités, c'est-à-dire analyser philosophiquement les flux et les reflux de la rationalité une et plurielle (Lalèyê, 2005). Ce processus implique à la fois le progrès de la société, du temps et la science entre certitudes et incertitudes (de Broglie, 1966, p.104). les scientifique font face à une incertaine réalité (d'Espagnat, 1985, p.181), parce que la rationalité scientifique est sortie des sentiers battus de la physique classique, et navigue dans les eaux du monde quantique, de la connaissance et de la durée. Car son histoire se trouve être scandée de ruptures, de révolutions, de crises, des reculs et des avancées significatives qui se donnent à nous comme autant d'événements inaugurant par la même occasion la conception nouvelle de la rationalité.

Paulin Hountondji (2007, p.2) est l'un des philosophes africains à avoir soulevé la question dans une perspective tout à fait particulière. Seulement, elle nous inspire à plus d'un titre parce qu'elle met en

---

598 Feyerabend (P.K.) (1980, Ch. IV), dans un texte puissant et fort révélateur plaide en faveur d'une tolérance entre les rationalités au cour des changements scientifiques et changements de signification.

avant « La rationalité aujourd'hui ». L'interrogation principale que le philosophe africain soulève rejoint par des cotés quelques-uns de nos sujets de préoccupation : « La réaction contre une conception étriquée de la rationalité a conduit, dans certains cas, à mettre en cause la rationalité elle-même comme valeur transculturelle (...) dans d'autre cas, elle a conduit à l'affirmation de plusieurs logiques, de plusieurs modes de pensée fermés sur eux-mêmes, irréductibles les uns aux autres (...) Le gommage de la rationalité ou son émiettement conduisent à un relativisme insoutenable » (Hountondji, 2007, p.2).

Il s'agit de fixer l'identité-une et plurielle de la rationalité (Ladrière, 1977) de la science et de la philosophie. La réflexion sur la notion de rationalité transversale du monde fonctionne comme une nécessité pour la pensée philosophique qui s'assigne comme une nécessité pour la pensée philosophique qui s'assigne comme une nécessité pour la pensée philosophique qui s'assigne comme but la vérité. En d'autres termes, poser le problème épistémologique de la rationalité transdisciplinaire, c'est dans une certaine manière s'engager à la repenser pour un monde complexe. Il a appartenu à Gaston Bachelard (Adam, 2010) de considérer la rationalité comme une construction de la continuité et la discontinuité dans la succession des ruptures.

Mais la perspective de la discontinuité semble l'emporter sur la continuité. C'est-à-dire que « Dans l'évolution historique d'un problème particulier, on ne peut cacher de véritables ruptures, des mutations brusques, qui ruinent la thèse de la continuité épistémologique » (Bachelard, 1968, p. 2070). Il s'agit donc de mettre en avant les conceptions multiples et complexes de la rationalité. Cela tient de l'évolution en crise de la raison, si nous remontons jusqu'à l'Antiquité pour essayer de lire l'ancrage historique de la « rationalité complexe », selon l'heureuse formule d'Edgar Morin (1990a). Cette complexité conceptuelle prend d'abord en charge la difficulté de distinguer à la fois raison, rationalisation, rationalité et rationalisme (Feyerabend, 2005, p.38). Ce sont là autant de problèmes que le philosophe, le sociologue ou l'anthropologue contemporain peut tenter de résoudre, en raison de ce qu'ils sont d'un genre différent et nouveau, et de ce qu'ils concernent des idées scientifiques tout à fait abstraites. C'est ce à quoi nous allons d'entrée de jeu nous attacher[599].

1. Rationalité, rationalisme, rationalisation et raison

Le sens de la question épistémologique que nous devons examiner peut-être élucidé en observant que, dans le cas de la complexité d'un concept comme celui de « rationalité », nous avons tous le sentiment qu'un concept fondamentalement philosophique, d'une grande importance dans toutes les disciplines, est en jeu, bien qu'il soit difficile et non impossible de voir clairement en quoi consiste ce mot. La question qu'il nous appartient d'examiner d'enter de jeu est celle de savoir la différence entre rationalité, rationalisme, rationalisation et raison. L'on a l'habitude de faire un usage indifférencié des termes mis en exergue.

Or la distinction entre eux est aussi plausible que nette disqualifiant ainsi toutes synonymie pure. Edgar Morin (1990, p.255-269) a fait œuvre utile que en montrant que la différence entre eux est aussi bien de degré que de nature ; selon la forme et le contenu des concepts. Le concept de rationalité est complexe d'un point de vue paradigmatique. Pour preuve, des penseurs comme Alain Boyer, Edgar Morin, Gaston Bachelard (Martin, 2012, p.187) et Karl Popper ont montré que la rationalité n'est intelligible que fonder positivement et négativement la connaissance du réel. Aussi paradoxal que cela puisse paraître, nous allons monter la difficulté de défendre une telle approche, dans la mesure où elle donne l'illusion de croire que la rationalité est le moyen pur et sûr par lequel la science atteint absolument la vérité ; et que par conséquent, elle ne saurait donner droit à la discussion critique comme quête de l'objectivité.

Du point de vue philosophique, la thèse de René Descartes (1951, 1er partie, paragraphe 1) est d'importance : « Le bon sens est la chose du monde la mieux partagée : car chacun pense en être si bien pourvu, que ceux même qui sont les plus difficiles à contenter en toute autre chose, n'ont point coutume d'en désirer plus qu'ils n'en ont ». Généralement, il est dit que Descartes ne distingue pas sémantiquement le bon sens de la raison comme faculté de juger, de distinguer le vrai du faux. Le terme « sens » renvoi ici au pouvoir de

[599] Nous devons quelques intuitions régulatrices de cette réflexion à Yaovi Akakpo (2009) de l'Université de Lomé qui a déjà élaboré une réflexion non moins approfondie sur « La rationalité technologique à l'épreuve ».

connaissance. Le « bon sens » traduit la faculté comme bonne, celle qui est en droit d'atteindre la vérité, et *a contrario* éviter l'erreur. Dit autrement, la raison est synonyme de « lumière naturelle ». Parvenu à ce point, il nous paraît difficile chez Descartes d'établir la nuance entre la portée philosophique et scientifique de la raison. Car, et lui-même s'en explique à bon droit les *Regulae* et dans *Discours de la Méthode* qu'elle est hypothético-déductive, c'est-à-dire, de facture mathématico-logique. Par ailleurs, la notion de raison se complexifie à mesure que l'on change d'espace culturel. Chez les philosophes allemands Kant et Hegel en particulier, la raison n'est pas si simple. Françoise Dastur (1995, p.125) estime qu'on peut dépasser la conception cartésienne de la raison en articulant « la raison et la culture ». La complexité des rapports entre les deux entté l'ont conduit justement à forger des nouveaux « chemins de la réflexion ». A ce propos, il écrit :

C'est pourquoi il faut moins que jamais confondre phénoménologie et cartésianisme, comme Husserl nous en avertit dans la Krisis. Car, à cette époque l'axiome cartésien de l'ego ne peut plus servir de fondement à la philosophie transcendante. Celle-ci naît d'une réflexion radicale issue elle-même d'une vie à la rend mondaine et historique radiale issue elle-même d'une vie à la fois mondaine et historique dont elle ne se sépare pas mais qu'elle rend au contraire visible dans toute sa concrétion et dans sa finalité propre. Qui plus est, le rapport de la raison et de la culture constitue on ne peut plus thème fondamental de la conférence académique de Vienne (Dastur, 1995, p.109)[600]. Déjà dans la *Dissertation* de 1970, le philosophe allemand Kant appelle « entendement » (*Verstand*) tout le pouvoir spontané de notre connaissance, que la *Critique de la Raison pure* distingue en « entendement » et « raison » (*Verstand* et *Vernunft*). La complexité conceptuelle de la raison vient de ce qu'elle se prête à de multiples usages ; d'abord l'usage logique de la raison qui fait signe vers l'entendement qui impose à l'apparence reçue de la sensibilité le principe normatif de contradiction, donnant ainsi vie aux concepts empiriques et aux lois phénoménales de la science.

Mais, l'idée même de la rationalité qui traduit une certaine alliance avec la raison et le rationalisme, ne saurait bénéficier de longs

600 Cette conférence qui s'est tenue à Vienne a porté sur « Raison et culture dans la dernière philosophie de Husserl », mai 1935. Cf., aussi le texte de 1936 intitulé « *L'Origine de la Géométrie* ».

développements. Et fait, les concepts de « rationalité » et de « raison » se prêtent souvent à des approches historiques, théoriques, philosophiques (Belaval, 1984, p.45) et non pas seulement théoriques. L'usage habituel qu'on en fait est de nature à en épiloguer sur des étiquettes plutôt qu'à en élaborer des concepts à caractère philosophique ou scientifique. Fort de sa complexité, nous avons accrédité l'idée selon laquelle la notion de rationalité, en effet, se veut par vocation et par essence transversale. Elle est applicable dans tous les domaines de l'action : d'une part, dans l'action sociologique qui ne diffère de la philosophie que par ses approches méthodologiques, et d'autre part dans l'action économique, et même au-delà. Il n'est donc pas surprenant de voir les économistes, par exemple, qui en font un usage intensif ; quand bien même la rationalité économique serait tombée aujourd'hui en crise. De plus, les sociologues, notamment Max Weber, Edgar Morin considèrent la rationalité comme une catégorie fondamentale de la théorie de l'action sociale doublée de « l'écologie de l'action », selon l'agréable formule de Morin. Du point de vue philosophique et éthique, le concept de rationalité conduit à caractériser certaines croyances comme irrationnelles. Cette considération positiviste donne à penser la rationalité instrumentale, quand celle-ci altère la dimension humaniste de l'existence.

Par ailleurs, Edgar Morin, à la différence de Max Weber, essaie de nous avertir sur la nuance hypothétique, sui s'impose entre la rationalité, la raison, la rationalisation et le rationalisme. Par-delà la rationalité que nous venons de caractériser, Morin définit le rationalisme au double plan éthique et ontologique. En tant que vision du monde, le rationalisme signifie l'adéquation absolue entre ce qui est cohérent et ce qui réel. Le défaut de cette conception close c'est d'avoir exclu du champ de la rationalité tout ce qui renvoi à l'irrationnel et à l'a-rationnel, aux valeurs (Feyerabend, 1999, p.87). Du point de vue éthique, par contre, Morin met en avant les actions humaines et les sociétés humaines dont la rectitude procède de la rationalité pure et de leur finalité pure. Ce rationalisme a toujours eu l'intention tout justement de construire des théories scientifiques purement factuelles, sans aller au-delà des données factuelles qui sont, paradoxalement, disponibles à chaque construction rationnelle.

Ce rationalisme, pour autant qu'il soit pur, ne contient pas des éléments métaphysiques. Par conséquent, il ne peut réaliser une théorie scientifique juste du point de vue empirique. Ensuite, le rationalisme pur permet d'obtenir une théorie qui ne contient pas d'éléments métaphysiques (Belaval, 1960, p. 48). Car elle se donne pour postulat de base les éléments d'observation comme premier niveau d'accès à la connaissance scientifique. Cela veut dire que le rationaliste, selon Morin, tente qu'apporter comme remède à la rationalité scientifique, le fait de restreindre l'application des concepts classiques eu fait empirique, en faisant abstraction de l'abstraction. Quant à cette partie qui est écartée, les théories rationnelles ne sont pas reliées aux éléments métaphysiques, émotionnels, et psychologiques. Elles seront entièrement justes et pures. On peut avoir recours à la pensée scientifique occidentale telle qu'elle a émergé des XVIème et XVIIème siècles. Elle a consisté à mettre en relief un type de rationalité pure des explications mythologiques et spéculations métaphysiques.

Toutefois, précisons que le triomphe du rationalisme des lumières (Habermas, 1988, p.6) a ceci de particulier qu'il s'oppose dialectiquement à la rationalisation d'inspiration aristotélo-scolastique, et qu'il accorde le primat de l'expérience sensible sur la cohérence logique. Mais c'est sur fond de crise (d'Allonnes, 2012, p.53) que la rationalité close donnera droit à la nouvelle rationalité, plus ouverte à la complexité du réel que la première. Cette révolution vise l'instauration d'une rationalité auto-fondée, comme le constate Alexandre Koyré (1962, p.90) : « Choses que personne n'a jamais vues et pensées que personne n'a jamais eues ».

Pourtant, la rationalité désigne une attitude ou un système fondé sur la raison par opposition aux systèmes fondés par exemple sur la révélation ou le sentiment. Pour le rationaliste, les inventions artistiques par exemple sont des reproductions, des modèles qui existent dans le cerveau humain. Nous conduisons ainsi la réflexion de manière à distinguer les différents types de rationalité. On pourrait aussi objecter la distinction possible existant entre « raison » et aussi rationalité ». Celle-ci est l'établissement d'une adéquation entre une cohérence logique de type explicatif ou descriptif et une réalité empirique. On ne voit pas comment la notion de rationalité critique pourrait faire sens si celle de « raison » ne s'en fait pas écho. Au moyen de la crisologie, d'autres distinctions sont possibles entre « rationalisme », « rationalisation », « raison » (Mukungu Kakungu, 2007, p.383). Le rationalisme renvoie d'abord à une vision du monde qui affirme l'accord parfait entre le rationnel ou la cohérence et la réalité de l'univers.

Cela dit, elle exclut donc du réel l'irrationnel. Ensuite, elle fait signe vers une éthique absolue affirmant que les actions humaines et les sociétés humaines peuvent et doivent être rationnelles dans leur principe, leur conduite leur finalité. S'agissant de la raison, elle se donne à entendre comme une méthode de la connaissance fondée sur le calcul et la logique, car à l'origine, *ratio* veut dire calcul. Elle est employée pour résoudre des problèmes posés à l'esprit humain, à partir et en fonction des données caractérisant une situation ou un phénomène quelconque. Pour revenir à l'explication qu'en donne Jacques Bouveresse, par principe la raison implique une exigence de fondement, car le fait d'être rationnel est en porte à faux avec l'arbitraire. La rationalité permet de rendre intelligibles les évènements et leurs causes (Karl, 1992, p.20). Elle est aussi une sorte de justification des affirmations données dont la démonstration se fait également au moyen d'autres affirmations.

En plus, être rationnel revient à organiser l'action humaine non sans la soumettre à un plan quelconque ou à un principe fondateur. On le voit, l'exigence de rationalité fait corps avec l'idée de fondement, présupposant ainsi l'infaillibilité de la raison pour voir accès à la vérité. C'est de là que la rationalisation signifie la construction d'une vision cohérente, totalisante de l'univers, à partir de données partielles, d'une vision partiale, ou d'un principe unique. Cette approche se veut classique, pour autant qu'elle n'accepte pas l'irrationnel en son sein. Pour toutes ces raison, Edgar Morin rejette dos à dos la rationalisation pour autant qu'elle laisse entrevoir la raison devenue déraisonnable en termes de clôture par opposition à la raison ouverte. Elle enferme la raison comme une théorie scientifique dans sa logique. Pour ce faire, elle tend à devenir insensible aux réfutations au plan empirique. Le rationalisme aussi trouve ses imperfections par le fait qu'il véhicule une vision parfaite du monde entre le rationnel et la réalité.

On peut donc dire qu'il exclut de son champ réel l'irrationnel et l'a-rationnel. Par ailleurs, Gaston Bachelard (1989, p.67) discute la nature du rationalisme[601]. Il plaide pour la pluralité du rationalisme. Cette amplification donne lieu, par exemple, à un type de rationalisme électrique en particulier. Par conséquent, Bachelard développe une épistémologie de la pluralité des rationalismes régionaux en vue de

---

[601] Bachelard plaide pour un rationalisme intégral de type dialectique qui dans sa structure, fait engager la pensée en vue d'en informer l'expérience.

briser méthodologiquement le rationalisme clos. D'où l'idée d'un rationalisme ouvert qui transgresse la mutilation de la pensée. Edgar Morin s'en inspire pour penser la rationalité complexe, c'est-à-dire celle qui connait et reconnait les limites de la « logique déductive-identitaire », selon la formule de Morin. Elle intègre la critique, l'autocritique, les insuffisances, les risques, les incertitudes. Cette rationalité a une résonnance philosophique.

2. Rationalité philosophique

La figure philosophique de la rationalité a toujours préoccupé les philosophes. Karl Popper s'est intéressé à la question. Il essaie de nous montrer que les présocratiques ont été remarquables dans *Conjectures et Réfutations*, il revient assez souvent sur les présocratiques : Héraclite d'Ephèse, Anaximandre et Thalès[602], sans oublier surtout Parménide. Le plus important ici c'est la manière dont la rationalité philosophique a vu le jour, notamment à l'occasion du débat d'idées qui a opposé Anaximande à son maître Thalès au sujet de la cosmologie, en général et tout au plus « à propos de la théorie de la suspension sans support de la terre chez Anaximande… Il est clair qu'on peut y avoir aussi une prise de position critique à l'égard d'un passage de la théogonie (vers 720-725) » (Popper, 2006, p.597 et 585)[603].

Récemment, le philosophe congolais C. Kapumba (2012, p.51) a réfléchi sur les formes de rationalité. Il a mis un accent particulier sur la « rationalité comme élaboration croissante des symbolismes ». L'angle de vision est celui de la crise de la Rationalité pur qui a servi de fondement à l'empirisme moderne qui s'est révélé dogmatique en raison de l'évidence pure qu'il a érigé en fondement absolu. La première conséquence qui résulte de cette crisologie est celle de l'émergence d'une rationalité philosophique. Elle est à la fois transversale et critique (Fogiel, 2000, p.47).

Dans l'Antiquité grecques, et particulièrement chez Aristote, elle revêt un caractère scientifique, puisque la physique, par exemple

---

[602] Feyerabend (K.P.) (1999, p.68) tente de justifier la place des présocratiques dans l'élaboration de la rationalité ouverte en citant en exemple la théorie de Thalès de Milet partageant ainsi « d'importantes caractéristiques à la fois avec certaines doctrines religieuses, mythes, et avec théories scientifiques abstraites ».

[603] Voir surtout « Unité ou nouveauté des Présocratiques » et Remarques complémentaires sur les Présocratiques-sur Parménide ».

signifie la science de la nature en général, sans aucune spécification singulière. L'existence des rationalités particulières renvoie à des objets spécifiques. Celle-là doivent être intelligibles comme des spécialisations intégrées dans une système philosophique global. Ce dernier essaie de les comprendre en tant que déterminations particulières d'une rationalité qui les présuppose. Nous nous rendrons compte que la rationalité philosophique produit des rationalités qui doivent leur signification à leur rattachement à un principe supérieur et qui travaille à les unifier. Ce principe premier fonde et définit en quelque manière les modalités moyennant lesquelles l'intégration des rationalités particulières est rendue possible en une totalité cohérente. La philosophie, dirait-on est la science de la totalité. Ici aucun niveau de rationalité n'a le privilège d'être au-dessus des autres, si ce n'est celle qui présuppose métaphysiquement leur existence. Une telle conception de la rationalité transversale conduit à penser que les rationalités particulières sont redevables à une rationalité philosophique fondatrice, fort de sa dimension métaphysique. En d'autres mots, les rationalités spécifiques se prêtent à des lieux d'applications diverse : la culture, économie, la religion, la politique, la philosophie, la science, l'éthique ; qui plus est à la nature de la rationalité philosophique dont le statut de principe est à la fois transcendant et crique.

La théorie aristotélicienne de la science donne lieu à une complexité de la connaissance ; quant à pouvoir distinguer nettement sensation et imagination, savoir et opinion, *logos, noùs et dianoia.* Il est donc difficile d'établir des frontières philosophiquement et scientifiquement entre l'intellect pur, l'intellect passif ou patient et l'intellect argent. L'on ne sait pas toujours s'il existe une différence de nature ou de degré entre l'intellect discursif qui s'identifierait à l'âme, et qui serait voisine de l'imagination. De plus, cette rationalité systématique a ceci de spécifique aussi qu'elle est dépourvue d'unité absolue dans le jugement. Sa compétence théorique peut aussi se donner à penser dans le maniement et l'articulation des concepts les plus généraux. L'expertise d'une telle rationalité tient dans le domaine de l'explicitation des concepts comme vérité, être, essence existence, subjectivité, intersubjectivité, des présupposés métaphysiques et des finalités pratiques ou éthiques (Habermas, 1973).

Dans son déploiement, et dans son déroulement, la rationalité philosophique travail à formuler les arguments et les objections contre la connaissance ordinaire (Boyer, 198, p.35), les mythes, les fables, son goût pour la réflexion critique poursuivie radicalement sur les illusions. Pareille fonction, pourrait-on dire, se veut à la fois formelle et substantielle ; qui plus est, joue un rôle de vigilance logique et méthodologique. Aussi peut peut-elle aider à dégager les points de consensus et les questions irréductiblement conflictuelles, parce qu'elles renvoient à des concepts intégrateurs comme le *Dasein*, la mort, des fondamentaux comme l'apparence et la réalité, et des valeurs de base inconciliables. Voire irréconciliables comme le bien et le Mal. La rationalité philosophique veille à ce que les points de vue s'expriment aussi sans exclusive, c'est-à-dire elle prend en compte même les considérations minoritaires au moyen d'un principe comme celui de la tolérance. A ce stade, la rationalité philosophique a un ancrage éthique, puisque la discussion rationnelle qu'elle suggère n'atteint jamais une conclusion absolue. Elle vise plutôt l'absolu, car les interrogations qu'elle met en avant renvoient à des conceptions contradictoires de l'être humain, de son origine et de ses fins, à des représentations du monde, de la nature, et du temps, à des vues critiques sur la société et sur son histoire. Fort de cette transversalité et de cette multi-versalité du sens rationnel de notre existence, la rationalité philosophique ne peut pas empêcher automatiquement l'émergence d'accords contextuels et pragmatiques sur la vie ou le monde vécu. C'est en cela qu'elle se place dans une position de surplomb critique par rapport aux autres rationalité[604].

Seulement, il existe une corrélation entre la rationalité philosophie et la rationalité critique. Voilà pourquoi, aux sources du rationalisme critique ou de la rationalité ouverte, se trouve en bonne place Emmanuel Kant en particulier. Son projet d'élaborer le criticisme ou la théorie de la connaissance est un signe manifeste de la philosophie rationnelle et critique des conditions de possibilité de la connaissance. En effet, Kant s'est éloigné par des côtés du rationalisme dogmatique de David Hume (Boyer, 1978, p.61) ; quand bien même il aurait reconnu que ce dernier l'a réveillé de son sommeil dogmatique ; puis il mettra sur pied une forme nouvelle de rationalité fondée sur la critique. Il y a plusieurs moments dans l'œuvre de Kant qui font signe vers la démarche critique de la raison. Et nous choisissons d'en parler à partir de sa question principielle : que puis-je savoir ? Cette

---

[604] Lyotard (J.F.) (1979, pa.88) a forgé le concept de « paralogie » comme moyen d'accès à d'autres types de rationalité. C'est pourquoi, il considère « la science postmoderne comme recherche des instabilités ».

interrogation laisse entrevoir la limitation ou les frontières philosophiques et épistémologiques qui seront évoquées ensuite par Gilles Gaston Granger après Gaston Bachelard. En s'efforçant d'y répondre, il opère à cet effet un examen critique de la raison, déterminant ses limites et ses critiques. Il s'interroge donc sur la valeur et la portée de nos connaissances rationnelles, comme prétendent l'être les connaissances métaphysiques. Il écrit : « Il n'est pas douteux que nos connaissances commencent avec l'expérience, par quoi la faculté de connaître serait-elle appelée à s'exercer, si elle ne l'était point par des objets qui frappent nos sens » (Kant, 1996, p.31). Pour Kant, l'expérience désigne la matière sensible de la connaissance, et cette expérience est construite *a priori* par l'esprit. Dans un premier moment, Kant affirme que la connaissance commence avec l'expérience. Mais, ensuite, il précise à nouveau que toutes ne viennent pas que l'expérience : « Mais, si toutes nos connaissances commencent avec l'expérience, il n'en résulte pas qu'elles dérivent toutes de l'expérience » (Kant, 1996, p.31). Le criticisme, illustratif de la rationalité ouverte se trouve clairement affirmée dans la relation d'interdépendance épistémologique entre l'intuition sensible et les concepts. Cela donne en quelque manière l'équation de la connaissance chez Kant et même sa démarche critique. Voici ce que l'on pourrait considérer comme la singularité de son criticisme :

Toute notre connaissance dérive de deux sources dont la première est la capacité de recevoir des représentations (la réceptivité des impressions), et la seconde, la faculté de connaître ou objet au moyen de ces représentations (la spontanéité des concepts). Par la première, un objet nous est donné, par la seconde, il est pensé dans son rapport à cette représentation (considérée comme simple détermination de l'esprit). Intuition et concepts, tels sont donc des éléments de toute notre connaissance (…), sans la sensibilité, nul objet ne nous serait donné, sans l'entendement, nul ne serait pensé. Des pensées sans matière sont vides, des intuitions, sans concepts sont aveugles » (Kant, 1996, p.31).

La rationalité critique telle que formulée ici a profondément influencé les sources de la rationalité ouverte de Karl Popper (Ndoye, 2004, p.225). Mais il ne s'y enferme pas. Car il a montré le caractère dogmatique de sa démarche qui consiste à penser que les connaissances *a priori* ne sont pas faillibles. Sur ce point d'importance, le criticisme est un dogmatisme. Popper préfère donc recourir à Socrate plutôt qu'à Kant. Parvenu à ce point, nous ne pouvons que nous référer au philosophe gabonais Pierre Nzinzi qui s'emploie à dégager la signification et la valeur :« L'hommage de la philosophie à Socrate est presque unanime, à peine gâché par les coups de marteau nietzschéens, étourdissants, visant davantage à démolir l'étage platonicien, où s'est érigée la métaphysique qui a cherché à « salir » le monde sensible, au profit d'un monde intelligible. Ainsi, presque en même temps ; Hegel par exemple, dans sa phénoménologie de l'esprit, voyait en lui la marque du « tournant principal de l'esprit dans son intériorité », qui commence subjectivement au moment de l'« examen de soi » auquel Socrate soumettait ses concitoyens, à l''aide du fameux « connais-toi toi-même ». Popper, pour sa part, lui a reconnu le mérite d'avoir conçu la science comme expérience de limites, donc critique, qui devient épistémologie, dès lors qu'elle se prend elle-même pour objet » (Nzinzi, 2012, p.6).

Dans tous les cas, la critique préliminaire du concept de rationalité laisse entrevoir également l'idée de ses limites, c'est-à-dire que la rationalité philosophique ne peut pas prétendre s'octroyer un sens absolu. En droit et en fait, nous disons les conditions de possibilité de tracer des frontières de la rationalité scientifique. Bachelard n'a pas manqué de discuter la rationalité philosophique quand il étudie en profondeur « concept de frontière épistémologique » qu'il distingue bien du concept de « frontière philosophique ». Il se trouve que Bachelard ne les situe au même niveau. C'est dire que la rationalité scientifique n'a pas la même valeur heuristique que la rationalité philosophique. Michel-Elie Martin (2012, p.135) s'interroge à ce sujet : « Mais si la science seule est habilitée à poser ses propres frontières et que celles-ci n'ont rien de définitif, quel rôle peut et doit jouer la philosophie par rapport à la science ? » Cette interrogation n'exclut pas le fait que la rationalité scientifique est identique à la rationalité philosophique. Car, dans tous les cas, nous ne sommes pas vraiment enfermés dans un domaine objectivement clos. A l'instar de la rationalité philosophique, la rationalité scientifique ne nous enferme jamais dans une immuable en vue de penser autant que possible la croissance de la connaissance scientifique[605].

---

605 Vernant (D.) (2012, p.102) essaie de nous monter qu'« A l'aube du XXe siècle, Frege et Russell firent de la logique une science formelle qui, totalement

Il n'est toujours pas évident de tracer objectivement des frontières entre la rationalité philosophique et la rationalité scientifique. Car les deux formes de rationalité participent, d'après Henri Bergson (2011, p.20) de la même « intuition philosophiques ». A l'occasion d'une conférence faite au Congrès de Philosophie de Bologne le 10 avril 1911, Bergson discute philosophiquement et scientifiquement les frontières entre les rationalités. Pour lui, la rationalité philosophique, si générale soit-elle, ne se donne plus à penser comme étant au fondement de toutes les rationalités, jusques et y compris celle de la science, en particulier. Il (2011, p.20) affirme : « Faire de la philosophie un ensemble de généralités qui dépasse la généralisation scientifique, c'est vouloir que le philosophe se contente du plausible et que la possibilité lui suffise (...) La vérité est que la philosophie n'est pas une synthèse des sciences particulières, et que si elle se place souvent sur le terrain de la science, si elle embrasse parfois dans une vision plus simple les objets dont la science s'occupe, ce n'est pas en intensifiant la science, ce n'est pas en portant les résultats de la science à un plus haut degré de généralité. Il n'y aurait pas place pour deux manières de connaître, philosophie et science (...) Il faut donc que la philosophie puisse se mouler sur la science ».

Placer la rationalité philosophique au-dessus de la rationalité scientifique revient à confondre deux niveau d'approche méthodologique à savoir la synthèse et l'analyse. Bergson (p.22) pense à les distinguer :« Le travail par lequel la philosophie paraît s'assimiler les résultats de la science positive, de même que l'opération au cours de laquelle une philosophie a l'aire de rassembler en elle les fragments des philosophies antérieurs, n'est pas une synthèse, mais une analyse ».

C'est pourquoi, nous avons choisi analytiquement de passer du niveau de la rationalité philosophique à celui de la rationalité scientifique de façon antagoniste, associée et complémentaire.

3. Rationalité scientifique

Nous venons de mettre en avant la rationalité critique de Kant et les imperfections de son système philosophique. Il a été question de montrer que la réalité est aussi incertaine que la rationalité qui se

---

algorithmique, récusait tout recours à l'intuition, fût-elle pure, et se présentait sous une forme axiomatique enfin rigoureuse ».

propose de la questionner. En effet, la deuxième conséquence à laquelle cette réflexion sur la crisologie abouti, c'est l'apparition d'une rationalité scientifique de type nouveau. Karl Popper (2006, p.6) écrit : « On devrait se rappeler dans ce contexte que presque tous les problèmes de l'épistémologie rationnelle sont liés au problème de la croissance de la connaissance. Je suis même tenté d'aller plus loin, de Platon à Descartes, Leibniz, Kant, Duhem, Poincaré, de Bacon, Hobbes et Locke à Hume, Mill et Russell, la théorie de la connaissance a été animée par le désir de nous rendre aptes non seulement à en connaître davantage au sujet de la connaissance, mais encore à contribuer au progrès de la connaissance scientifique. (Si je considère les grands philosophes, la seule exception que je puisse imaginer à cette règle est Barkeley) ».

On peut dire que la tradition rationaliste remonte depuis l'Antiquité. Et, Popper lui-même, en dépit de quelques critiques adressées à certains présocratiques comme Héraclite d'Ephèse à cause de son historicisme, et à Parménide d'Elée pour son dogmatisme, prend le départ en choisissant de mettre en lumière à partir de leur activité philosophique, de mettre en chantier son faillibilisme épistémologique. Socrate, en particulier a donné à la rationalité critique le sens de la maïeutique, celui qui ne consiste pas à enseigner la vérité, mais de permettre à ceux qui s'y mettent à être légers en pensant par eux-mêmes, mais aussi surtout en prenant conscience de limites de leur savoir. Cette attitude rationnelle laisse entrevoir la modestie intellectuelle, et la quête inachevée de sens.

Cela étant, il faut avouer qu'il est difficile d'établir des frontières claires et nettes entre la rationalité philosophique et scientifique. Elles ne vont pas de soi pour tous, en tout temps et en tout espace. A preuve, pierre Nzinzi souligne que la question : « qu'est-ce que la science ? », connue par les présocratiques et reconnue aujourd'hui par les post-socratiques comme particulièrement redoutable est aussi veille que celle du sens et de l'essence même de la philosophie. L'autonomisation de plusieurs sciences ou plutôt de la philosophie à leur égard devient floue. La complexité de ces rapports a fait dire à Pierre Nzinzi (2012, p.7) que : « Est ainsi circonscrit, en tout premier lieu, le problème de Socrate, c'est-à-dire l'effort de ce dernier, auquel a longtemps résisté la sophistique, de distinguer la science de l'opinion. Ainsi dans le Théétète en particulier, Socrate met-il en œuvre une remarquable argumentation *ad hominen*, en vertu de laquelle il met le sophiste, à qui il concède l'identité science opinion, dans la position absurde qui consiste à en déduire l'identité entre celui qui connait et celui qui ne connait pas. Extérieurement, Socrate bénéficiera de l'appui de Platon, et surtout, vraisemblablement plus déterminant, d'Aristote ».

Cela veut dire qu'il faut rendre purs, les philosophes, de tout préjugé. Autrement dit, la rationalité scientifique ne donne pas accès à la Vérité. Elle invite plutôt les scientifiques à sa recherche ; en reconnaissant au préalable l'inanité des faux savoir ; ceux qui donne de façon frauduleuse l'illusion d'une connaissance authentique. Ce désir ardent de rationalité comme rechercher et non comme possession de la vérité vient de l'ignorance savante opposée à la maîtrise d'un savoir positif. Et il est remarquable de préciser que Popper et Socrate mettent en cause la prétention de posséder pleinement la Vérité. C'est-à-dire que toute activité rationnelle ne peut que tendre vers but. Le rationaliste accorde une place centrale à la critique ou plus précisément à la rationalité scientifique. Grâce à elle, le scientifique retrouve les vertus cardinales de l'« incertitude vertueuse », celle qui nous dit que du fait de notre faillibilité, la positivité qui nous est accordée, c'est bien celle qui nous pousse à soumettre de théories dites scientifiques à la critique rationnelle.

L'accès à la rationalité scientifique de Popper se fonde sur l'intelligence nuancée de la réfutabilité, la réfutation ; ainsi que la problématique du critère du progrès de la connaissance qui ne se confond pas avec le critère de la vérité. Cette précision est pratiquement à l'œuvre dans l'un des trois tomes du *Post-scriptum à la logique de la découverte scientifique* de Popper (1990, p.1). Il (1982, p.281) écrit : « La corroboration qu'une théorie a acquise jusqu'à hier n'est logiquement pas identique à la corroboration qu'une théorie a acquise jusqu'à ce jour. Nous devons donc ajouter une espèce d'indice à chaque évaluation de corroboration un indice caractérisant le système d'énoncés de base auquel se rapporte la corroboration... La corroboration n'est pas une valeur de vérité, c'est-à-dire qu'elle ne peut pas aller de pair avec les concepts vrai et faux (lesquels sont exempts d'addenda temporels) ».

Par conséquent, l'objectivité scientifique dans l'épistémologie poppérienne ne se donne pas à comprendre à partir des sources ultimes de la connaissance. Elle dépend tout au plus du contexte épistémologique à l'intérieur duquel elle se prête au débat d'idées émises par les sujets érigés en interlocuteurs. La conception poppérienne de la science cherchant justement à établir la vérité sur le débat relatif à la question de la démarcation entre la science et la métaphysique se trouve être indiquée de la manière suivante ; « Ma seule raison de proposer mon critère de démarcation, est sa fécondé : bon nombre des questions peuvent être classifiées et expliquées grâce à son aide » (Popper, 1982, p.52). Le rationalisme et plus spécifiquement le rationalisme critique est un levier puissant dans le recherche de la vérité. Il donne à l'homme de science ou au cherche des opérations logiques lui permettant de maximiser le contenu informatif des théories et des connaissances.

Ainsi, l'une des forces de la rationalité scientifique poppérienne est de réserver à l'erreur une place importante dans la construction de la science. Et ceci grâce à l'attitude rationnelle qui consiste à entretenir autour des vérités apparemment mieux ''assises'' un climat intellectuel de doute et de suspicion en enseignant qu'aucun énoncé scientifique ne doit être mis à l'abri de la réfutation. De ce point de vue la recherche de la vérité en science, n'exclut pas le droit à l'erreur. Pour éclairer son rationalisme critique Popper (1982, p.328) écrit : « Elle (la discussion critique) consiste à examiner et à tester les propositions ou les théories en essayant d'en produire la réfutation (…) son intérêt vient plutôt de ce que la discussion permet aux divers interlocuteurs de modifier pro ou prou, leur sentiment et au terme de cet échange d'être devenus plus avisés ». Il se donne à comprendre que le rationalisme critique est une sorte de ''quête sans fin'' et même une dynamique de la science, une méthodologie, une éthique. Restituant l'esprit d'ensemble de la rationalité chez Popper, nous pouvons dire que le rationalisme critique est une véritable remise en question de toute tentative de résolution inductiviste du problème de la connaissance. Cette démarche poppérienne du rationalisme critique signifie au fond que, le procès cognitif procède méthodologiquement d'un rationalisme ouvert parce que critique, au contraire de la substantialisation qui clôt sa démarche.

L'enjeu même de la méthode critique chez Karl Popper participe de la possibilité d'établir une couverture, une sorte de médiation épistémologique entre les théories et les hypothèses scientifiques. Dans ce cas, la notion de la vérité n'est que régulatrice du procès de la connaissance. Le rationalisme chez Popper récuse ''l'argument d'autorité'' puis s'attache à l'autorité de l'argument. Voici comme Popper (2006, p.520) s'explique sur le rationalisme critique : « Le rationalisme auquel j'adhère ne contient pas en lui-même sa propre légitimation, mais il repose sur une confiance irrationnelle en l'attitude dictée par la raison ». Le rationalisme critique chez Popper casse le déterminisme et prône l'indéterminisme. Cet esprit d'ouverture s'ouvre sur l'éthique de la discussion rationnelle. L'attitude raisonnable et rationnelle qu'elle inspire partant d'un souci majeur de critique perpétuelle exige donc du scientifique contemporain un degré élevé d'humilité intellectuelle. Celle-ci consiste bien évidemment à prendre conscience qu'il a parfois tord et qu'il n'oublie pas d'ordinaire ses erreurs. Son avoir dépendra largement d'autrui avec qui il a en commun l'ignorance infinie.

L'une des spécificités de la rationalité scientifique au cœur de la philosophie contemporaine des sciences, c'est la distinction putnamienne entre vérité et acceptabilité rationnelle qui recoupe celle que Popper a établie entre vérité et corroboration. Pareille nuance hypothétique abouti à considérer la première comme un concept logique ; alors que la seconde n'est pas seulement logique mais également empirique, en tant qu'il n'est pas exempt d'*addenda* temporels. A ce sujet, Hilary Putnam (1984, p.67) écrit : « Il y a une raison fondamentale pour laquelle on ne peut pas assimiler la vérité à l'acceptabilité : la vérité est censée être une propriété inaliénable des propositions, alors que la justification ne l'est pas. La proposition « la terre est plate » était certainement rationnellement acceptable il y a trois milles ans, alors qu'elle ne l'est plus aujourd'hui Pourtant, il serait faux de dire que « la terre est plate » était vraie il y a trois mille ans ; car cela voudrait dire qu'entre-temps la terre a changé de forme. En fait, l'acceptabilité rationnelle est à la fois marquée par le temps et la personne »[606].

En dehors de l'hypothèse de la relative autonomie des faits par rapport aux valeurs que Putnam a réussi à vérifier dans son « réalisme du visage humain », il a aussi pu montrer, à la lumière d'une épistémologie comparative entre la rationalité des faits des valeurs et la rationalité des faits empiriques, qu'une rationalité critique débouche sur une rationalité cognitive si chère aux sociologues de la connaissance comme Raymond Boudon.

---

[606] C'est ici aussi que Putnam (1984, p.9) donne en quelque manière ce qu'il cru devoir appeler une des caractéristiques de la rationalité : « Une dernière caractéristique de mon analyse de la rationalité est suivante : je tente de montrer que notre idée de la rationalité n'est au fond qu'une partie de notre conception de l'épanouissement humain, de notre idée du bien ».

4. Rationalité cognitive

Nous voyons donc que cette perspective e la complexité naturelle de la rationalité qui précède est de nature à nous donner l'idée d'une raison plurielle. L'exigence de rationalité scientifique, loin de passer pour une approche unitaire, limitée au seul domaine strictement scientifique débouche sur une éthique de la tolérance épistémologique, celle qui donne droit à l'existence plurielle de la rationalité. C'est donc à la faveur de la lecture de l'ouvrage de Raymond Boudon, intitulé *Le juste et le vrai* (1995), que nous avons pris connaissance de différents types de rationalité, la rationalité cognitive en particulier. Son ouvrage a ceci de particulier qu'il y consacre un chapitre sur *Esquisse d'une théorie de la rationalité* (Boudon, 1995, p.527). Dans cet élan de problématisation Boudon distingue les types de rationalité suivants : la rationalité scientifique, la rationalité économique, la rationalité philosophique, la rationalité mathématique. La rationalité de la complexité et la complexité de la rationalité donnent à voir aussi comme conséquence métathéorique l'émergence d'une « rationalité cognitive ». Ce que nous voulons donner à penser ici, à partir de la rationalité liée à la cognition, c'est prendre la mesure de l'effondrement du rationalisme classique, celui qui exclut des pans entiers de la complexité de la réalité. Nous suivons en cela le style et la pensée philosophique d'Edgar Morin selon qui, la connaissance est l'objet le plus incertain de la connaissance philosophique ainsi que le moins connu de la connaissance scientifique. La rationalité cognitive intéresse tout au plus les « sciences cognitives », celles dont l'objet d'investigation est centré, entre autres, sur le cerveau humain en vue de savoir si ce dernier peut produire un esprit capable de la concevoir. Au fond, la rationalité cognitive interroge les connaissances qui ressortissent aux sciences physiques, biologiques et humaines. Elle fait signe à une portée philosophique dont l'enjeu est de montrer que la connaissance humaine s'expose aux erreurs et illusions ; si tant est qu'elle doit chercher à se connaître.

Par-delà la thèse de Raymond Boudon, la rationalité cognitive s'élargit au niveau de ce que Michel Maffesoli (1979) considère comme la rationalité du quotidien. Ce sociologue français qui travaillé à la mise à jour et au jour de la « sociologie compréhensive française », tente de faire valoir une rationalité quotidienne. Celle-ci s'ouvre à tous les savoirs connectés par une approche compréhensiviste non tragique des phénomènes sociaux qui se manifestent dans la vie courante (Maffesoli, 1991). Le quotidien est d'après lui une source non négligeable dans laquelle la rationalité peut puiser en vue de rendre intelligible tout ce qui procède quanto-phénique, de l'intentionnel, du stratégique, c'est-à-dire du banal, de l'affectuel, du sentimental, etc. Epiphanies de la rationalité ouverte, ces éléments du quotidien nourrissent la rationalité de la socialité. C'est-à-dire fait corps avec la vie ordinaire, le monde vécu. Elle est en connivence, en interaction, en phase avec les continuités les discontinuités de notre monde-vécu (Maffesoli, 2004). Il ouvre la rationalité cognitive à ce que le rationalisme positiviste a banalisé, ignoré, ou mal connu. C'est pourquoi, cette rationalité devient cognitive en ce qu'elle s'emploie surtout à légitimer l'incertitude, l'aléa, les émergences globales et partielles, le désordre et l'effervescence ou le non-quanto-phrénique (Maffesoli, 2005, p.13). Cela étant, la rationalité cognitive n'est pas opposée radicalement à la rationalité scientifique ; elle la complète pour montrer jusqu'à quel point elle permet de dépasser les limites du rationalisme clos. Elle s'ouvre donc à l'intuition, à l'émotion. Il proclame : « Il faut savoir développer une pensée audacieuse qui soit à même de dépasser les limites du rationalisme moderne, et dans le même temps de comprendre les processus d'interaction, de métissage, d'interdépendance qui sont à l'œuvre dans les sociétés complexes » (Maffesoli, 2005, p.45).

Pour toutes ces raisons, au paradigme de la rationalité close doit succéder celui de la rationalité ouverte et dialogique pour laquelle la recherche permanente de interférences et reliances des connaissances doit être les conditions de possibilité d'une logique de découverte scientifique. De la même façon qu'une connaissance complexe se doit d'articuler les différentes spécialisations et se donner une approche globale, la rationalité cognitive doit s'ouvrir à tout ce qu'elle a cru utile de négliger en vue d'intégrer les différentes approches du réel et les perspectives épistémologiques non classiques. De la sorte, on aura compris le sens que nous donnons au concept si peu usité de « rationalité cognitive ».

La pensée complexe d'Edgar Morin qui s'efforce de situer la complexité dialogue au cœur de sa problématique épistémologique travail à faire éclater les cloisonnements disciplinaires qui ne permettent pas de penser la dimension multidimensionnelle du réel. L'anthropologie fondamentale qu'il essaie de promouvoir cherche à la fois à considérer l'homme suivant a double dimension naturelle et culturelle. Cela tient d'un prétexte théorique bien choisi dans la mesure où l'homme en question est à l'interface de tous les savoirs en vue de donner un fondement rationnel à la quête de la complexité humaine. La rationalité cognitive va consister, dans ce sens, à mettre en avant l'hypothèse selon laquelle les sciences anthroposociales ont un versant naturel et physique qu'elles ne sauraient ignorer et *vice versa.*

L'enjeu philosophique d'une rationalité cognitive est d'ouvrir la raison, de la rendre capable de comprendre fondamentalement les phénomènes. Cela étant, elle ne va pas se limiter aux aspects parcellaires du réel. Pour ce faire perspective morinienne de la complexité de la connaissance rappelle la vocation première dévolue à la philosophie antique, celle qui consiste à produire non pas seulement des systèmes, mais une connaissance cohérente couverte à l'éthique, car elle se doit de chercher à produire une sagesse. La rationalité cognitive donne droit à la sagesse, c'est-à-dire celle qui est liée à la philosophie dans la pleine mesure où le mot philosophe veut dire « ami de la sagesse ». Etre sage veut dire aussi se détacher des plaisirs. Jusqu'au XVIIe siècle, c'est cette conception de la connaissance rationnelle procédant par l'ouverture qui a prévalu chez Descartes en particulier. Cela dit, la rationalité est attestée chez lui par figure de l'architectonique du système philosophique : les racines de l'arbre correspondent à la métaphysique, le tronc à la physique et les différentes branches à la mécanique, la médecine et la morale.

Nous avons retenu également que le concept de l'assurance-vie est comme au fondement de la plupart des démonstrations faites par Raymond Boudon pour dire le sens de la rationalité cognitive appliquée aux problèmes de société. Il (1995, p.275) écrit : « Ainsi, on ne peut pas se passer, pour analyser le processus de valorisation de l'assurance-vie, de recourir à la catégorie de ce que j'appelle ici la rationalité cognitive ». Boudon dégage une théorie portant sur l'analyse fonctionnelle des inégalités sociales, il montre que le fonctionnalisme ne se réduit pas à une dimension utilitariste, le bon fonctionnement d'un tel système suppose que les employés y soient rétribués à raison de leur importance fonctionnelle. Bondon parvient dans ses analyses à pointer les limites de la doctrine fonctionnaliste. La crisologie donne vie à la naissance d'une rationalité axiologique. Elle trouve son point d'ancrage dans l'Absolu. C'est-à-dire que l'avènement du positivisme triomphant au dix-neuvième siècle a entraîné la rupture épistémologique de la scientificité avec les valeurs.

Celles-ci ont été renvoyées à la sphère des spéculations pures et simples.

Or la science est devenue aveugle, faute de valeurs axiologiques fondées sur la métaphysique. Les positivistes logiques sont les tenants éminents de la dichotomie entre les faits et les valeurs. C'est ce qui fait dire à Hilary Putnam (2004, p.32) que « La dichotomie fait/valeur a été défendue à partir d'une image étroitement scientiste de ce qu'un fait pourrait-être, tout comme leur ancêtre hume fut défendu à partir d'une psychologie empiriste des idées et impressions. » A ce moment-là, la dimension éthique de les science s'est estompée et a disparu complètement sous prétexte qu'elle s'est trouvée privée de réalisation concrète au niveau des phénomènes. La rationalité axiologique met l'accent sur les valeurs de la vie, de la vie morale et sociale. Yaovi akakpo (2009, p.76) souligne bien cette dimension technologique et sociologique de la rationalité à l'éprouve. Il affirme : « L'obligation pour les société sous-développées désarticulées, de s'inscrire dans la rationalité technologique, essentiellement innovante, engage celles-ci dans un pari de responsabilité, celui de l'organisation sociale. S'engager à relever les défis technologiques, dans un monde ouvert, peut se mesurer aussi à la capacité de chaque société à s'organiser ».

Gaston Berger, en s'interrogeant sur les enjeux de la métaphysique, estime que la science se doit de revenir à la métaphysique qui est d'être une fuite dans l'irréel. Une pratique scientifique excluant les valeurs est un refus de s'ouvrir au réel qui est en soi intenable ; dans la mesure où ce réel que la science croit pouvoir comprendre au moyen de l'expérimentation n'est pas lui-même sa propre raison d'être. De ce point de vue, il est insuffisant pour le scientifique contemporain qui ne peut se satisfaire aussi que par la soif d'absolu qui nous habite. Le philosophe de l'avenir en appelle donc à l'Absolu qui fait défaut dans la rationalité scientifique.

5. Rationalité éthique

Après avoir montré qu'une rationalité axiologique (Russ, 1994, p.3) est possible, par-delà la rationalité scientifique *stricto-sensu,* et malgré son caractère transcendant, l'Absolu se manifeste par le sens quelque peu contraignant de ses exigences axiologiques (Morin, 2004b, p.59). Un des penseurs à avoir mis l'accent sur les imperfections du positivisme qui exclut les valeurs des champs de la science, c'est bien Hilary Putnam. La problématique directrice de son réalisme rénové par de ce que la raison n'est pas pure de toutes valeurs : « *Pourquoi ne peut-on pas naturaliser la raison ?* » (Putnam, 1992, p.15). Pareille interrogation travaille à critiquer les versions du positivisme doublées des principes positivistes d'exclusion des valeurs du territoire de la rationalité scientifique. Putnam estime que le positivisme développe un type de rationalité étroite. Elle est tellement étroite qu'elle rencontre, paradoxalement les valeurs qui la déterminent.

De la délimitation du champ de l'éthique et de la bioéthique au contexte de création de la Déclaration universelle sur la bioéthique et les droits de l'homme, des Comités et Centres d'éthique, en passant par les champs d'application de l'éthique, la notion d'éthique a évolué. On parle de plus en plus de l'éthique médicale, de la biotechnologie (Nsonsissa, 2011), l'éthique environnementale, l'éthique des technologie (Jonas, 1995, p.21). Les valeurs font partie intégrante naturellement qu'une certaine conception de l'activité rationnelle ou scientifique. Ce qui est en jeu ici, ce n'est pas seulement la rationalité, mais aussi et surtout le sens de la rationalité comme l'un des défis de la rationalité scientifique.Quoi qu'il en soit, estime-il, « identifier la rationalité à la rationalité scientifique décrite de la sorte reviendrait à présumer vrai précisément ce qui est en question, à avoir le statut cognitif des jugements de valeur ; cela reviendrait à dire que ces jugements ne sont pas rationnellement confirmables parce que ce sont des jugements de valeur, car on a défini la rationalité comme consistant exclusivement en observations brutes et neutres et en inférences qu'on peut tirer à partir des prémisses neutres par rapport aux valeurs ». (Putnam, 1984, p.22).

Il reste donc à savoir si la rationalité scientifique sans dogmes est vraiment possible (Nzinzi, 2012, p.5-12). Conséquemment, la métaphysique d'après lui est plus une expérience à vivre qu'un ensemble de thèses à maîtriser. Elle se donne donc à comprendre comme un prélude à la vie spirituelle, c'est-à-dire le couronnement de l'exigence rationnelle le plus élevée. La rationalité axiologique est un appel à la réévaluation des faits et les valeurs. C'est dans la même perspective de la fin positivisme que Husserl dans *La crise des Sciences européennes et la phénoménologie transcendantale*, rejette l'acception positiviste de la science contemporaine. Pour lui, ce « concept résiduel » exclut toutes les questions fondamentales qui ont, par ailleurs donné vie à l'aventure matinale de la rationalité philosophique et scientifique. Selon Husserl, la crise de la rationalité scientifique procède à la mutilation des valeurs au profit des faits. Cela étant, elle a perdu sa foi en l'idéal axiologique de la philosophie dont l'universalité ne lui refuse en rien le statut de science, et surtout celui de la métaphysique travaillant à l'élucidation du sens de l'être en tant qu'être. Seulement la mise en crise des valeurs au profit des faits entraîne la conséquence non seulement épistémologique, mais aussi et surtout éthique. Celle qui touche à l'homme lui-même, c'est-à-dire à son intelligibilité. Là est la question placée au sein de l'épistémologie contemporaine par Edmund Husserl, celle tout justement qui travaille à mettre en évidence le fondement ultime de l'objectivité du savoir, non pas dans les choses mais dans le sujet pensant.

Lorsque Heidegger (1958, p.12) affirme que la science ne pense pas, il entend dire qu'elle n'est pas encore en mesure d'accéder à une auto compréhension si pleine de son être. Toutefois, nous pouvons nuancer cette thèse, d'autant plus que c'est au sein de la science que la pensée est en passe de se déployer de façon critique (Ossah Eboto, 2006, p. 59). Il est tout à fait évident que la science ne soit pas capable de se penser moyennant ses outils conceptuels ou théoriques. D'ailleurs, la question « qu'est-ce que la science ? », à en croire les épistémologues contemporains, notamment Edgar Morin (2004b, p.84), n'est pas fondamentalement une question scientifique. Elle relève de l'interrogation philosophique et partant éthique. C'est la raison pour laquelle, Boudon (1995, p.276) affirme : « En second lieu, le présent exemple montre qu'on ne peut ignorer la catégorie de la rationalité axiologique ». En revanche, on le comprend bien, si l'on évoque cette dimension axiologique : la vie est le point qui rend les valeurs possibles, et elle ne saurait elle-même avoir de prix. La rationalité axiologique (Quéré, 1991, p 25, 26, 37) permet de comprendre le sens propre que la vie doit avoir et se doit de donner à la vie scientifique. La rationalité axiologique ne se réduit pas à l'intériorisation des valeurs, Bondon (1995, p.276) indique que : « c'est parce qu'il a bien vu l'insuffisance du modèle utilitariste que Max Weber distingue ''rationalité axiologique et rationalité instrumentale'' ».

C'est cette dernière que nous examinons en vue de conforter la thèse d'une rationalité qui est une et plurielle. De la crisologie à la condition de possibilité d'une rationalité instrumentale, c'est ce qu'il faut tâcher épistémologiquement de concevoir, c'est la technologie. Car de ce point de vue, il est impossible d'isoler la notion de technologie ou *technè* dans la mesure où il existe une relation complexe qui va de la science à la technique, de la technique à l'industrie, de l'industrie à la société, de la société à la science. Dans ce circuit, l'idée de production domine et renvoie à l'idée de manipulation. Pareille idée à pour lieu de provenance la science occidentale qui a mis en exergue l'expérimentation, c'est-à-dire la technique permettant au savant de vérifier de façon précise et fiable. Cette manipulation intéresse aussi bien les objets, les énergies, les électrons que les rats, les chiens, les signes.

Mais, le développement de la rationalité instrumentale a entraîné des processus nouveaux de manipulation de l'homme par l'homme, ou des individus humains au moyen des entités sociales. Cette rationalité ouvre à l'idée de machine, c'est-à-dire qu'on met l'homme au service des machines et *vice versa*. Le problème rationnel qui s'y pose est celui de la manipulation de l'homme pour et par la machine qui, à son tour manipule les choses afin de libérer l'homme. La rationalité instrumentale correspond au modèle utilitariste. Si nous nous referons à l'Ecole de Francfort, notamment à Adorno et Horkheimer, il apparaît que depuis le XVIIIe siècle, des processus d'autodestruction de la raison sont mis en relief. La rationalité technologique ou manipulatrice tient lieu de folie de l'humanité pour avoir causé la rationalisation démentielle dont le système ultime a été celui du camp de concentration. Tout se passe comme si les processus de créativité et d'invention ne sont réductibles qu'à la logique unidimensionnelle de la machine artificielle.

Cependant la même expression peut être interprétée de manière plus intéressante, comme désignant les cas où les valeurs sont endossées par le sujet au vu de raisons dont on peut comprendre qu'il les tienne pour rationnellement convaincantes. Ces raisons peuvent dans certains cas relever de la catégorie de l'utilité. Raymond Boudon (1995, p.276) écrit : « Enfin, les deux exemples de l'assurance-vie et du prêt à intérêt suggèrent que la combinaison des trois types de rationalité que je viens de distinguer – rationalité instrumentale, rationalité cognitive, rationalité axiologique – est un phénomène général ». Réfléchir sur la rationalité donne pu point de vue de l'épistémologie transversale une tâche essentiellement rude. La rationalité est un concept multiversal : « Il s'agit de se couper un bras pour sauver le reste du corps c'est-à-dire, il est bon du point de vue de la rationalité utilitaire, d'accepter la contrainte, mais celle-ci est mauvaise du point de vue de la rationalité axiologique ». celle-ci est en incompatibilité logique avec la rationalité instrumentale qui tend à faire l'économie du fait que nous sommes des êtres, des individus, des sujets pensants, et que ces réalités sont non seulement existentiales, mais existentiellement non réductibles au technologique. Il est évident que la rationalité instrumentale est utile pour la vie en société. La machine artificielle applique un programme. Seulement la question préjudicielle est celle de savoir si du point de vue stratégique, l'éthique se renouvelle (Savadogo, 2007, p.1).

6. Rationalité stratégique

C'est dire que les schémas fondamentaux de la machine artificielle fondent la rationalité et la fonctionnalité sur la centralisation, la spécialisation et la hiérarchie de systèmes multi agents. Tel est le cas de la cybernétique. Mais, la directionalité qu'elle impose de fait n'est pas de nature à rendre possible la générativité. Alors, il est suggestif que la vision technique intègre le facteur humain pour fonctionnaliser les fondements, non sans intégrer également le facteur économique et technique dans une réalité multidimensionnelle qui se veut philosophique, biologique, sociologique et anthropologique. Du point de vue philosophique, nous tenons à mettre en abîme les multiples apories provoquées par l'essor de la technique moderne et ses effets sur la société, la pensée, la politique, l'éthique. Le constat aujourd'hui fait que la rationalité technique semble tourner le dos à l'exigence de neutralité axiologique dont elle pouvait se prévaloir depuis ses origines. Nous signalons le contraste de ce que Gilbert Hottois (1990 ; 2012) appelle « l'indigence la philosophie de la technique », avec l'urgence de l'essentiel d'une conscience critique d'une humanité technicisée, porteuse d'une humanité nouvelle ou d'une mutation anthropologique jusque-là inconnue.

On peut alors parler de la rationalité stratégique, celle qui tente de dépasser de dépasser l'alternative stérile entre une technophobie fondée sur l'angoisse de la peur et une technophilie naïvement optimiste pour l'installer dans la voie de la philosophie de l'action sociale. La crise de la rationalité (Popper, *n.d.*) conduit aussi à une sorte de rationalité stratégique. Elle trouve sa légitimation dans la complexité de l'action humaine. La rationalité stratégique, dans quelque domaine que ce soit, à la conscience du pari philosophique de la notion du risque et de l'incertitude. Elle ne désigne pas la prédétermination d'un programme quelconque que l'on peut appliquer de tout temps et en tout lieu. Elle permet, partant d'une décision initiale, d'envisager un plan pour l'action. Ce plan d'action est susceptible d'être modifié à partir des informations qui vont surgir chemin faisant et suivant les éventualités qui vont advenir et perturber l'action. En ce sens, la rationalité stratégique peut tantôt lutter contre le hasard, tantôt peut profiter de lui. Car le hasard n'est pas seulement le facteur négatif à réduire dans le domaine de la stratégie. Il s'applique aux sciences formelles et physiques. Seulement, la rationalité stratégique pose le problème de l'action d'autant plus que celle-ci peut échapper aux intentions de l'acteur. Ce type de rationalité s'oppose à celui de programme. En ce sens que l'axe programmatique de la rationalité ne favorise pas l'innovation. Or il faut faire preuve de stratégie, c'est-à-dire celle qui dépend des intuitions, des dons personnels. Voilà pourquoi, la rationalité stratégique permet de faire le pont entre l'expertise scientifico-technique et l'analyse de type historique, géographique, religieux, mythologique. Dans certaines circonstances, et devant certaines, réalités, l'homme est souvent obligé d'avoir recours, notamment dans le domaine de la réflexion épistémologique, à ce qu'on peut appeler aujourd'hui la réflexion épistémologique sur l'action s'inscrivant dans une approche stratégique. Cela installe une rationalité stratégique à tendance non classique. Le travail de la raison se doit de prendre en compte non seulement ce qui est clair et distinct, mais aussi de traquer avec la même rigueur les limites de la raison, de la recherche de la vérité. Cette rationalité stratégique se rencontre chez Houria Benis Sinaceur (2005, p.18) qui présente la conviction que « la raison se conquiert patiemment dans l'altérité et les médiations, se renforce de sa résistance à l'irrationnel prolixe et évasif, doit étendre plutôt que défendre son territoire en usant de toutes les techniques que de communication et de toutes les ruses et circonstances favorables pour apprivoiser et gagner à elle ce qui la contrarie ».

La rationalité stratégique articule la nation de programme et celle d'organisation en vue de fonder la complexité de l'action. A la prédétermination relative au programme s'oppose dialogiquement la stratégie dont la spécificité tient de l'intégration du nouveau ou de l'inattendu dans la préparation d'une action envisagée. Pour ce faire, il faut que, pour être bien menée, la rationalité stratégique se justifie dans l'organisation. Mais l'organisation en question ne doit pas être conçue à partir des axes programmatiques fixes d'avance. Plutôt, elle doit traiter des éléments susceptibles de contribuer efficacement à sa mise en œuvre et au progrès de la stratégie rationnellement envisagée.

De ce fait, la raison oscille entre l'irréversibilité d'une profonde spécialisation et la « connaissance avec sujet » pour l'intersubjectivité. Du logique au dialogique l'acte épistémologique devient axiologique, et partant éthique. Dans cette perspective, l'exigence de rationalité loin d'être réduite au seul domaine de l'expérience ou de l'expérimentation, débouche sur une éthique de la tolérance, celle qui donne droit au souci de l'autre. Pareil souci de l'autre se justifie par le dévoilement du caractère limité du savoir dont le sujet connaissance est porteur. Fort de cette partialité, autrui se donne à nous comme un *alter ego*. Mais il a en partage avec le sujet-moi l'expérience de la finitude de son savoir ou la certitude de son ignorance. Cela fonde la légitimité de l'urgence d'ouverture à autrui. La rationalité éthique donne lieu à une relation dialogique faite de réciprocité et de transcendance, quand bien même elle n'aurait pas réussi à évacuer absolument les différends qui naissent de l'incompréhension.

Toutefois, la rationalité éthique constitue on en peut plus l'antidote contre la violence animale. La rationalité éthique offre aux hommes une alternative : soit ils discutent dans le but de surmonter leurs différents, soit ils se battent. Elle met en avant la tradition de la discussion critique comme quête de fondement de l'existence d'une société libre où la défense des libertés devient une tâche inaliénable dévolue à chacun. L'une des raisons qui président à l'émergence de cette rationalité éthique c'est la faillibilité des hommes de science. Ce que les tenants de la rationalité moderne n'ont pas voulu reconnaître en croyant vouloir défendre la thèse d'une rationalité impersonnelle, voire même extra humaine. La nouvelle rationalité nous fait dire que le rationalisme scientifique n'est fondé sur rien, sinon sur une foi aveugle en l'homme, un pari sur l'homme.

On peut donc noter que la rationalité a une vocation éthique ; bien sûr dans un contexte du décloisonnement de l'universel. Ce qui par exemple amène Houria Benis Sinaceur (2005, p.18) à constater que : « La rationalité est la conquête défficile et mancacée de ce qui a pu accéder et se rendre accessible au besoin éthique de normes les plus universelles possibles, cherchant le point de convergence où le partage d'une même valeur devient réalisable ». A cette rationalité éthique correspond une rationalité ouverte, et partant une société ouverte qui se livre à la quête d'un principe dialogique qui lui sert de fondement. Une telle société donne droit à une pratique systématique de l'esprit crique érigée en norme absolue. Ce sont les individus réunis en communauté nonobstant la multiréférentialité de leurs appartenances, qui feront bon usage de cette rationalité éthique en société. Qui plus est, ils vont pouvoit gérer autant que possible au moyen de l'éthique de la discussion rationnelle, les pathologies du groupe, évacuer la violence animale, à résoudre les conflits.

7. Rationalité procédurale

La rationalité devient alors un paradigme de complexité qui laisse éclore toutes les figures que nous venons ici d'indiquer. Penser la rationalité pour un monde complexe renvoie, en quelque sorte, à installer la réflexion épistémologique dans un niveau éthique où l'on peut juger de l'avenir de la raison et du devenir des rationalités. Mais, il n'y a pas de rationalité qui soit au-dessus de l'autre. Toute rationalité est une rationalité partagée. Dans cette réflexion, il nous a paru donc opportun de dégager les figures de la rationalité, en vue de développer et de préciser sa complexité épistémologique à partir de l'idée transversale conçue comme catégorie englobant « la raison ». Jean Ladrière (1998, pa.403-419) donne à l'idée de rationalité trois significations : la rationalité comme relevant de la légitimité, la rationalité comme se rapportant à la réalité et enfin rationalité comme un domaine objectif. L'ensemble de ces niveaux d'appréhension, de fonctionnement ou d'évolution désigne la rationalité comme ouverture.

La vision épistémologique de Morin indique les conditions historiques, sociales et culturelles de la production de la rationalité scientifique. Il nous semble nécessaire de rejeter toute rationalité « déesse », c'est-à-dire son caractère absolu, clos et autosuffisant. Nous plaidons en faveur des conditions de possibilité d'une évolution de la rationalité. Elle se donne maintenant à comprendre comme un phénomène historique dans la mesure où elle progresse de façon profondément discontinue et non linéaire, grâce aux mutation et réorganisations. De ce point, la rationalité est loin de constituer ou de tenir lieu d'invariant absolu. Elle trouve son sens dans les constructions opératoires, créatrices de nouveautés.

Déjà, une « rationalité procédurale » se manifeste dans le domaine des systèmes relatifs aux « sciences de l'artificiel ». Celle nouvelle rationalité concerne fondamentalement la façon de décider dans l'action. La dimension pragmatique d'une telle rationalité implique la logique des décisions en sciences formelles et artificielles. Il a donc appartenu à Herbert A. Simon (1991, p.29) de préciser que du point de vue de sa fonction heuristique, l'une des démarches de la rationalité procédurale « est la recherche opérationnelle (...) La recherche opérationnelle établit des algorithmes permettant de traiter des problèmes de décisions multidimensionnelles impliquant parfais la mise en compte de l'incertain. La méthode dire du simplexe pour la programmation linéaire est un des algorithmes classiques de ce type (...) Ces méthodes ainsi que nombre de procédures de calcul similaires sont largement utilisées aujourd'hui dans les décisions de gestion ».

Cette rationalité est procédurale en ce qu'elle intègre des paramètres de complexité computationnelle pour autant qu'elle dénonce les insuffisances d'une certaine opérationnalité rationaliste. Celle-ci consiste à entreprendre des recherches opérationnelles au niveau de la théorie des organisations élevé au rang positif du management.

Conclusion

Cette réflexion ne s'est pas contentée de nous faire remarquer l'existence acquise de plusieurs « rationalités » appelées à se « rencontrer » dialogiquement. Qui plus est, la question essentielle serait, plutôt, celle de Pascal Engel (2002, p.18) lorsqu'il affirme qu'« il y a aussi un paradoxe de la rationalité : la raison humaine est à la fois forte et fragile. Ce n'est ni en exagérant sa force ni en exagérant sa fragilité qu'on peut comprendre ses défaillances ». Il n'est donc pas simplement posé le problème de sémantique du mot « rationalité ». Car « La raison elle-même, s'interroge Pascal Engel, n'est-elle pas, comme le disait Hume, souvent l'esclave des passions ? » (Engel 2002, p.18 ; Vincent, 2002 ; Damasion, 2003). S'inspirant de l'analyse davidsonienne de l'irrationalité, Pascal Engel (2002, p.19) va jusqu'à demander notre attention sur le fait que la description de la rationalité et de l'irrationalité peut impliquer, si l'on y prend garde, une analyse trop « rationaliste » de ce qu'est la raison humaine. Car explique-t-il « Les psychologues, par exemple, nous apprennent que l'exercice de la raison humaine n'est pas exclusif d'illusions cognitives, et qu'on peut parler en ce sens de véritables perversions de la raison » (Engel, 2002, p.17). ce que nous avons essayé de montrer ici c'est que plusieurs figures de la montée de la diversité des rationalités pourraient alors se présenter dans l'univers de la philosophie contemporaine des sciences. Nous position dans cette question est qu'il est faux de séparer les rationalités pour ensuite les amener à dialoguer. Par la simple et complexe exigence éthique d'un langage scientifique abstrait, universel qui a dû avouer ses insuffisances, l'épistémologie de la complexité d'inspiration morinienne ne peut pas ne pas être déjà transcendance des rationalités et des cultures. En d'autres termes, Morin nous a aidé à comprendre combien la logique de la complexité épistémologique est par vocation et bpar essence un dépassement, une association et un antagonisme acceptables de la diversité des rationalités et des cultures au moyen d'une anthripologie de la barbarie humaine (Morin, 2009, p.11). Ce dernier point d'importance conduit Morin (1999, p.20) à penser « la fausse rationalité » causée par l'émergence de la technoscience et de l'Intelligence Artificielle (I.A.), qui plus est utile à l'homme, mais sans l'asservir. Dans le fond, l'homme post-moderne devrait prendre garde à épouser complètement tous les bienfaits de la technocratie[607] qui couvre, paradoxalement, l'incapacité à rendre intelligible la cause ontologique qui mine de l'intérieur le vivant et l'humain de l'homme.

Lorsqu'elle se croit unique et supérieure aux autres formes de rationalité, elle tend à les rationaliser ; non sans les réduire aux éléments métaphysiques ou abstraits. Parce que la rationalité technoscientifique tient une position solaire qu'elle se trouve être critiquée comme jouant « une pseudo-fonctionnalité » par Edgar Morin (1999) en termes de rationalisation : « De fait, la fausse rationalité, c'est-à-dire la rationalisation abstraite et unidimensionnelle, triomphe sur les terres ». L'intérêt épistémologique de cette réflexion finalement est de critiquer et de dépasser la raison close et unique. Pour que la rationalité soit transversale, il faut que la raison ne rejette pas d'abord comme inadmissibles des pans énormes de la réalité. Elle ne doit pas en plus rejeter le problème épistémologique de la relation entre le sujet et l'objet dans la construction de la connaissance. Elle doit intégrer le désordre, le hasard, le singulier, l'individuel, l'existence et l'être ; bref tout ce qui semble procéder des résidus irrationalisables : la poésie, l'art, le tragique, le sublime, le dérisoire, l'amour, la douleur, l'humour…

---

[607] Edgar Morin (2008, p.264) critique amplement la dimension technocratique de l'intelligence en ces termes : « Il y a plusieurs barbaries ; une barbarie… destructrice d'humanité qui se développe avec l'extension du monde technobureaucratique ».

Telle est la portée d'une raison ouverte dont la spécificité consiste à travailler en termes de dialogue avec l'irrationnel, l'a-rationnel, le sur-rationnel. Cette rationalité complexe est combinatoire. Elle reconnaît ces relations, comme pour dire que « La raison n'est pas totalement rationalisation », pour reprendre la formule d'Edgar Morin. Cette critique du rationalisme classique appelle une nouvelle négation de la raison close. Elle consiste également à montrer que de façon interne à la rationalité se trouve posé le problème du raisonnable, c'est-à-dire que la raison n'est que de façon interne à la rationalité se trouve posé le problème du raisonnable, c'est-à-dire que la raison n'est pas seulement dénoncée comme trop raisonnable, mais aussi comme déraisonnable ; en raison de la crise de la rationalité à la faveur de laquelle nous avons de bonnes raisons d'évoquer l'hypothèse de la détection et de la révélation de la déraison au cœur de la raison.

La rationalité transversale est forcément une rationalité complexe. Pour preuve, même la pensée épistémologique de Gaston Bachelard se situe maintenant entre l'épistémologique et la théorie imaginaire. Il s'agit là des implications philosophiques d'une rationalité ouverte qui, depuis un demi-siècle après la disparition de Bachelard, a donné vie à une pensée devenue fécondé de ce philosophe iconoclaste et que demeure d'une vivante actualité pour la recherche scientifique. Epistémologue novateur, notamment en ce qu'il rompt avec positivisme du XIXe siècle, et théoricien prolixe de l'imaginaire, Bachelard (Centre Gaston Bachelard, 1997) est un exemple pour justifier le passage de la rationalité scientifique à la méta-rationalité.

C'est pourquoi, son œuvre est protéiforme et partant, réfractaire aux cloisonnements disciplinaires érigés par la modernité. Ainsi n'est-on plus étonné, en parcourant ses écrits, de voir la rationalité physique et chimique côtoyer la rationalité phénoménologique (Bachelard, 1957, Chapitre X, p.208-214) et la rationalité psychanalytique. L'épistémologie de Bachelard est le paradigme d'une rationalité une et plurielle, car, à y regarder de plus près, tout se passe comme si on n'avait pas affaire au même Bachelard qui fait paraître *l'Essai sur la connaissance approchée* et celui qui rédige mains de maître *La Flamme d'une chandelle*. On le voit, entre les premières investigations philosophiques de Bacherlard sur le processus d'affinement de la connaissance scientifique et le caractère nécessairement inachevé de ce type de rationalité, et ses ultimes réflexions sur le renouvellement de la rêverie du rêveur (Bachelard, 1960, Chapitre II, p.48-83) dans la compréhension de la contemplation d'une flamme solitaire, un véritable changement sémantique et axiologique s'est manifestement opéré au niveau de son rationalisme ouvert (Bachelard, 1942, p.23). Cette nouvelle figure est la conséquence d'une raison qui ne conçoit pas le simple et le complexe en opposition absolue mais relative, c'est-à-dire en complémentarité, en communication et en échange fructueux, non antinomique de paramètres de l'existence humaine comme l'intelligence de la complexité et la complexité de l'intelligence, la logique et l'affectivité, la raison et la déraison.

C'est pour caractériser cette double rupture à la fois épistémologique et ontologique des savoirs modernes et dans la rationalité pure que nous avons cru devoir mettre au jour ses éléments de continuité et de discontinuités irréductibles à la lumière de ses diverses facettes. Alors pareille réflexion n'est donc pas à s'arrêter devant les préventions d'un Putnam ou d'un Rieu, qui invitent à dépasser la dichotomie raison et histoire : malgré l'absence de ce que le premier appelle une « théorie idéale de la rationalité », ou des « canons anhistoriques et immuables de la pensée », susceptibles de déterminer dans toutes les cultures ce qu'est la rationalité, le relativisme ne saurait être une conséquence nécessaire de l'inscription historique de la raison ou de la science, on lieu privilégié d'exposition, à moins d'en faire n'importe quoi.

En disant « Adieu la raison », sur la base de la seule prise en compte de l'immersion historique et culturelle de la science et du principe de « tolérance » en épistémologie et, au-delà, en société, Feyerabend semble aussi rester insensible au reproche de « cynisme » que Bouveresse fait à tous ceux qui sont tombés, comme lui, dans les travers de la critique de l'ethnocentrisme occidental, quand ils ne fondent pas tout simplement en « sanglots » (Bruckner) (Nzinzi, 2012). Plus singulièrement, c'est à une réflexion de la transrationalité qui n'est rien moins qu'un débat d'idées méta-épistémologiques entre l'objectivation scientifique du réel et sa saisi subjective dans l'imaginaire (Hyppolite, 1971) que nous tendons.

Références

Akakpo, Y. (2009). La rationalité technologique à l'éprouve. *Revue Internationale de philosophie. Le Cahier philosophique d'Afrique*, N°007, Ouagadougou : PUO, p.61-77.

Allonnes, d'M.R. (2012). *La crise sans fin. Essai sur l'expérience moderne du temps*. Paris : Seuil.

Arnaud, A. et Nicole, P. (1970). *La logique ou l'art de penser*. Paris : Flammarion.

Ayer, A.J. (1951). *Langage, vérité et logique*. Paris : Flammarion.

Bachelard, G. (1942). *L'Eau et les Rêves Essai sur l'imagination de la matière*. Paris : José Corti.

Bachelard, G. (1951). *L'activité rationaliste et la physique contemporaine*, Paris : P.U.F.

Bachelard, G. (1957). *La poétique de l'espace*. Paris : P.U.F.

Bachelard, G. (1958). *La conscience de la rationalité*. Paris : P.U.F.

Bachelard, G. (1960). *La poétique de la rêverie* Paris : P.U.F.

Bachelard, G. (1968). *Essai sur la connaissance approchée.* Paris : Vrin.

Bachelard, G. (1970). *Etudes*. Présentation de Georges Canguilhem, Paris : Vrin.

Bachelard, G. (1989). *Le rationalisme appliqué*. Paris : Gautier Villard.

Badiou, A. (1975). *Théorie de la contradiction*. Paris : Maspero.

Belaval, Y. (1984). *Leibniz Initiation à sa philosophie*. 3e édition, Paris : Vrin.

Bergson, H. (2011). *L'intuition philosophique*. Paris : P.U.F.

Blanché, R. (1970). *La logique et son histoire, d'Aristote et Russell*. Paris : Armand Colin.

Boudon, R. (1995). *Le juste et le vrai, études sur l'objectivité des valeurs et de la connaissance*, Paris : Fayard.

Boyer, A. K. R. (1978). *Popper : Une épistémologie laïque*. Paris : Presses de l'Ecole Normale Supérieure.

Boyer, A. K. R. (2007). La rationalité ouverte. In : *Karl Popper : un philosophe dans le siècle, Philosophia Scientiae*, Vol. 11, Cahier 1, Paris : Editions Kimé.

Broglie, L. de (1966). *Certitudes et incertitudes de la science*. Paris : Albin Michel.

Bunge, M. (1975). *Philosophie de la Physique*. Paris : Seuil.

Carnap, Ra. (1935). *La logique de la science*. Paris Hermann.

Centre Gaston Bachelard, (éd.), (1997). *Gaston Bachelard, un rationaliste romantique*. Avec le concours des Amis de Gaston Bachelard, Dijon : Editions Universitaires de Dijon (E.U.D.).

Damasion, A. (2003). *Spinoza avait raison. Le cerveau des émotions*. Paris : Odile Jacob.

Dastur, F. (1995). *Husserl Des mathématiques à l'histoire*. Paris : P.U.F.

Davidson, D. (2002). *Paradoxes de l'irrationalité*. Trad. De l'anglais (USA) par P. Engel, Paris : Editions de l'Eclat, « tiré à part ».

Descartes, R. (1966). *Discours de la méthode*. Paris : Flammarion.

Dupuy, J. P. (éd.) (1997). *Les limites de la rationalité, tome 1, Rationalités, éthique et cognition*. Colloque de Cerisy, Paris : La Découverte.

El Black, A. (2010). L'histoire de la physique selon Gaston Bachelard. *Etudes sahéliennes*, Revue scientifique de la Faculté des Lettres et des Sciences Humaines (Science de l'homme et de la Société), Université Abdou Moumouni de Niamey (Niger), N°4 juin 2010, p. 141-153.

Engel, P. (2002). Préface à l'ouvrage de Donald Davidson *Paradoxes de l'irrationalité*, Nîmes, Editions de l'Eclat.

Espagnat, d'- (1985). *Une incertaine réalité*. Paris : Bordas.

Feyerabend, P. K. (1980). Comment être un bon empiriste Plaidoyer en faveur de la tolérance en matière épistémologique. In : *De vienne à Cambridge L'Héritage du positivisme logique de 1950 à nos jours*, texte choisis, traduits et présentés par P. Jacob Paris : Gallimard.

Feyerabend, P. K. (1999). *Une connaissance sans* fondements. Trad. E. Mololo Dissakà, Paris : Dianoia.

Feyerabend, P. K. (2005). *Réalisme, rationalisme et méthode scientifique, Ecrits Philosophiques*. Trad. E. Mololo Dissakè, Paris : Dianoia.

Fogiel, I. T. (2000). *Critique de la représentation Etude sur Fichte*. Paris : Vrin.

Ganty, E. (1997). *Penser la modernité Essai sur Heidegger, Habermas et Eric Weil*. Préface de Gilbert Kirscher, Namur : Presses Universitaires de Namur.

Granger. G. G. (1998). *L'Irrationnel*. Paris : Odile Jacob.

Guibal, F. (2011). *Le Sens de la réalité Logique et existence selon Eric Weil*. Paris : Editions Felin.

Habermas, J. (1973). *La technique et la science comme idéologie*. Paris : Gallimard.

Habermas, J. (1988). *Le Discours philosophique de la modernité*. Trad. C. Bouchindhomme et R. Rochlitz, Paris : Gallimard.

Heidegger, M. (1958). *Essais et conférences.* Trad. A Préan, Paris : Galliamard.

Hottois, G. (1990). *Le Paradigme bioéthique. Une éthique pour la techno-science*. Bruxelles : De Boeck Université.

Hottois, G. (2002). Définir la Bioéthique : retour aux sources. *Revue Internationale Francophone d'Ethique et de Bioéthique, (RIFEB)*, Publications de la Claire Unesco de Bioéthique, P.19-45.

Hountondji, P. (éd.) (2007). *La rationalité, une ou plurielle ?* Sénégal : Cadesria, Unesco.

Hyppolite, J. (1971). L'imaginaire et la science chez Gaston Bachelard. In : *Figures de la pensée philosophique*. Tome 2, Paris : P.U.F.

Jonas, H. (1995)). *Le Principe responsabilité.* Trad. De l'allemand par J. Greisch, 3e édition, Paris Champs-Flammarion.

Kant, E. (1965). *Critique de la raison pure*. Trad. Tremsaigues et Pacaud, Paris : PUF.

Kapumba Akenda, J.-C. (2012). *Les Sciences entre Nature et Culture L'Unité dans la Diversité*. Paris : Dianioa.

Karl, P. K. (1992). *Un univers de propensions, Deux études sur la causalité et l'évolution*. Traduit et présenté par A. Boyer, Paris : Editions de l'éclat.

Koyré, A. (1962). *Du monde clos à l'univers infini*. Paris : PUF.

Kuhn, S. Th. (1972). *Structure des révolutions scientifiques*. Paris : Flammarion.

Ladrière, J. (1977). *Les enjeux de la rationalité. Le défi de la science et de la technologie aux cultures*. Paris : Aubier-Montaigne/Unesco.

Ladrière, J. (1998). Le rationnel et le raisonnable. In : E. Marin (éd.), *Le défi du XXI°s, Relier les connaissances*. Paris : Seuil.

Lalèyê, I. P. (2005). La philosophie et les cultures : Flux et reflux de la rationalité. In : *Monde arabe et Monde occidental : un dialogue philosophique pour une apparoche trasculturelle et Transcender les cultures*, Journée de la philosophie à l'Unesco tenue en 2003, Paris : Unesco.

Laporte, J. (1950). *Le rationalisme de Descartes*. Paris : P.U.F.

Lyotard, J. F. (1979). *La conquête du présent. Pour une sociologie de la vie quotidienne*. Paris : P.U.F.

Maffesoli, M. (2004). *La part du Diable. Précis de subversion post-moderne*. Paris Champs-Flammarion.

Maffesoli, M. (2005). *Eloge de la raison sensible*. Paris : La Table Ronde.

Martin, M. E. (2012). *Les réalismes épistémologiques de Gaston Bachelard.* Préface de D. Parrochia, Dijion : EUD.

Morin, E. (1990a).*Science avec conscience*. Paris : Seuil.

Morin, E. (1990b). *Introduction à la pensée complexe*. Paris : ESP.

Morin, E. (1999). *Les sept savoirs nécessaires à l'éducation du futur*. Paris : Unesco.

Morin, E. (2004a). *Pour enter dans le XXI siècle*. Paris : Seuil.

Morin, E. (2004b). *La Méthode 6. Ethique*. Paris : Seuil.

Morin, E. (2008). *Mes démons*. Paris : Stock.

Morin, E. (2009). *Culture et barbarie européennes*. Paris : nousvelle édition, Bayard.

Mourrélos, G. (1964). *Bergson et les niveaux de réalité*. Paris : PUF.

Mukungu Kakungu, M. (2007). *Vocaburaire de la complexité Poste-criptum à la Méthode d'Edgar Morin*. Préface E. Morin, Introduction de Ch. Peyron Bopnjon et de G. Berger, Paris : l'Harmattan.

Myriam Revault, A. (2012). *La crise sans fin Essai sur l'expérience moderne du temps*. Paris : Seuil.

Nsonsissa, A. (2011). Les biotechnologies face aux défis de la complexité à la lumière de l'épistémologie d'Edgar Morin. *Annueles Nouvelle Série*, Volume 012, Série A Lettres et Sciences Humaines et Sociales, Presses Universitaires de Ouagadoungouo, (P.U.O.), p. 299-324.

Ndoye, B. (2004). Philosophie et Sciences : le point de vue de l'histoire. *Ethiopiques Revue négro-africaine de Littérature et de Philosophie*, N°72 1er semestre, p.225.

Nzinzi, P. (2012). La science sans dogme. Préface à l'ouvrage de Moukala Ndoumou, *Initiation à l'épistémologie générale*. Libreville : Editions Raponda-Walker.

Ossah Eboto, C. (2006). La technique, la science et la pensée selon Heidegger. *Revue Internationale de Philosophie, Le Cahier philosophique d'Afrique*, Université de l'Ouagadougou, N°004, p.59.

Perelman, Ch. (1984). *Le raisonnable et le déraisonnable*. Paris : GDJ.

Popper, K. R. (1967). *La rationalité et le principe de rationalité*. Paris : Payot.

Popper, K. R. (1982). *La logique de la découverte scientifique* Paris Payot.

Popper, K. R. (1990). *Le réalisme et la science*. Trad. A. Andler, Paris Hermann.

Popper, K. R. (1999). *Conjectures et Réfutations La croissance du savoir scientifique*. Trad. De l'Anglais par Michelle-Irène et M.B. de Launey, Payot : Paris.

Popper, K. (n.d.). *La télévision : un danger pour la démocratie*. Trad. Cl. Orsini, Introduction de Giancardo Bosetti avec un essai de Jean Baudouin, Paris : Anatolia Editions, Bibliothèques 10/18.

Putnam, H. (1984). *Raison, Vérité et Histoire*. Trad. de l'anglais (USA) A. Gersenfeld, Paris : Minuit.

Putnam, H. (1992). *Définitions, pourquoi ne peut-on pas naturaliser la raison*. Trad. de l'aglais et présenté par C. Bouchindhomme, Paris : Editions de l'Eclat.

Putnam, H. (2004). *Faits/Valeurs : la fin d'un dogme et autres* Cometti, Editions de l'Eclat.

Quéré, F. (1991). *L'éthique et la vie*. Paris : Odile Jacob.

Quine, W. O. (1977). *Le mot et la chose*. Paris : Flammarion.

Russ, J. (1994). *La Pensée éthique contemporaine*. Paris : PUF.

Savadogo, M. (2007). L'ethique se renouvelle-t-elle ? *Revue Internationale de philosophie, Le Cahier Philosophique d'Afrique*, N°005, Ouagadougou : PUO.

Simon, H.-A. (1991). *Science des systèmes Sciences de l'artificiel*. Trad. J.-L. Le Moigne, Paris.

Sinaceur, H. B. (2005). *Connaissance et rationalité. Problèmes ouverts en épistémologie*. Paris : Unesco.

Vernant, D. (2012). Excursus dans les *Principia Mathématica*, de l'analogie à la structure et retour. In : *Autour des Principia Mathématica de Russell et Whitead*, texte réunis et présenté par Alexandre Guay, Histoire et philosophie des sciences, Dijon : E.U.D.

Vincent, J. D. (2002). *Biologie des passions*. Paris : Odile Jacob.

Wittgenstein, L. (1966). *Tractatus logico-philosophicus*. Paris : Gallimard.

CONCLUSION

Donc, la réflexion ainsi esquissée à titre d'hypothèse mesurée de la réalité décentrée au cœur des déplacements épistémologiques que la rationalité comme ouverture opère, s'inscrit dans le domaine de la philosophie contemporaine des sciences. C'est donc à la lumière du concept de « diversalité » que nous avions cru donner notre propre conception philosophique rénovée du réel. Pour ce faire, nous avons suivi Alfred North Whitehead[608] qui tend à être un « métaphysicien de l'expérience ». D'après lui *« la philosophie des sciences et les relations, ou le manque de relations entre différentes parties de la connaissance » constituent le nœud de son entreprise cognitive critique. Tout se joue autour de l'insuffisance ou non de ces types de relations. Pour le dire autrement, la philosophie des sciences « est l'étude des relations entre les différentes parties de la connaissance (...) ensuite, (...) L'insuffisance des relations entre sciences constituerait en soi une philosophie des sciences »*[609]. C'est alors que nous parvenons à l'idée d'une « *philosophie de la décentration* » de type pluraliste, contradictoire et controversé. Son intérêt heuristique, dont il faut pouvoir dire la signification actuelle, est de mettre toujours en valeur les relations « multi-versales » entre les sciences, le corps des connaissances transversales tendant, ainsi, vers l'uni-dualité, c'est-à-dire « deux en un » et « un en deux ». La reconnaissance de la « diversalité » comme paradigme communicationnel ici fait corps avec la naissance, de l'intérieur de la raison, d'une science et d'une philosophie de la « reliance » des connaissances, pour ainsi dire. Malgré cette considération philosophique sur le projet de la « diversalité », tout reste encore à sonder.

Néanmoins, cette projection permet de retrouver, par ce biais, deux axes programmatiques de notre recherche. Le premier est le regain d'intérêt problématique de l'universalité et de l'universalisme, notamment à travers l'éclatement de la rationalité en plusieurs versions. Le deuxième axe consacre la nouvelle actualité prise par la thématique de l'unité et la diversité ou l'inclusion de l'une dans l'autre, élargie à notre rapport au monde.

---

608 Alfred North Whitehead, *Le concept de nature*, trad. franç., par J. Douchement, Paris, Vrin, coll. « Bibliothèque des textes philosophiques », 1998, p. 37.
609 *Ibid.*

On perlerait d'une « cosmologie élargie ». Se pointe alors la cosmologie à visage humain, celle qui fait droit à la complexité du monde de l'intersubjectivité, où le « même et l'autre », « l'identité et la différence », le « Je » et le « Nous » sont toujours en symbiose. Partant de la recrudescence des revendications identitaires à caractère nationaliste, régionaliste, ethniciste ou religieux dans le monde, force est de reconcevoir notre rapport onto-éthique au monde qui vient. Ce dernier aspect laisse entrapercevoir une prospective où chacun de nous devrait pouvoir aimer son prochain sans tomber sur le piège du « repli-identitaire ».

Les exigences de la « diversalité » sont multiples : religieuses, éthiques et politiques, occidentales et africaines, universelles et locales, simples et complexes. En effet, Paul Feyerabend, de qui nous sommes partis, pour penser « la diversalité », est assez associé au « relativisme » épistémologique, et ce, dans le prolongement de l'anarchisme méthodologique. Il propose des « *Notes sur le relativisme* », car il y voit une des voies de sortie du dogmatisme. Mais, quand le « rationalisme » et la « méthode scientifique » sont en conjonction, ils s'exposent, par ailleurs, à la diversité culturelle.

Conséquemment, il apparaît que ses adversaires et ses devanciers veulent le réduire au « conservatisme ». Or, ce faisant, il bride la créativité, le changement et la complexité même dans la société « libre » et « ouverte » couplée à l'activité politique. Ce qui semble intéressant dans cette question du « réductionnisme » c'est son corollaire demande d'absence d'alternatives, parce qu'elle est simplement contraire à la démocratie qui se veut, quant à elle, essentiellement renouvellement, discussion rationnelle, et mouvement vers la vie bonne, le monde meilleur. Feyerabend s'appuie sur sa démarche anarchiste, ses enjeux épistémologiques et les horizons critiques auxquels son « pluralisme ontologique » donne lieu. Il s'adosse aussi à sa « psychologie du pluriel » du fait de l'existence de plusieurs versions du relativisme depuis Protagoras. Au rang de ce courant nous entendons situer « le relativisme démocratique ». Par ce biais, le philosophe anarchiste essaie de le promouvoir en guise de réponse à l'approche « autoritaire » de la « Société civile » dont font preuve quelques intellectuels nourris aux lettres d'un « totalitarisme » persistant.

D'ordinaire, il revient aux experts et spécialistes de la philosophie sociale de trancher les questions catégorielles de la Société, qu'elle soit occidentale ou non. Paul Feyerabend pense que pareille procédure rationaliste se révèle antidémocratique. Car « le relativisme démocratique » en question, pour lequel il plaide, consistera particulièrement à faire avancer l'approche « démocratique » de la « Société libre » contre « Platon et ses successeurs » ; non sans relativiser les positions et le prétendu savoir légitimant, en quelque manière, le pouvoir des experts en la matière. Cette vision socio-politique conduit à restaurer l'homme « ordinaire », le citoyen, dans son droit de trancher les questions qui engagent « sa vie bonne »[610].

Feyerabend considère le changement comme un « évènement naturel » au cœur de « la société ouverte ». Il développe l'idée du relativisme démocratique pour le progrès qui est au centre de la nouvelle approche dynamique de la société civile. Qu'est-ce que la démocratie quand on ne renonce pas au « cumulativisme » ? Si nous voulons nous donner la possibilité de comprendre « la société libre », il faut donc être réaliste critique. C'est précisément pour cette raison que la prolifération dont il vise l'instauration est le préalable obligé à toute considération éthique et politique de la société civile. Devant une réalité politique plurielle et irréductible au monisme des idées, la variabilité et la pluralité des approches semblent être une des alternatives possibles et fortes au dogmatisme dont on n'est pas assuré qu'il soit heureux même en science.

Relativiser démocratiquement une position sociale ou politique revient à libérer les idées, ce qui en est la contrepartie. C'est aussi reconnaître la liberté de penser par rapport à autrui. Cette visée réformiste et libérale rend possible la prise des chemins différents de pensée, de dire et voir autrement la marche du monde. En fait, il n'y a pas de données brutes en politique. « Le relativisme démocratique » envisagé est la quête de fondement de la nouvelle connaissance de la société libre. Même le « pluralisme ontologique » a des incidences sur la psychologie du pluriel. C'est aussi accepter l'idée noble, selon que « les mêmes sont différents » même en politique. Donc proclamer

---

[610] Les visées éthiques de la philosophie de la décentration que nous essayons de promouvoir sont de plusieurs ordres : savoir ce que mener une vie bonne c'est prétendre vivre une vie épanouie. Ce qu'Aristote entendait par « bonheur » c'est s'épanouir », c'est-à-dire vivre bien. Une vie bonne est possible à condition de ne pas toujours penser que l'autre est plus que soi. Complexement, vivre une bonne vie va très au-delà du fait qu'on est moralement bon. S'intéresser à « la philosophie de la décentration », du point de vue éthique, consiste à construire, sur un code d'honneur, « les identités sociales » au détriment des « identités meurtrières ».

la liberté de penser ne suffit pas et ne se suffit donc pas. Encore faut-il se demander pourquoi les révolutions morales adviennent-elles toujours.

Pareil élan de liberté de théoriser sur le devenir des sociétés dites démocratiques, dont le ton pédagogique a été rendu explicite par les philosophes ioniens de la nature et auquel Feyerabend nous exhorte de retourner, est justement donné à entendre comme liberté démocratique. Celle-ci essaie de promouvoir de nouvelles pistes, d'inventer le nouveau, d'arpenter des chemins non rebattus. La re-conception de la société future y compris ce qui s'oppose diamétralement à l'universellement admis ou au conventionnalisme apparent donne lieu à un « diversalisme ». Feyerabend suggère ainsi des « alternatives fortes » au nom d'une telle approche complexe et dynamique de l'esprit de notre temps. Qui plus est, le meilleur moyen de fonder une véritable « société libre » est de permettre à chaque citoyen par la forme raisonnable d'intellect de se développer en suivant ses propres normes rationnelles et en réalisant complètement son modèle tout en le remodelant. A la lumière d'une telle approche, la société dite libre se veut toujours « ouverte », malgré ses ennemis. Du coup, le problème de la « prolifération » des visions constructives du monde qui vient, ainsi que leurs versions salvatrices donne vie à un enjeu de taille, celui de la survie même de notre existence sociale. Cela revient à régler le problème de sa fermeture, c'est-à-dire affronter davantage le défi du relativisme sur le triple plan épistémique, culturel et démocratique.

On le voit, notre argumentation a affronté cette tâche dans l'axe de la pensée opportuniste de Feyerabend. Elle s'est décliné en deux mouvements. Le premier moment présente la signification philosophique du relativisme démocratique telle qu'elle est initiée et réévaluée par Feyerabend lui-même. Il en étudie à la fois la nouveauté, l'originalité et l'importance en contexte socio-éthique. Le deuxième moment en examine les vertus cardinales, et on s'aperçoit que c'est la devise « tout est bon » qui irrigue toute articulation de l'anarchisme, l'épistémologie et la société libre ; idées sans lesquelles ne peut prospérer la culture démocratique.

L'idée conclusive à laquelle nous avons abouti revient sous-tendre finalement notre position sur la « société libre » envisagée. Pour ce faire, il faut viser l'appel de l'anarchisme épistémologique « sous contrainte de rigueur », construire une certaine idée novatrice des visées de l'éducation à l'ère planétaire. Cette philosophie de l'innovation que la découverte du « principe de prolifération » permet d'argumenter désormais avec consistance, se veut, même en contexte éthico-politique africain, une trouvaille. Parce qu'elle conduit à postuler, pour les Africains, en particulier, « une vie sensée et une vie heureuse ».

A dire vrai, la question de la diversalité toujours mise en question donne lieu, finalement, à la théorie des « multiplicités » sociales. Située à l'interface de la multiplicité des explications scientifiques et les multiplicité d'interprétations en contexte d'herméneutique, elle participe des thématiques qui renouvelle « la métaphysique de la connaissance ». S'agissant de la première catégorie, elle s'attache à la science du complexe. Elle met en évidence la représentation et l'explication des phénomènes comme procédure d'intelligibilité. Qui plus est, il existe différents types de représentations dont les figures sont les théories scientifiques, « les modèles de la découverte » et les limitations internes des formalismes, et les différents types d'explications causales, structurales, ontiques, ontologiques et méta-ontologiques. Si la multiplicité des représentations d'un même phénomène constitue un indice de la « diversalité », alors elle fait l'objet de nombreuses approches problématiques et controversées du réel. Celui-ci peut aussi se prêter à de nombreuses analyses conjecturales et conjecturelles de la part des philosophes, des historiens, des sociologues, des juristes, des logiciens, des cognitivistes et même des phénoménologues. La première forme de multiplicité implique la multiplicité des explications scientifiques des phénomènes.

La « diversalité » intervient donc là où pareille multiplicité d'explications peut être donnée par des théories différentes, contradictoires, parallèles et controversées. Tout comme elle peut se déployer au sein d'une même théorie scientifique. Plus explicitement, le sens de la « diversalité » se déchiffre au niveau transversaliste, c'est-à-dire quand cette multiplicité des explications, au sein d'un même phénomène, est prise pour un objet d'investigation qui déborde son propre contexte d'émergence.

Ainsi, donc, en réinterprétant la réalité et ses niveaux sous l'angle de vue de la « diversalité » nous avons cru l'entendre non seulement comme approfondissement de la nature ontologique de la complexité, mais comme étant le méta-niveau des phénomènes socio-économiques interprétés. Cela étant, nous avons tenté de franchir simultanément une étape dans le cheminement de la pensée complexe. Elle engage le nouvel esprit philosophique à la « recherche du réel ». Cela nous a préoccupé pour poser, en fait, la question du sens de l'être depuis les Grecs et l'interprétation de la sa diversité comme l'horizon possible de toute intelligibilité. Notre projet dans ce travail a consisté à montrer que l'unité ne s'épuise pas dans la diversité *vice versa*. Elle ne vise pas seulement à « penser l'humain »[611] mais aussi et surtout à s'inscrire dans « l'aspiration à être »[612].

L'originalité de notre démarche est d'avoir donné un sens « onto-logique » au phénomène de la diversalité, celui qui dialectise l'humain, l'être et être. Ce néologisme, aussi fécond qu'il puisse paraître, nous a plutôt paru théoriquement révélateur et révélationnaire de l'avènement des choses comme étant plurielles, multidimensionnelles, pluri-référentielles et informelles. C'est le cas de la mort d'une certaine philosophie, dont le sens diversifié renvoie tantôt à la mort comme « existential », la mort comme « possibilité extrême », la mort « ultime et dernière », la mort comme « totalité ».

Par contre, l'on sait depuis Adorno que la totalité est souvent la non-vérité. Cela témoigne de sa complexité ontologique. Il est donc difficile d'épuiser le sens de ce qui se manifeste empiriquement. Les philosophes contemporains se proposent de donner à la réalité non seulement des niveaux, mais surtout l'éparsité d'approches d'intelligibilité du monde, de l'univers, et de la rationalité. En fait, à suivre la logique de la complexité ontologique, en tant que paradigme de description et de conceptualisation de l'un et le multiple, on est conduit à la quête du sens. Elle est toujours renouvelée de la vérité, quand bien même la rationalité serait aussi une et multiple. Cela viserait à en scruter la signification et la valeur dans les sciences et dans les arts. Feyerabend n'a-t-il pas écrit : *La science en tant qu'art*. L'interprétation onto-logique du réel pour penser la diversalité soulève quelques difficultés méthodologiques et épistémologiques. Ce qui est « diversal » ne pourra jamais être circonscrit dans son effectivité. Plutôt, la totalité du sens n'est envisagé que sous la modalité de la

---

611 Abdoulaye Elimane Kane, *Penser l'humain. La part africaine*, Paris, L'Harmatan, coll. « Etudes africaines », Série « Philosophie », 2015, p. 12.

612 Emmanuel Malolo Dissakè, (dir.) *L'aspiration à être*. Autour du philosophe Ebénézer Njoh-Mouellé, précédé de « La philosophie d'abord…», Chennevienness-sur-Marne, Dianoia, 2002, p. 18.

« tension essentielle » qui s'instaure entre la possibilité de l'impossibilité de l'existence et l'impossibilité de la possibilité de la connaissance absolue.

Cela étant posé, la complexité du réel et la réalité de la complexité débordent toujours notre expertise rationnelle des choses. Elle s'inscrit dans la démarche synchronique qu'adopte l'esprit scientifique. En rapport avec l'esprit de notre temps, nous pensons que la diversalité est un véritable ébranlement de la certitude par l'incertitude de la connaissance scientifique et philosophique. Bernard d'Espagnat préfère évoquer « une incertaine réalité ». Souleymane Bachir Diagne, lui, révèle à la contemporanéité « la culture de l'incertain ». Charles Zacharie Bowao invite à l'inquiétude face à l'avenir de la pensée philosophique. Dans le fond, on s'y perd parfois.

En considération de la complexité ontologique, de la jonction entre « le chaos et l'harmonie » du réel, il est permis de penser et de dire que l'être est relativisé par le non être, la logique par l'illogique, le sens par le non sens. C'est dire que la diversité tend vers la disponibilité absolue de l'esprit scientifique en quête de sens, celle qui rappelle le beau mot d'Alain Boyer lorsqu'il entend dire « la rationalité comme ouverture ». La diversalité est, donc, embarquée dans son ouverture radicale. Installée au cœur d'un paradoxe méthodologique, elle tend à supprimer le réel dans sa manifestation comme phénomène, comme histoire, mais elle se renouvelle toujours dans son être même, comme onto-éthico-logique. La réalité ne se supprime donc pas.

Emerge alors l'idée de génération, d'émergence, de créativité, c'est-à-dire tous les surgissements ontologiques qui se déploient dans le monde sous le paysage de la vérité ontologique sont possibles. Pour ce faire, on peut renvoyer au questionnement sur la pluralité des explications qui sont proposées par les penseurs pour penser la réalité. Au-delà on peut aussi se demander si la multiplicité d'explication ainsi envisagée est à la fois légitime ou équivoque, plurivoque ou énigmatique. A ce niveau d'analyse, c'est la multiplicité d'interprétations du réel qui se pointe comme nouvel axe de recherche future, et ce, du point de vue phénoménologique et esthétique.

On se rappellera aussi que les mêmes causes peuvent ou ne pas produire les mêmes effets. C'est-à-dire que la description d'un phénomène complexe ne trouve pas absolument sa signification dans l'explicitation scientifique.

Quant à l'herméneutique appliquée à ce travail, nous l'avons considérée comme méthode de recherche par excellence en scrutant le sens original du concept d'après lequel elle désigne la tâche dévolue au chercheur en philosophie, celle de l'explication ultime des êtres et des choses. Or l'on sait, par avance, combien le concept de Dasein[613], par exemple, a donné lieu à de multiples acceptions, et ce, à la suite des tentatives de traduction de ce terme allemand par l'être-là, homme, personne humaine… On le sait très bien, cette équivocité de sens témoigne de la complexité de la problématique de la réalité. Yves Charles Zarka abonde, enfin, dans le même sens lorsqu'il avertit : « *Le problème est beaucoup plus profond : on ne peut traduire en ligne de calcul la complexité des facteurs financiers et économiques, encore moins leurs conséquences sociales. L'imbrication de ces différents niveaux est intraduisible numériquement. On ne peut faire entrer la complexité du monde dans un ordinateur. On peut encore moins prévoir l'aléatoire ou l'imprévisible. Or l'aléatoire entre dans la texture même du réel. Le réel est dans son essence même le jeu du nécessaire et de l'aléatoire, nous devrions le savoir depuis Epicure (le clinamen, cette très légère déclinaison des atomes sans raison assignable, qui est à l'origine du monde). L'aléatoire ou l'imprévisible, le sans cause, est ce qui échappera toujours à l'ordinateur le plus performant, alimenté par des millions, voire des milliards des données* »[614].

[613] Martin Heidegger, dans une « Lettre à Jean Beaufret » (Fribourg, le 23 novembre 1945, fait lui-même une mise au point quant à la signification réelle du mot Dasein. : « Ce que vous dites de la traduction de *Da-sein* par « réalité humaine » est fort juste (…) Dasein est un mot clé de ma pensée, aussi donne-t-il le lieu de graves erreurs d'interprétations. *Da-sein* ne signifie pas tellement pour moi « me voilà », mais, si je puis ainsi m'exprimer en un français sans doute impossible : être-le-là, et le-là est précisément l'aléthéia), décèlement-ouverture ». Cf. *Questions* III, trad. franç., par R. Munier, Paris, Gallimard, 1989, pp. 156-157.

[614] Yves Charles Zarka, « L'intelligence artificielle ou la maitrise anonyme du monde », Cités, *Cairn*, n°80/2019, Paris, PUF, p. 8.

Table des matières

Structures éditoriales du groupe L'Harmattan

L'Harmattan Italie
Via degli Artisti, 15
10124 Torino
harmattan.italia@gmail.com

L'Harmattan Hongrie
Kossuth l. u. 14-16.
1053 Budapest
harmattan@harmattan.hu

L'Harmattan Sénégal
10 VDN en face Mermoz
BP 45034 Dakar-Fann
senharmattan@gmail.com

L'Harmattan Cameroun
TSINGA/FECAFOOT
BP 11486 Yaoundé
inkoukam@gmail.com

L'Harmattan Burkina Faso
Achille Somé – tengnule@hotmail.fr

L'Harmattan Guinée
Almamya, rue KA 028 OKB Agency
BP 3470 Conakry
harmattanguinee@yahoo.fr

L'Harmattan RDC
185, avenue Nyangwe
Commune de Lingwala – Kinshasa
matangilamusadila@yahoo.fr

L'Harmattan Congo
67, boulevard Denis-Sassou-N'Guesso
BP 2874 Brazzaville
harmattan.congo@yahoo.fr

L'Harmattan Mali
Sirakoro-Meguetana V31
Bamako
syllaka@yahoo.fr

L'Harmattan Togo
Djidjole – Lomé
Maison Amela
face EPP BATOME
ddamela@aol.com

L'Harmattan Côte d'Ivoire
Résidence Karl – Cité des Arts
Abidjan-Cocody
03 BP 1588 Abidjan
espace_harmattan.ci@hotmail.fr

L'Harmattan Algérie
22, rue Moulay-Mohamed
31000 Oran
info2@harmattan-algerie.com

L'Harmattan Maroc
5, rue Ferrane-Kouicha, Talaâ-Elkbira
Chrableyine, Fès-Médine
30000 Fès
harmattan.maroc@gmail.com

Nos librairies en France

Librairie internationale
16, rue des Écoles – 75005 Paris
librairie.internationale@harmattan.fr
01 40 46 79 11
www.librairieharmattan.com

Lib. sciences humaines & histoire
21, rue des Écoles – 75005 paris
librairie.sh@harmattan.fr
01 46 34 13 71
www.librairieharmattansh.com

Librairie l'Espace Harmattan
21 bis, rue des Écoles – 75005 paris
librairie.espace@harmattan.fr
01 43 29 49 42

Lib. Méditerranée & Moyen-Orient
7, rue des Carmes – 75005 Paris
librairie.mediterranee@harmattan.fr
01 43 29 71 15

Librairie Le Lucernaire
53, rue Notre-Dame-des-Champs – 75006 Paris
librairie@lucernaire.fr
01 42 22 67 13

www.ingramcontent.com/pod-product-compliance
Lightning Source LLC
LaVergne TN
LVHW011451061026
849535LV00004BA/1045